当代新哲学丛书

赵剑英　肖　峰■主编

小世界与大结果

——面向未来的纳米哲学

李三虎　著

中国社会科学出版社

图书在版编目（CIP）数据

小世界与大结果：面向未来的纳米哲学沉思／李三虎著．
北京：中国社会科学出版社，2011.9
（当代新哲学丛书）
ISBN 978-7-5004-9992-3

I.①小…　Ⅱ.①李…　Ⅲ.①科学哲学－研究　Ⅳ.①N02

中国版本图书馆 CIP 数据核字（2011）第 143268 号

责任编辑　储诚喜
责任校对　韩天炜
封面设计　苍海光天设计工作室
技术编辑　王　超

出版发行　中国社会科学出版社
社　　址　北京鼓楼西大街甲 158 号　　　邮　编　100720
电　　话　010 - 84029450（邮购）
网　　址　http：//www.csspw.cn
经　　销　新华书店
印　　刷　北京君升印刷有限公司　　　装　订　广增装订厂
版　　次　2011 年 9 月第 1 版　　　　印　次　2011 年 9 月第 1 次印刷
开　　本　710×1000　1/16
印　　张　17.25　　　　　　　　　　插　页　2
字　　数　233 千字
定　　价　36.00 元

《当代新哲学丛书》总序

如果说"哲学是时代精神的精华",那么哲学的重要使命,无疑就是要通过对时代趋势的把握,来展现出时代精神的丰富内涵,并从中提炼出新的哲学观念、哲学方法和哲学视野,去影响人们更合理地构建自己的时代。

凡存在的,都是变动演化的,由此而形成不断推陈出新的趋势,人类智力和智慧的一种"内在本能",就是要极力把握住这种新的趋势,以获得对存在之奥妙的"明白",消解心中因外界的变动不居而留下的疑惑,并借助实践的力量将认识世界的成果转变为改善现实的成果。所以,对新事物的把握汇聚着人类各个层次的精神探求,在这个意义上,哲学不仅仅是一种"为往圣继绝学"的传承过程,更是"为当世探新知"的"开来"活动,这就是"探求新学"的活动,我们无疑可称这个意义上的哲学为"当代新哲学"。

"新哲学"也意味着,我们的哲学是处于发展中的哲学,而我们的哲学发展也不断形成新的趋向。无论是不断强化着的"科学性"、"实践性",还是成为焦点的"人本性"、"文化性",都是当今学术界在探索新哲学的过程中所归结的特征,这些特征当然并没有穷尽对哲学之新的把握,而本丛书所展示的方面,可以说是对新兴哲学的又一些维度的探视。

当代新哲学的多维度存在,表明她的来源是多样化的,她所汇聚的是多样的趋势，例如，本丛书就择取的是如下视角：

其一是追踪科学技术的前沿趋势，让哲学走进"新大陆"。科学技术是人类在探新的过程中迄今走在最前沿的领域，它长期以来为哲学的发展提供着源源不断的智力支持和问题激励，以至于追踪科学技术的前沿趋势，成为每一个时代哲学保持其生命活力的必要条件之一。本丛书我们选取了"量子信息"和"纳米科技"这两个国内哲学界从未涉足的科技前沿领域，对其发展的现状和趋势进行了哲学初探。进入这些领域，也犹如让哲学踏上"新大陆"，进入由当代科技为我们开辟的知识上的"处女地"，使我们面对从未接触过的新存在、新现象去尝试性地进行哲学分析和思辨性概括，在其中看看能否获得新的哲学发现。这个过程也是哲学与新兴学科的相互嵌入，用哲学的方式去打开这些新的"黑箱"，力求产生出智力上的"互惠"和视域上融合。

其二是把握日常生活的变动趋势，也就是让哲学走进"新生活"。生活世界的新问题是层出不穷的，它们为哲学思考提供了取之不尽的新养料，在今天由"现代性"和"后现代性"交织影响的日常生活中，女性问题、技术的人文问题以及视觉文化问题都已经成为"焦点问题"，也有的成为公众的"热门话题"，因为它们或者关系到一部分人的社会地位，或者关系到全人类的"生存还是死亡"，再或者关系到我们日常的文化社会方式问题，它们成为生活世界中不断兴起的关注点和"热词"，对其加以哲学的分析和归结，可以使形而上的哲理具象化，使抽象的哲学观点社会化。抑或说，这是一种在生活世界与哲学探究之间相互会通的尝试，体现了哲学"从生活中来，再到生活中去"的强劲趋势。

其三是反思思想学术的"转型"趋势，也就是让哲学进入"新视界"。近来，各种新兴思潮尤其是"＊＊主义"的兴起，不断掀动着思想学术或理论范式的"转型"，出现了从"物质主义"到信息主义、从实体主义到计算主义，从客观主义到社会建构主义，呈现出新兴学术思潮冲击传统思潮的强大趋势。这些学术思潮起初发源于具体学科，分别作为"信息观"、"计算观"、"知识观"等等而存在，但由于其潜在的说明世界的普遍性方法论功能，无疑包含着成为一种种新哲学的趋势；这些理论范式在走向哲学的过程为我们"重新"认识世界提供了若干新的参照系，引领我们换一个角度看世界，去看看世界究竟会是个什么样子？这无疑是一种智力探险，同时也伴随了丰富的思想成果，为当代哲学图景起到了"增光添彩"的作用，同时其"利弊得失"的"双重效果"也构成为哲学反思的新课题，正因为如此，这些选题构成为本丛书的一个重要组成部分。

总之，我们的新哲学源自于探索领域的新扩张、或是焦点问题的新延伸、或是观察视角的新转移。

世界范围内经济、政治、文化的大变迁，必然伴之以人类智慧和思想的大发展，使得哲学探新的势头日趋强劲，各个新领域、新侧面的哲学探索不断推出新的成果。如果从哲学上20世纪是"分析的时代"，21世纪则是各种新哲学思想竞相争艳的时代，正是在这种背景下，各种当代新哲学连续诞生，成为人类知识宝库和文化成就中的重要组成部分，"当代新哲学"的选题就是反映21世纪以来最引人注目的哲学新学科，展现近几十年乃至近几年来异军突起的哲学新亮点，它们认识论到方法论再到本体论，都带来了"新气象"。作者们力求从当代新的自然图景、社会图景和人文图景中把握总体性的新的世界图景，从而增加我们从哲学上把握世界的时代感、生动性和趋势感；这些新哲学的出现即使构不成哲学中的"全新革命"，但至少也由于其应对了时代的"挑战"而实现了哪怕是局部的"突破"和"超越"，从而形成了实实在在的"新发展"。哲学必须有它的传统和历史的积淀，才有智慧的进化；哲学也必须有对人类新发现新发明新趋势的追踪和创新性思考，才有不仅仅是作为"非物质文化遗产"的哲学存在，而且还有作为把握现实的世界观和方法论哲学的存在。由于"存在就是推陈出新",也由于哲学的探新精神,新哲学的涌现是没有止境的。

本丛书汇聚了一批中青年哲学工作者参与写作,其长处是他们对于"求新"的渴望,他们中不少在追踪学术前沿的过程中,已经开辟了或正在开辟新的哲学领域;同时,由于初涉这些全新的领域,所以这样的探索还只能是"初探"。当然,即便如此,我们也是力求以一种前沿性、学术性和通俗性相结合的方式,将其传播至公众和学者,力求通过焦点之新和表述之活来对更多的人产生更大的吸引力,可以称之为对哲学的一种"新传播":提高哲学尤其是新哲学对世界的"影响力",从而不仅仅是满足于能够以各种方式解释新的世界,而且还能够参与建构一个新世界。这或许就是当代新哲学的"力量"及其旨趣和追求。

赵剑英、肖峰

2011 年 8 月

目　录

导　言

　　自 21 世纪以来，人类正在进入一个深入微细的纳米世界——"小世界"的技术时代。硅芯片还在趋于微型化。从微米进入纳米尺度后，硅芯片存储信息量将更加庞大。较之比目前最薄的芯片还小的数据存储器，将达到原子和亚原子水平。这无论是对倾心于纳米工程和纳米计算的科学家来说，还是对纳米技术的潜在使用者和消费者来说，都意味着一个激动人心的新世纪开端。

　　进入"小世界"，必然期盼"大结果"。纳米科学家和工程师向人们表明，物质在纳米尺度上呈现出许多新奇的特性，纳米材料的热学、声学、电学、光学和磁学等性质，将极大地改变人们的生产方式和生活方式。按照这种承诺，人类将进入或在十亿分之一米的纳米尺度上制造产品，消费、使用和享受这一尺度的产品带来的生活便利。这种技术经济定位，也许可以使用"木桶效应"这一隐喻来加以说明。产业结构犹如一个"木桶"，其整体效应取决于传统产业的"短板"。但是，如果考虑到"短板"的克服与高新技术产业的"长板"相关，那么高新技术产业发展将对克服传统产业的"短板"起着关键作用。与以往信息技术的不同就在于，纳米技术作为未来发展的新经济代表，它不仅能对传统产业进行大规模改造，促进传统产业升级换代，使传统产业发生质的飞跃，而且也能为信息技术、生物技术、新材料和新能源等高新技术产业领域提供发展的硬件基础平台。这样，纳米技术既可能克服"短板"的缺点，又可能从整体上提升"长板"的水平，其结果是提高产业结构的"木桶"的盛水总量。

与此同时，纳米毒理学又向人们表明，纳米材料的构成要素——纳米微粒有着尚不清楚的可能毒性。这种毒性将给人类健康和环境安全造成威胁。因此人类正在面临着某种尴尬，希望从"小世界"获得"大结果"，但这种"大结果"后面却可能包含各种凶险。例如，韩国三星公司推出的纳米银洗衣机（据称纳米银可以去除衣物上全部细菌），就因其可能会给生态环境和人类健康带来潜在风险，而被著名环保组织"地球之友"要求召回。在广泛的社会伦理意义上，纳米技术决策与强调其正价值的最大化，毋宁以负价值最小化承诺涵盖正价值最大化实现。这种陈述的决策意义在于，为避免纳米技术研发的路径发展有可能打开"潘多拉魔盒"的技术风险，需要在纳米技术是什么和它意味着什么这些问题界定方面，确保相关的社会群体和利益集团在场。还以"木桶"盛水作为隐喻进行说明。如果木桶并不完全是由"长板"拼成，那就只有把大量"短板"很好地拼接在一起做大底面积，才能真正达到理想的由"长板"拼成的木桶的装水容量。这就是说，必须要将纳米技术的社会伦理研究融入其研究开发过程，倡导公众创新、开放创新与精英创新之间的联合或合作，从而推动纳米技术的负价值最小化实现，最终达到正价值最大化。

于是，纳米技术便不再仅仅是一个单纯的科学或技术问题，更是一个涉及人与世界关系的深刻哲学问题。本书的主旨，正在于对全球科技界正在流行的纳米技术发展作出时代的哲学思考。说到哲学，会令人想到形而上或本体论、逻辑或辩证法、伦理或道德理想之类的学说或言述。对于这些，时下的人们多少会感到某种审美疲劳。因为纳米技术作为一个才刚刚兴起的创新领域，主要关心的还只是知识积累及其效用展望，哪里能谈得到什么哲学考虑？哲学关注世界的构造和人生的意义，最多属于私人领地，又岂有可能去过问科学家或技术家、政策设计者关注的技术经济秩序？在今天，技术的工具化与哲学的技术化已经成为一种现实趋势。这种现实趋势的突出表现是技术与哲学两个领域的相互自主和相互封闭，自说自话。纳米技术脱离哲学考虑，以免自身无法获得自由伸展；哲学脱离对纳米技术的意义思考，以便确保自身特立独行的出世态度。考虑到这种现实情形，对纳米技术作出哲学思考就显得弥足珍贵。

为本书立题陈述的上述哲学状况，其实并不表明纳米技术研究完全脱离中国视野。以下三种独立叙事已经构成了纳米技术的中国语境：一是纳米技术研究，它使中国成为自20世纪90年代以来世界上少数几个进行纳米材料开发的国家之一；二是我国政府正不断致力于支持纳米技术研究，特别是在2006年的中长期科技规划中将纳米技术列入基础研究范畴，更加促进了这一领域发展；2006年之后，中国学术界有关纳米技术影响的研究和讨论也有所增长。但也应该看到，纳米技术研究和相关政策研究直接的是在自然科学基金和相关科技促进机构经费支持下进行的，至于纳米技术哲学的零星讨论显然还游离于纳米技术决策的视野之外。2009年11月底，在大连理工大学召开的以"纳米科技与伦理——科学与哲学的对话"研讨会上，当伦理学者们面对纳米科学家的权威们提出，应将纳米技术研发经费4%用于纳米技术伦理研究时，恰恰反映出这种情况。无论如何，当哲学越来越被认为空乏，纳米技术发展又正在被认为是未来的强大力量时，用哲学的批判和建构态度来审视纳米技术发展方向，无疑会改变哲学的虚空与纳米技术的蹈空状态。这种哲学工作既是一种学术思想考虑，又是一种有利于时代发展的与时俱进的实践探索。目前纳米技术的一些进展和应用情形，特别是近年来发生在中国的"无名杀手"（纳米微粒）事件（第一章会较为详细地讨论围绕这一事件展开的复杂争论），恰恰成全了这一学术任务。

本书尝试把纳米技术看作一种未来的人类生存力量，力图使纳米技术决策成为科技领域和社会领域的交叉主题。笔者非常尊重科学家们在纳米技术和纳米毒理学研究方面取得的重要成就，也非常赞赏他们所做的各种未来展望，但笔者确信对纳米技术发展应该有一种批判传统。如果这种批判不被认为或者贴上"反科学"、"反技术"或"反文明"的政治标签，而被看作一种文化选择的话，那么对具有社会、文化、伦理和政治意义的"纳米技术"的真正建构进行深入考察就变得非常重要。这将是一个人文学者、社会科学学者和决策者以及自然科学家乃至工程师和技术人员共同感兴趣的主题，大家聚焦该主题有利于纳米技术的民主决策。在中国这样的快速增长的发展中大国，发展方式的问题考虑已经成为经济、社会、文化和政治主流方向。苏丹红、毒奶粉之类的食品安全事件频频发生，它们给中国人注入了深深的生活阴影。即使那些仍然持有技术价值中立态度的人，也需要面对各种技术伦理问题。自20世纪90年代信息技术和生物技术广泛应用以后，中国几乎没有人再怀疑技术与伦理的相互联系。如果说类似克隆人技术在社会上引发的讨论主要还是一种意识或观念之争的话，那么网络伦理问题讨论则直接与社会和谐相关。回到纳米技术上来，它将涉及人类的未来生存，对此不能不对其价值或意义进行深入的思考。

所谓面向未来的纳米哲学反思，其实是从批判性视角考察"纳米技术"。这种视角针对的是纳米技术有可能沿袭以往标准化的路径发展，即以单向度标准无视其他带有批判性的选择或判断。在历史上，以机械化程序解释社会或政治现象并使之合法化或高效化取得的巨大成功，有可能导致纳米技术遵循旧规来建构人类未来社会。在本书中，笔者试图在广泛的价值或意义上考察纳米技术，把纳米技术创新看作一种意义建构活动。在这里，笔者绝没有将目前纳米科学家和工程师的工作排除在外之意，只是认为他们的工作只是一种意义选择。在这种选择之外，还应当考虑别的意义选择，如纳米材料的毒性危害避免和毒性利用开发等。在这种意义上讲，本书确定的纳米世界生存主题将超越科学和技术视野，就"小世界产生大结果"做开放性的哲学反思。

构成本书的主要思想源于笔者 2000 年以来对这一主题的一些思考，大体上可以说是笔者的三篇论文。第一篇是写于 2004 年的"纳米技术的伦理意义考虑"（《科学文化评论》2006 年第 2 期），它表明了对纳米技术负价值思考的文化意义。本书第一章对这篇论文进行了扩充，试图以纳米技术的"新文化"概念弥合以往自然科学与人文学科、乐观主义与悲观主义、乌托邦与敌托邦之间的裂缝或分割。第二篇是写于 2005 年的"纳米伦理：规范分析和范式转换"（《伦理学研究》2006 年第 6 期），它说明了纳米技术修辞的建构作用。本书第三章吸收了这篇论文的全部内容并加以展开，增加了有关纳米技术研究方法的讨论，以表明目前纳米技术的任何预设性修辞均来自"自底向上"的方法。第一章与第三章之间需要一种过渡，因此第二章主要是对纳米技术发展进行一种历史和学科叙事，着力对这一领域的复杂性和不确定性给予描述，由此展示纳米技术的意义建构视角。第三篇是写于 2008 年的"纳米现象学：微细空间建构的图像解释与意向伦理"（《哲学研究》2009 年第 7 期发表；《中国社会科学文摘》2009 年第 11 期转载），它说明了纳米技术作为一种无形的"隐象技术"（脱离人的视觉的"小世界"）对人的解释或态度的依赖，因此预示了纳米技术作为一种解释学活动的建构视角。第四章对这篇论文进行了极大发挥，与第二章一样，是从第三章到第五、六章的重要过渡。本书第五、六章完全属于新的内容，着眼于可能的"大结果"分析，在治理意义上将纳米技术的意义建构看作一种政治活动，对纳米技术负价值思考进行了充分的政治哲学讨论，并以"新技术共和理想"这一概念强调公众参与纳米技术决策的民主治理意义。

在写作过程中，笔者也考虑了"新哲学丛书"特点。本书涉及的是纳米技术这一人类科技前沿领域，这本身就有新颖之处。

但是，鉴于"新哲学"视角，本书并不限于对纳米技术本身的纯粹知识描述，而是从认识论、修辞学、伦理学、现象学和政治哲学等各个方面进行力所能及的仔细分析。这种形似"散漫"的分析，其实贯穿的是纳米技术的意义建构论题，力图体现技术认识与意义建构的相互统一。

第 一 章

乌托邦还是敌托邦

在近来不多几年中，一个小词以其巨大的潜力，迅速进入人们的世界意识中。这个词就是"纳米"。它几乎在每个科学和工程领域，都引发了人们对可能的震荡性变移进行各种猜度。

——马克·拉特纳、戴维·拉特纳：《纳米技术：下一轮大创意》，2003

第一节　神奇的"纳米扬声器"

在历史不同阶段，人类总是能够以自己的智慧，寻找新技术增长点。在 20 世纪与 21 世纪之交，继信息技术与生物技术之后，人类智力似乎逐步向纳米技术领域聚焦。在世界上，中国是少数几个从 20 世纪 90 年代就开始重视纳米材料研究的国家之一。进入 21 世纪的十多年来，中国人依靠自身发展纳米材料的矿物资源、生物资源和巨大的潜在市场，逐步形成了纳米技术研究的相对优势，取得了不少优秀的基础研究成果。

在 2008 年第 12 期的《纳米快报》发表的一篇论文中，中国科学家发现一种材料可以用作"扬声器"，并声称这种材料能够变革声乐设备系统[①]：

> 我们最近发现，使用一块碳纳米管（CNT），借助声频电流通过，做成一个简单而实用的无磁扬声器。这种CNT薄膜扬声器发出的声音，属于宽频范围、高声压级和低总谐波失真状态。我们使用的纳米尺度的CNT，其薄膜具有柔性、可拉伸和透明性特点，可以被剪裁成各种形状和尺寸，安置在许多坚硬或柔软绝缘面上。此外，CNT薄片扬声器结构极为尖端，没有磁体和可移动部件。该单零件的薄膜扬声器有望打开制造扬声器和其他声学设备的新应用和新方法。

这种碳纳米管薄膜在有音频电流通过时，具有类似"扬声器"功能。它的厚度只有几十纳米，透明、柔软和可延伸，可以被裁剪为任意形状和大小。与人们常见的扬声器不同，这种纳米器件没有磁体或者可移动部件。其制备过程如下：先在4英寸的硅基上生长直径10nm（纳米）的碳纳米管，再将它转化成宽10厘米、长60米的连续薄膜，就足以制造500个面积为10平方厘米的"扬声器"。只要将两个电极附在薄膜上，在上面简单地施加一个正弦电压，碳纳米管"扬声器"就会由于热声效应发出声音。这种扬声器事实上可以安置在任何表面，包括墙壁、天花板、窗户、旗帜和衣服等。

在纳米材料领域，"纳米扬声器"其实只是利用了它的声学性能。同样的，"纳米笼"则是利用其较大表面积的强吸附功能，用于化工催化。2009年第16期的《先进材料》杂志以"立方钴

---

① Xiao L，Chen Z，Feng C，Liu L，Bai ZQ，Wang Y，Qian L，Zhang Y，Li Q，Jiang K，Fan S，"Flexible，Stretchable，Transparent Carbon Nanotube Thin Film Loudspeakers"，*Nano Letters*，Vol. 8，No. 12，2008，p. 4539.

纳米笼的一步法合成"[1]，发表了中国科学家在钴空心纳米笼制备方面所取得的最新研究成果，并将其合成流程作为当期封面标识，所配封面文字说明如下：

> 利用巧妙的一步法制备立方钴纳米笼，其边长为 100 纳米。马英、袁方利、姚建年和其他合作者报告的工作（第 1636 页）表明，在刻蚀剂作用下，大约 10 纳米大小的 CoO 纳米微粒的自我聚集、原位还原、奥斯特瓦尔德熟化、刻面选择协调配合的刻蚀依次发生，形成这些新奇的结构，表现出优良的磁性。通过对反应时间的简单调控，可以对结构形态（刻蚀程度）进行简单控制。

上面描述的实验制备方法看来非常便利、快捷，所制备的立方钴纳米笼非常小，以至肉眼根本无法看到。这其实算不上什么"笼"，"笼"只是以宏观有形之体隐喻微观无形之物，表明利用特定的科学方法或技术手段，将杂乱的原子堆成笼状。这样的"笼"有着更为优越的磁性能，且其介孔结构特征具有催化作用，能用于催化领域，对石油化工、材料生产等有重要意义。

在纳米技术领域中，金属纳米颗粒由于优异的催化性能以及磁性等已经在许多领域得到广泛应用。近年来，由于空心纳米结构不仅具有质轻、高比表面、大空腔等特点，且表现出实心材料所不具备的独特性能，因而成为纳米材料研究的热点领域。在国家自然科学基金委、科技部和中国科学院的支持下，姚建年院士课题组与过程所袁方利副研究员合作，在钴空心纳米笼制备方面取得了新进展。他们在前期工作基础上，通过在原位反应过程中加入刻蚀剂，发展出了一步水热刻蚀法，用于空心纳米结构制

---

[1]　Xi Wang, Hongbing Fu, Aidong Peng, Tianyou Zhai, Ying Ma, Fangli Yuan, Jiannian Yao, "One-Pot Solution Synthesis of Cubic Cobalt Nanoskeletons", *Advanced Materials*, Vol. 21, No. 16, April 27, 2009.

备，成功制备出了立方钴纳米笼。在通常情况下，空心纳米结构制备需要多个步骤才能实现。这一研究结果表明，液相刻蚀法可以实现过渡金属空心纳米结构的可控性制备，为剪裁过渡金属材料的性质开辟了新的途径。

无论是"纳米扬声器"还是"纳米笼"，它们均表明中国已经在纳米技术领域走在了世界前沿，中国已经在这一领域中有了相当基础。中国纳米技术共同体的这种研究进展的取得或积累，得益于国家或政府的公共政策引导和公共经费支持。这种公共支撑，在《国家中长期科学和技术发展规划纲要（2006—2020年）》得到明显体现。该规划纲要第六部分"基础研究"中，将"纳米研究"列为"重大科学研究计划"[①]：

> 物质在纳米尺度下表现出的奇异现象和规律将改变相关理论的现有框架，使人们对物质世界的认识进入到崭新的阶段，孕育着新的技术革命，给材料、信息、绿色制造、生物和医学等领域带来极大的发展空间。纳米科技已成为许多国家提升核心竞争力的战略选择，也是我国有望实现跨越式发展的领域之一。
>
> 重点研究纳米材料的可控制备、自组装和功能化，纳米材料的结构、优异特性及其调控机制，纳米加工与集成原理，概念性和原理性纳米器件，纳米电子学，纳米生物学和纳米医学，分子聚集体和生物分子的光、电、磁学性质及信息传递，单分子行为与操纵，分子机器的设计组装与调控，纳米尺度表征与度量学，纳米材料和纳米技术在能源、环境、信息、医药等领域的应用。

---

① 该规划纲要于 2006 年实施，2007 年中国共产党第十七次全国代表大会报告指出，要认真落实国家中长期科学和技术发展规划纲要，强调加快建设国家创新体系，支持基础研究、前沿技术研究和社会公益性技术研究。

　　上述内容与其说是一种"计划"，毋宁说是基于纳米科学对物质世界的崭新认识孕育"新技术革命"这一价值判断给出的一种发展定位。具体来说，这种发展定位表现为如下几个方面：

　　第一，将纳米技术作为支撑中国未来发展的重要竞争领域。中国面临着经济社会发展的重要战略机遇期，也面临着科学技术发展的重要战略机遇期。中国目前正在致力于科学发展与和谐发展，实现全面建设小康社会目标。纳米技术研究开发必然为这一发展提供强有力的科技支撑，因为在纳米尺度下对物质进行操作，可以以其奇异现象和规律，为材料、信息、绿色制造、生物和医学等领域带来极大发展空间。目前世界主要国家或地区，都在将其科技发展战略聚焦于纳米技术领域。特别是近十多年来，在世界范围内正在结成广泛的知识—资本—权力联盟，将智力、财力和人力资源投向纳米技术领域。从总体上看，美国、欧盟主要在基础研究及生物工程技术领域领先，日本则在精细元器件及材料制造方面独占鳌头。在合成与组装方面，美国领先，其次是欧洲，然后是日本。在生物方法及应用方面，美国与欧洲的水平大致相当，日本位于二者之后。在纳米级分散体和涂料方面，美国与欧洲并驾齐驱，日本靠后。在高表面区材料方面，美国显然领先于欧洲，日本居后。在纳米器件领域，日本独占鳌头，欧洲和美国居其后。在增强型材料方面，日本明显领先于美国和欧洲。美国在纳米技术和应用研究领域中享有资金和人才的巨大优势，一直走在世界前列，但距离纳米技术实用化仍有一段路要走。与美国相比，其他国家则主要处于纳米技术的基础研究阶段。中国已经建立了100多条纳米材料生产线，涉及纳米技术的企业数量也有上千家，不过在应用和产业化方面明显落后。尤其是纳米电子与器件、纳米生物、纳米探测仪器和技术等领域的科学基础和工业科学基础薄弱，缺乏竞争力。在这种意义上，中国需要把纳米技术看作中国提升核心竞争力的战略领域。

　　第二，将纳米技术看作跨越式发展的重要基础领域。目前指导我国科技工作的方针是"自主创新，重点跨越，支撑发展，引领未来"。按照这一方针，纳米技术属于自主创新中原始创新、集成创新和引进消化吸收再创新的"原始创新"领域。该领域已经具备了实现跨越式发展的基础和优势，并成为支撑发展的重要基础研究领域。从 20 世纪 80 年代中期，中国科学院和国家自然科学基金委员会，就支持扫描探针显微镜研制及其纳米尺度的科学问题研究。在 1990—1999 年期间，国家科学委员会（国家科技部前身）通过"攀登计划"，连续 10 年支持纳米材料专项研究。1999 年，科技部启动国家重点基础研究发展规划（"973"计划）项目"纳米材料与纳米结构"，继续支持纳米碳管等纳米材料的基础研究。国家"863"高技术计划，也设立有一些纳米材料的应用研究项目。进入 21 世纪以后，为发展纳米技术，加快实现产业化，科技部制订《国家纳米科技发展纲要（2001—2010 年）》。正是在这种发展格局下，中国着眼未来对纳米技术进行了超前部署，以便引领未来经济社会发展。在这里如果说装备制造业和信息产业核心技术掌握事关国家竞争力，农业科技整体实力提高涉及有效保障国家食物安全，能源开发、节能技术和清洁能源技术关乎可持续发展的话，那么发展纳米技术则是要在科学发展的主流方向和前沿技术上达到世界先进水平。

第三，将纳米技术作为基础科学和前沿技术研究综合实力显著增强的重要综合性前沿领域。中国正在以创新型国家建设为目标，致力于提高自主创新能力，为在 21 世纪中叶成为世界科技强国奠定基础。为了在国际竞争中掌握主动权，就必须提高自主创新能力，拥有自主知识产权。目前国内有中国科学院、清华大学、北京大学、复旦大学、南京大学、华东理工大学、苏州大学等机构，均设立有与纳米技术有关的研究开发中心或实验室。作为中科院"知识创新工程"支持的重点项目，中国科学院于 2000 年组织了由 44 个研究所参与的"纳米科学与技术"重大项目。与此同时，中科院还成立了由其所属 46 个研究所组成的中国科学院纳米科技中心，围绕纳米技术领域的重点问题和国家、院重大科技计划，组织分布在不同地域、不同单位的科技人员，利用纳米科技网站与纳米科技中心研究实体，实现有关科研信息、技术软件和仪器设备共享，体现科研纽带、产业纽带、人才纽带、设备纽带优势，加强不同学科交叉与融合，促进自主知识产权成果向产业化转化，加速高级复合型人才培养。从超前部署前沿技术和基础研究来看，纳米技术领域可以被认为是涉及纳米世界认知以及与能源、环境、生物、材料、医药、信息等领域相关的综合性前沿领域。

第二节　无形世界的技术革命

200多年前，英国化学家约翰·道尔顿首先提出了科学的原子理论。自那时以来，化学家们不断发现各种化学元素及其反应；工程师们应用这些发现和知识，制造和使用出新的材料，以改善人类生活；物理学家们则表明即使原子也是可分的，因此军工专家们利用原子裂变原理，使原子核释放出巨大能量，人类由此进入核时代。在这两个多世纪中，人类围绕物质基本单位问题积累了大量知识，对物质基本单位发挥了日益强大的控制作用。今天在纳米技术这一新兴领域中，科学家和工程师们正在致力于逐个地控制原子和分子，并以异乎寻常的精度对它们进行人工的微观世界操作。于是，纳米技术的革命承诺或叙事迅速蔓延开来，到处都弥漫着纳米技术突破的乐观主义气氛。

2008年5月25日，中国科学院苏州纳米技术与纳米仿生研究所，联合苏州独墅湖图书馆共同举办了为期一周的公众科学日活动，其主题就是"奇妙的纳米世界，伟大的技术革命"。通过展板、宣传册、科普短片、实物、开放实验室等方式，向公众展示了纳米技术概念、纳米技术应用与纳米技术未来等知识，目的正是要将"纳米技术革命"塑造成为一种公共文化,深入人心。

更为有趣的是,2009年3月20日,蜀门官方信息表明,它以"技术革命新体验:网游蜀门纳米图形技术"的标题,渲染其MMORPG网游的微型化性能,声称"网络游戏进入纳米时代"和"新技术创造新体验"。在众多网游里,数G客户端的不在少数,不断更新着的补丁更是让网游的身躯变得越来越庞大,随之而来的是普通玩家对于显卡内存、硬盘容量的无止境需求。下载将近20小时的游戏不再能吸引人,删除再下载再删除无形中又加大了电脑损耗。但MMORPG网游在客户端仅仅为202M大小,实现了"低配置要求、超小客户端"性能。改编自蜀山剑侠传的MMORPG《蜀门》经过四年开发,原本数G的大容量内容资源可以在202M小客户端中被使用。用户能够快速下载,一般宽带用户10—15分钟即可完成下载。该游戏能够在低配置下特效全开,在上百人战斗效果下依旧保持流畅。但所有这一切均源于将3D图形引擎仿纳米技术应用到游戏图形表现,代表了网游进入"纳米图形引擎"技术的新时代,使玩家能够体验到技术革命带来的方便、省心和快感。

人们已经习惯于这样一种文化偏好,就是科学是好的,工程是可行的,具体技术方法是多样的,结果也必定是革命的。因此每个人要做的,就只是迎接新技术革命的到来。早在17世纪,英国哲学家弗朗西斯·培根的那句著名格言,"知识就是力量",现在已经深入人心。就技术的影响来说,这句格言实际上隐含了一种乌托邦式的社会理想,就是借助放大科学实验控制,可以控制和征服自然,减少人类疾病和痛苦,延长人的寿命并提升人性。这一现代主义思想显然成了技术乐观主义的重要智力传统,并直接影响着当代有关纳米技术的许多观点形成。美国文化大师爱默生有一句名言说,"如果一个人的捕鼠器制作得比他的邻居好,那么,即使他将房子建在森林里,人们也会在他门前踏出一条道来"。科学家、工程师和技术研究人员乃至技术决策者们,非常偏爱这一名言中包含的乐观主义思想，并希望任何一项新技术都能够平稳地让世界为人类让出一条道来。

正是从上述观念出发，自 20 世纪以来，人类对科学技术和全球资本重组可能带来的任何急剧发展和社会变迁都表现出某种惊喜，对此到处充满了"机遇和挑战"这样的回应性权量。先是核能技术、空间技术，然后是计算机技术、互联网络技术，再后是生物技术特别是基因技术，近十多年来纳米技术越来越被提升到社会的前台上来。人们极力发挥"技术革命"的乐观主义叙事，把纳米技术看作一种类似于蒸汽、电力和互联网等"通用技术"，将对大量工业部门和产品的可能变革作用看作一场"纳米风暴"，认为它将成为引导 21 世纪技术革命方向的"强劲潮流"。这种叙事表明，仅当纳米技术获得充分发展之后，世界目前的大部分问题均可迎刃而解。这将是一种无形世界的技术革命，其所有变革作用均会发生在微细物理空间之中：

第一，纳米技术以纳米科学为基础，以纳米工艺和纳米工程为手段，运用它所理解的纳米世界的异常物理和化学特性来操作自然物质，由此将可能向人类展示一种奇妙的微细人工世界。它的基本的科学承诺是，物质尺度达到纳米量级以后，大约在 0.1—100 纳米范围，物质性能就会发生突变，出现各种特殊性能。这种物质既不同于原来结构的原子和分子，也不同于宏观物质的特殊性能。过去人们只注意原子、分子或者宇宙空间，常常忽略这个中间领域，而这个领域实际上大量存在于自然界，只是以前没有认识到这个尺度范围的物质性能。对这种尺度的物质性能的认识，正是纳米科学的研究任务。从人类定量地把握物质尺度进程看，纳米技术革命的历史必然趋势是：一是在"尺尺度或英尺尺度"上，认识物质世界造就了人类运用自然物质资源生产物质产品的农牧时代；二是在"毫米尺度"上，认识物质世界造就了人类运用自然能量的工业时代；三是在"微米尺度"上，认识物质世界使人类进入以运用信息资源、信息工具为基本特征的信息时代；四是在"纳米尺度"上，认识物质世界将使人类摆脱庞大物质能量载体，进入以精细微小物质能量为载体并拥有认识、变革自然空前能力的纳米时代。与认识把握物质世界尺度和变革自然能力的从大到小，纳米时代由此展现出一种人类的必然历史进步。

第二，纳米技术作为一个跨学科领域，几乎囊括目前所有科技门类，不仅涉及传统物理学、化学和生物学以及当代信息技术、基因技术和材料技术，而且包括纳米电子学、纳米动力学、纳米材料学、纳米生物技术、纳米医学、纳米度量学、纳米量子力学等新兴领域，因此纳米技术的巨大突破必然意味着人类科学技术的整体突破。例如，纳米动力学主要是研究微机械和微电机，或总称为微型电动机械系统研制，用于有传动机械的微型传感器和执行器、光纤通信系统，特种电子设备、医疗和诊断仪器等，其工艺类似于集成电器设计和制造，特点是部件很小，刻蚀深度往往要求数十至数百微米，宽度误差很小。这种工艺还可用于制作三相电动机，用于超快速离心机或陀螺仪等制造。又如，纳米生物学和纳米药物学研究，是在云母表面用纳米微粒尺度的胶体金固定 DNA 粒子，在二氧化硅表面的叉指形电极上做生物分子间互相作用试验，模仿磷脂和脂肪酸双层平面生物膜、DNA精细结构，用自组装方法在细胞内放入零件或组件制造出新的材料。再如，纳米电子学研究内容，包括基于量子效应的纳米电子器件、纳米结构的光/电性质、纳米电子材料特征，以及原子操作和原子组装等。当前电子技术的发展趋势要求器件和系统更小、更快、更冷，更小是指响应速度要快，更冷是指单个器件功耗要小。按照这些要求，纳米技术将成为电子学发展的最后疆界。

第三，纳米技术以其机器或工具的超微化与能源消耗最小化倾向，将可能从产业化上消除工业时代的诸如大厂房、机器、矿山、熔炉、反应罐等笨重生产设备，从而对诸如冶金、机械、建筑、化工、交通及其工具制造、农牧业、军事工业等传统产业进行彻底变革。这一变革叙事更为具体的内容是[1]：

> 人类的所有工具都改变为受电脑，乃至受人脑控制的各种类型用途的微型、超微型机器人。采矿、冶金超微机器人直接进入矿层并提炼出合格的金属；加工超微机器人如蜜蜂一般自动摄取各种原料加工为产品，如蚂蚁一样将大型材料通过切削、焊接等加工成形，甚至如真正的生物一样由产品生长出同类产品；农牧业超微机器人或者自动维护农作物、家养动物的生长，或者直接从自然界吸取原料物质、能量制作食物；运输超微机器人可用最小的自重、耗能实现最大的运输量，或者装配在人身体上使人方便快速地运动；通信超微机器人则将空间电磁波传来的网络信息直接变换为图像、声音信息，并传递人发送的各种信息。而毫微箱、万能装配器、万能雾等具有万能工作、加工功能并可自复制的超微机器人，则可以无所不能地完成人所需要的任何工作。
>
> 更为奇妙的是纳米技术应用于生物医学工程中，将不仅有可能采用如细胞般大小或比细胞还小的超微机器人，进入人的血管、组织细胞中，有效地杀死体内各种有害微生物、修复细胞、进行各种手术，使任何疾病都不再能够危害人类的生命与健康；而且还有可能在纳米尺度上改造人自身，使作为载体的人自身趋向于小型、微型化，从而使与人有关的人工自然载体，如建筑物、车船、人的各种用具都趋向于小型、微型化，并使人的物质能量消耗量大大降低，使世界自然资源量相对大幅度增长。此外，纳米技术用于生物基因工程，有可能使基因技术更加准确、可控，从而为人类带来巨大福利和有效防范其危害。

---

[1] 沈骊天：《纳米技术革命的未来展望》，《科学技术与辩证法》2003年第1期。

上述技术承诺主要表现为原子或分子尺度的制造或生产活动，它具有自主的循环特点，不但不会导致化学污染（残留分子可以得到循环使用），反而能够在分子水平上探测和抑制各种有害化学物质，促进环境整体还原。纳米制造的高强度轻型材料能轻而易举地接近太空和取得太空资源，纳米电子学将使计算机芯片获得高于现在数十亿倍乃至千万亿倍的运行速度。利用分子制造技术将生产出价格更加便宜的高质产品，如存储电池、处理器、个人计算机、膝上电脑、手机和显示设备等。分子制造可以用来制造食品而不是促进粮食生长，食品生产变成了分子组合，饥饿问题将因此而得到有效解决。纳米技术被认为是解决目前许多医学问题的最终出路，它的医学应用将能为医学研究和健康维护提供廉价的高级仪器，大大改善目前医疗诊断和配药程序。至于医学意义的纳米机器则将被赋予某种程序，进入人体血管清除脂肪残余和避免心血管疾病发生，预防医学也将因拥有纳米机器人而得到大大改善。

"纳米革命"或"纳米技术革命"的乐观主义叙事沿着纳米技术的正价值方向，不断地将其想象或幻想成改进人体功能。它不仅表明纳米技术将来能够攻克当代许多重大疾病、痛苦和其他不愉快症状，而且幻想纳米技术能够增强人的各种能力和特性。就增强人类精神能力来说，纳米技术可以将一个可以存储整个最大图书馆信息量的、大小为 8000 立方微米（相当于人的单个肝脏细胞，比一个典型的神经元还小）的纳米数据存储设备，"移植到人脑某一部位，配上适当的界面机制，使人类大脑存储的信息量迅速增加"[1]。纳米技术也可用来重建性能较强的组织和器官，以"取代现有的免疫系统，抵抗目前已知的所

---

① Robert A. Freitas Jr., *Nanomedicine FAQ*, 1998（http: //www. foresight. org/ Nanomedicine/NanoMedFAQ. html）.

有病原体"①。纳米技术还可以将纳米技术运用于人体冷冻，使
法律上宣布死亡的冷冻尸体②出现复活的"现实奇迹"③。当然
纳米技术最终可以希望导致社会全面进步，它的巨大成就（特
别是纳米医学）将使人们获得"更多的满足和安宁"，并以健
美的身体和卓越的大脑过上和谐美满的幸福生活，从而迎接一
个"安居乐业的新和平时代"④。

纳米技术革命的乐观主义逻辑线索在于，首先为纳米技术在
许多学科和产业（如计算机科学、能源、医药、交通、绿色制造
和环境保护等领域）的应用价值，然后诉诸知识—资本—权力的
大联盟，推动纳米技术进入商业化。尽管人们设想的大量纳米技
术应用尚未进入商业化阶段，但目前已有 200 多种使用纳米材料
生产的产品进入市场，包括涂料、眼镜和汽车用减光涂层、遮光
剂、体育产品、化妆品、防污服装、手提电脑、手机和数字相机
用有机光辐射二极管等。即使这样一种情况，已经足够吸引包括
中国在内的许多国家来关注纳米技术研究，因此目前有许多科研
机构和实验室从事纳米技术实验，设立有纳米工业园区以吸引纳
米技术公司进驻。但纳米制造毕竟意味着产品性质要以某些目前
未知的方式得到控制，其生产过程也需要进入某种程序化。于
是，包括日本、美国、欧盟等许多国家或地区就此已经或正在制
订计划，以便在公共财力上对纳米技术研究开发给予支持，法人
资本也对纳米技术表现出巨大的投资热情或兴趣。在这种热情之
下，围绕纳米技术研究，世界各国正在形成一种政府、企业和科

---

① R. Kurzweil, *The Age of Spiritual Machines: When Computers Exceed Human Intel-ligence*, New York: The Viking Press, 1999.

② 在医学上，所谓人体冷冻方法就是将在法律上宣布死亡的人体冷冻起来，直到技术发展到足以搞清楚死亡原因或者冷冻失效为止。

③ R. C. Merkle, "The Molecular Repair of the Brain", *Cryonics*, Vol. 15, No. 1/2, 1994, pp. 16 - 31, 20 - 32.

④ Robert A. Freitas Jr., *Nanomedicine FAQ*, 1998 (http://www.foresight.org/Nanomedicine/NanoMedFAQ.html).

学界之间的广泛社会联盟。

第三节 纳米微粒是无名杀手吗

中国作为发展中国家，是较早进入纳米技术领域的国家之一。中国纳米技术研究与国外几乎同时起步，在以碳纳米管为代表的纳米材料研究开发和应用方面有一定优势。也许，一般公众还很少担心纳米技术的社会冲击，它的变革能力目前还远未如互联网络技术和转基因技术那样表现出来。尤其是在中国，纳米技术市场化和产业化水平还不是很高，许多大型科研项目还只是在实验室中悄然进行。但是，近年来中国发生的"无名杀手"事件，却引起了世界高度关注。

2009 年 8 月，欧洲呼吸道学会学刊《欧洲呼吸杂志》，发表了北京朝阳医院医生宋玉果等人的研究报告，题为"纳米微粒暴露与胸膜腔积液、肺纤维化和肉芽肿的发生相关"[①]。该研究报告认为，7 位印刷厂女工发病，其病情属于"纳米相关物质疾病"，起因是那些包含着几万亿纳米微粒的软聚丙烯酸酯。聚丙烯酸酯是一种低毒黏合剂，广泛运用于建筑、印刷和装修材料领域。为使其更加结实、耐磨，制造商有时会在材料中加入二氧化硅、氧化锌、二氧化钛等纳米微粒。由于这些纳米微粒直径如此微小，好比一颗子弹，更容易穿透人的皮肤细胞，进入肺上皮细胞，粘贴于细胞质，并围绕细胞膜产生毒性。某些纳米物质可能还在人体内开始其"环球旅行"，它们将母体存放于各个器官，穿透细胞，提出在线粒体。病人大量吸入这种纳米微粒后，严重时会出现浑身瘙痒、呼吸急促等症状。这 7 名工人的特殊工作环境也帮

---

① Y. Song, X. Li and X. Du, "Exposure to Nanoparticles is Related to Pleural Effusion, Pulmonary Fibrosis and Granuloma", *European Respiratory Journal*, Vol. 34, No. 3, 2009, pp. 559 – 567.

助了纳米颗粒入侵，在喷涂、加热和干燥过程中，人体对刚生成的烟雾产生强烈反应，纳米微粒暴露了巨大毒性，趁机沉积在呼吸道中，形成肺纤维化。由于细胞膜受到强烈刺激，所以人体胸膜异物肉芽肿、炎症细胞和肺门淋巴结肿大等症状便会陆续出现。

如果女工之死确实与纳米微粒有关，那么这将成为纳米微粒直接对人类造成伤害的第一宗病例。为此，英国《自然》杂志网站最先以新闻形式进行报道，使纳米安全问题成为全世界一个热门话题[①]：

> 多种证据表明，有 7 名中国工人因吸入纳米微粒而遭到严重的肺部伤害。正是由此，围绕纳米技术的环境—卫生效应，将激起一场激烈争论。
>
> 《欧洲呼吸杂志》（2009 年第 34 卷第 3 期）发表的一篇论文声称，这是人类因纳米微粒致病的首宗病例。其他专家对是否指认纳米微粒为致病原因表示怀疑，不过该篇论文确实已经触发诸多争论……

在中国，纳米微粒成为杀手！从 2007 年 1 月到 2008 年 4 月，来自河北承德一家印刷厂并在同一部门工作的 7 名奇怪病人，陆续来到北京朝阳医院职业病与中毒医学科。与浙江那位女工一样，这些女工的最初症状表现为呼吸急促，声音大得"像开了风箱"，并被一种奇特的瘙痒困扰着，面部和手臂经常出现一些过敏红斑。她们在印刷厂，使用了相似的压力涂层材料，都添加有纳米材料。这批病人引起了年轻大夫宋玉果的注意，他对病人进行了常规检查和病毒学检查，发现她们都有或多或少的胸腔积

---

① Gilbert, Natasha, *Lung Damage in Chinese Factory Workers Sparks Health Fears*, 18 August 2009（http://www.nature.com/news/2009/090819/full/460937a.html#comments）.

液，同时患有非特异性间质性肺炎。这个诊断意味着女病人们的肺部有发炎症状，病人长期发炎的肺部像是浸水的饼干，肿极了。更为严重的是，其中两位病人的肺部已经严重纤维化，"看上去好像老树皮，黑斑密布的样子"。除此之外，病人的肺部外部组织还产生了胸膜肉芽肿，一些血管纠结在一起，发酵成了肉芽组织。用显微镜看，这些细胞都发炎"成了发糕状"。在7名病人中，有2名因胸腔积液恶化，经抢救无效死于呼吸衰竭。其余5名女工经过治疗病情趋稳，但肺纤维化过程无法逆转。

宋玉果大夫最初采用抗生素等传统疗法，但效果并不明显。例如，注入氧气后，病人会出现一些不良反应。这些长期发炎的肺部，一旦触碰到新鲜氧气，细胞便像气球，在显微镜下不停地鼓胀。这让宋玉果非常奇怪，因为她们之前并无吸烟史，更没有接触有害物质。于是，他来到令他吃惊的现场：一间70平方米的车间，没有一扇窗户，只有一个小门；房中间摆着一台机器用来加热空气，女工们便是利用空气压力，为干板等产品喷涂上不同颜色涂料。其中有一种用来粘贴的最主要生产原料，其主要成分是制造塑料的软聚丙烯酸酯，散发出"类似油漆"的味道。经色谱装置检验发现，这种软聚丙烯酸酯化合物含有丁酸、丁基酯、N-丁基醚、醋酸、正丁醇、甲苯和二氧化碳等。通过电子显微镜，宋玉果大夫又发现一种直径约30纳米的纳米微粒。打个比方，这种颗粒的直径只有一根头发直径的大约1/2666。

宋玉果大夫曾一直怀疑纳米工业与职业病之间存在某种联系，上述发现让他觉得自己正面对着一个陌生的"新世界"，所以开始了为期16个月的课题研究。大约半年时间，7名女工的最初症状发生了变化。那些"浸水的饼干"，变成了"发酵的面包"。胸片显示的结果更为可怕，那些肺部弥漫着或黑或灰的杂质，有的看起来像磨了一半的毛玻璃，有的黑乎乎的，什么都看不见。又过了4个月，一名19岁女工的肺部出现了更为清晰的纳米微粒。这些黑点数量庞大，不规则地分布在她的肺部。"看起来像是蝌蚪状的精子，或者天空里一闪而过的彗星。"他用一根长管，从肺里提取了一些液体，结果在液体里也发现了大小不一的纳米微粒。在病人的皮肤细胞里，同样也发现了纳米微粒。所有这些微粒与从工厂通风口取得的标本完全一致，直径均为 30 纳米左右。从这些纳米微粒中提取出变异细胞质和肺上皮细胞，发现肺上皮细胞的染色质发生了严重浓缩，边缘呈现委靡状态，细胞形态特征基本上呈现新月状。这些都是细胞死亡的前兆。

但宋玉果大夫及其研究小组，并未轻易下结论，而是继续做实验。他们将少量碳纳米管注入实验鼠体内，不到一个小时，这些原本活蹦乱跳的小白鼠，就像吸入石棉微粒一样，出现呼吸急促、瞳孔涣散现象。大概 4 个小时后，和人类一样，它们出现了明显的肺间质纤维化，肺部布满黑斑。这与临床检验不谋而合，于是宋玉果等人撰写成研究论文，发表在《欧洲呼吸杂志》上，然后引起争论。

据《文汇报》报道①，美国环境保护协会健康问题首席科学家约翰·巴尔布斯，在接受记者采访时表示，认为纳米微粒存在危害的观点是"毫无根据的"，但"我们应该谨慎行事"，因为纳米微粒的确有能力进入人体，到达一般化学物质无法到达的部位。中国科学院物理研究所研究员方忠教授认为，从物理学意义上讲，纳米微粒体积的确小于细胞膜，进入的可能是存在的，但对其运动能力、穿透能力的科学确认却"无法提供意见"。就在宋玉果等人论文刚刚发表后，在芬兰首都赫尔辛基召开的"纳米技术：职业与环境健康"国际会议上，围绕纳米微粒是否致病问题展开激烈争论。应邀作大会报告的中科院纳米生物效应与安全性重点实验室主任赵宇亮研究员，自然成为各国代表包围并争相提问的对象。赵宇亮研究员指出，论文中有许多问题尚不清楚，是单纯有机烟雾导致的疾病，还是纳米微粒助长了疾病发生，或

---

① 任荃：《纳米颗粒是不是夺命凶手》，《文汇报》2009 年 9 月 16 日。

是长期暴露在有毒烟雾环境下，纳米微粒与其他物质协同作用的结果，这些问题都有待深入研究。也就是说，完全将致女工中毒和死亡的责任"强加"给纳米微粒是"不公平的"。中科院院士、北京大学化学与分子工程学院刘元方教授表示，目前没有任何明确的证据能够把女工中毒归咎于纳米微粒。在他看来，电子显微镜观察到的纳米尺度微粒不一定是工人接触的生产原料，可能与空气中本身含有的纳米微粒有关，也有可能是制作电镜片子时染色过程中引入的重金属颗粒。刘元方教授指出，"工人使用的聚丙烯酸酯中至少含有 10 种有机溶剂（包含剧毒的甲苯），当被加热到 75—100℃时，会产生大量有机气体，这些气体分子的毒性可能远远大于别的颗粒物"。因此这也许是一起因化学品使用不当而引发的工伤中毒事件，却被"误判"为纳米微粒的毒性事件。

对于纳米微粒的合理"定罪"，无疑成为争论焦点。宋玉果在论文中直言其研究局限：由于工厂事后被关闭，他与合作者没能来得及对女工工作过的车间做环境监测，因此既不知纳米微粒的确切浓度，也不清楚其具体成分。他给读者留下了一个开放式结尾：病人体内的纳米微粒究竟是什么？它是导致女工生病的唯一因素，还是主要因素？这究竟是一起孤立的个别事件，还是一种在更大范围内的潜在威胁？

但是，无独有偶。就在这场争论还余音未了时，浙江也出现了类似病例。据《中国青年报》报道①，浙江东部某县城印刷厂的一名女工在一个早晨，上班不久就感到面部、脖子和手臂开始剧烈瘙痒，好像"无数只虫子在爬动"；在此之前，她经常胸闷得"透不过气来"，现在则感到有些窒息，好像"被湿纸巾糊住了鼻孔"。进入当地人民医院，医生对病情的诊断是："胸腔积水、低氧血症以及肺部阴影，病症复杂，像是尘肺病加肺结核的

① 周凯莉：《那无名杀手是纳米颗粒》，《中国青年报》2009 年 16 日。

综合体。"这一诊断并不是什么确凿结论，但它却与北京朝阳医院宋玉果看到的病人呈现惊人相似的病状。

无论如何，纳米技术已广泛应用到航空航天、军事、医学、涂料等工业生产领域。浙江、江苏、福建等省份均拥有涉及纳米技术的大批企业，生产塑料制品、有机玻璃、石棉瓦等。这一情况表明，纳米材料致病可能性必须引起高度重视。赵宇亮研究员在英国《自然》之刊《纳米技术》中撰文指出，尽管现在仍不清楚女工究竟是死于纳米微粒还是别的化学物质之手，但至少这一事件再次凸显了科技风险管理的重要意义。尤其是对于那些长时间暴露在化学品和纳米微粒之下的工人们，这种风险管理就更显得必要和急迫。因此加强纳米毒理学研究与纳米物质安全性数据积累，对几乎涉及人类生活所有领域的纳米技术的健康发展都十分重要。由于中国的"无名杀手"事件，似乎一切都归结到了工人所处生产环境的不规范上来。英国阿伯丁大学环境和职业医学终身教授安东尼·西顿认为，这种不规范导致了"健康和安全措施的完全失效"。宋玉果建议制定有效的保护条款以维护工人利益。毕竟生命比生存更为重要，"无名杀手"导致的人类健康问题，必须给予高度重视。在这种情形下，人类实际上正在目睹着一场新的技术恐惧。

第四节　景观性的纳米恐惧症

对于中国的"无名杀手"事件，国际科学界大致持两种看法：一是从事职业环境健康的科学家认为，不论女工之死是不是因为纳米微粒，改善工作环境、确保职业安全是当务之急；二是从事纳米毒理学研究的科学家认为，目前还没有直接证据证明纳米微粒就是"杀人凶手"，因为在相对密闭的工作环境中，加热后的聚丙烯酸酯黏合剂产生的大量有机化学烟雾，极有可能置人于死地。

事实上，自 20 世纪 80 年代末期纳米技术诞生以来，有关纳米技术是否影响人类健康的争论就一直没有停止过。就纳米技术来说，许多经典物理或化学定律、公式不再适用，纳米材料结构的新奇特性和功能显现出来，其对国家、环境和人类健康的影响也随之受到人们关注。这种关注后面还要从不同角度给予讨论，这里从五个方面对其做如下简要概括：

第一，纳米技术会加剧全球经济力量的不平衡发展，它作为高素质人才和大量资本集中的新兴领域可能仅掌握在少数国家手中，从而在很大程度上与第三世界或发展中国家无缘，导致全球经济、社会和政治不平等。

第二，分子制造的迅速发展及其伴随的制造业繁荣，这本身也可能会引起严峻的经济分裂。因为这种经济剧变，必然包括廉价产品的不断丰富、就业模式的迅速改变（如大量工作职位可能会意外地成为多余）、程序复制或侵权问题等。

第三，纳米技术的广泛应用，某些纳米材料将会直接影响到人类健康。它在生物医学领域的应用，有可能进一步促进克隆技术完善，创造出自然界不存在的新的生命形式。这不仅对人类和环境造成危害，而且会突破人类伦理底线，亵渎人类尊严。也就是说，纳米技术"把具有无限丰富性的人性单一化为自然原子物性，一方面将人的有限物质需求化为无限物质欲望，另一方面，又将具有精妙整体性的人性扯得粉碎，而后再在原子或分子的层次进行任意的分解和组合，这势必造成完整人性的分裂或崩溃"①。

第四，分子制造也许会造成在战争和恐怖行动中的大量滥用，利用纳米技术廉价制造出各种常规武器和威力无比的新式纳米武器。这种情况将使传统军备控制更加困难，因此会使相互对

---

① 吴文新：《科学技术应成为上帝吗》，《自然辩证法研究》2000 年第 11 期。

抗的国家进入无休止的恶性军备竞赛之中。诸如纳米跟踪仪、纳米传感器、纳米摄像机和纳米麦克风等微型监控设备，可能会使监控者以完全不同于以往的方式对监控对象进行控制，也能对整体公民进行整体监控而无需通告。

第五，纳米技术具有引起环境广泛破坏的潜在可能。只要破坏性纳米机器进入食物链，就能够破坏整个生态系统。特定纳米微粒在进入空气之后，会导致环境污染。美国太阳微型系统公司的创建者和科技总监比尔·乔伊（B. Joy），分析了一个最为严峻的问题，那就是纳米机器汇编程序研究的巨大风险。按照埃里克·德莱克斯勒（Eric Drexler）的理想设计方法，纳米机器必须具备自我复制能力，否则纳米技术生产所需要的任何汇编程序就要一个一个地建立，这将付出巨大经济代价。但如果这样，分子制造的实践和商业运作又会包含另一个巨大风险：一旦技术上出现问题，如随机软件程序出现问题，这种错误就会无限制地自我复制。在这种情形下，由于新产生的汇编程序也能启动自我复制机制，因此汇编程序数量将呈现指数增长态势。如果这些无法控制的汇编程序为了自我复制使用多种原材料，那么就会在短时间内侵吞整个生物圈。也就是说，能够进行自我复制的纳米机器人通过疯狂的自我复制，在很短时间内就会把地球变成一大团完全由纳米机器人组成的"灰色黏稠物"（gray-goo）[1]。与此同时，将汇编程序投向市场毕竟对多数企业有利，许多私人企业都试图开发和生产纳米机器汇编程序，而政府又很难对汇编程序的市场开发加以控制，因此总是会存在着被犯罪分子和恐怖分子滥用的巨大危险[2]：可以用纳米技术来开发许多大规模杀伤性武器，也可

---

[1]　B. Joy, "Why the Future Doesn't Need Us", *Wired*, Vol. 8, No. 4, 2000.

[2]　应该看到，20 世纪利用核技术、生物技术和化学技术制造大规模杀伤性武器，都是在政府实验室中为了军事目的而进行开发的，而不是通过企业和市场力量进行。私人企业在恐怖或大量利润推动下，用纳米技术来制造较之目前更具杀伤力的微型武器，对此政府无法像对政府实验室那样进行严格控制。

以制造特殊的纳米机器来破坏敌方的计算机系统或某种资源，当然也可以设计相应纳米机器直接用来攻击敌人。这种有可能用于战争或恐怖主义目的的破坏性纳米机器，向人们展示的是一种"黑色黏稠物"（black-goo）图像①。

上述对纳米技术影响的负价值关注，不过是一种新的"技术恐惧症"（technophobia）。相对于"技术癖恋症"（technophilia），"技术恐惧症"通常被用来指称对先进技术或复杂器械的非理性惧怕或厌恶。这里所谓非理性恐惧或厌恶只是相对于科学或技术理性而言，且有些技术恐惧是完全合情合理的。在现代社会早期，卢梭较早酝酿了技术恐惧症思想。他在《论人类不平等的起源和基础》一书中，将人类离开原始状态这一象征性事件，看作人类不幸的开端："谁第一个把一块土地圈起来并想到说：这是我的，而且找到一些头脑十分简单的人居然相信了他的话，谁就是文明社会的真正奠基者。"② 对于这段话至少有三种解释：其一，它是对私有制的有害性的一种批判；其二，它是对堕落的人类本性的新理论陈述；其三，它是对原始质朴状态的怀乡性表达。但无论哪种解释都与技术相关，因为卢梭接着就指出，为了圈地，必须要使用诸如打木桩或挖沟渠等技术。如果将使用技术与卢梭的乡愁表达结合起来，卢梭的思想包含了技术恐惧症的较早思想萌芽。

卢梭的技术恐惧症的思想前提，在于技术及其影响的无所不在。在这一前提之下，法国学者让-伊夫·戈菲区分出永恒性和景观性两种技术恐惧症③：

> 永恒性技术恐惧症一般说来是针对技术。当代技术恐惧

---

① N. Bostrom, *Transhumanismus FAQ*, 1999（http：//www. transhumanism. org/translations/german/FAQ. htm#3！4）.

② ［法］卢梭：《论人类不平等的起源和基础》，李常山译，商务印书馆 1962 年版，第 111 页。

③ ［法］让-伊夫·戈菲，《技术哲学》，董茂永译，商务印书馆 2000 年版，第 9 页。

症是针对工艺的，即科学知识在观念上、生产上的应用，以及在对象使用的实施上。因此当代技术恐惧症将是反唯科学主义的——它与反科学不是一回事。

在以上分析中，所谓的永恒性的技术恐惧症，源于如下三种情形：一是技术的日常化，它与人的衣食住行和生老病死——生命需要满足直接相关，技术因为要不断满足这种永无休止的生命需要而被认为是人的动物属性的物质表达。这常常会受到贬低，哪怕是今天"技术控制自然"之类的宏论，也不过是自视为世界主宰的被奴役者的奢谈。二是相对于被扭曲的文明环境，乡愁作为怀旧理念包含了对大自然的追求。以技术操作结果来证明技术操作本身，这是技术操作者的基本信条。这就使技术本身包含了失败的风险，但任何人都不愿意失败。当人们面临技术的失败时，总是会感到沮丧。三是技术能够释放出超越人自身估量的巨大力量，这种巨大力量或大或小总会对原有秩序造成破坏。人们担心，普罗米修斯或浮士德式的技术操作会破坏宇宙秩序，技术权力意志的社会膨胀将彻底摧毁原有的伦理道德秩序。实验室的科学怪人，工程现场的机器轰鸣，工厂的烟囱林立以及其他技术控制世界的超级想象，所有这一切都无不在文人无意识的笔下成为"恶魔"①。永恒性的技术恐惧

---

① 雪莱夫人 19 世纪的文学作品《弗兰肯斯坦》（把实验室里的科学家描述成为怪人）乃是技术恐惧症最早的科学幻想和流行文化例证之一，20 世纪 50 年代卓别林演的《摩登时代》将人描述成为机器上的螺丝钉。20 世纪中期以后，伴随着核武器和放射技术的发展，产生了《地球停转之日》这部电影。20 世纪 60 年代，文学作品《神奇绿巨人浩克》表现出了人们对超级智能机的惧怕和背叛，电影《偶米噶人》描述了一个因生物战争形成的恐怖世界，小说《雷伯维兹圣歌》则以核武器摧毁科学本身为题材。20世纪 70 年代，《福宾计划》和《魔种》的主题是计算机控制世界，《死亡战士》描述杀人的"半机器人"。20 世纪 80 年代，以计算机变成自我意识并决定杀死整个人类为主题的电影《终结者》使技术恐惧症取得商业化成功，《银翼杀手》描述了复制人类的机器在地球上的生活经历。90 年代以来，《我，机器人》、《黑客帝国》和《终结者》系列这类电影，《神秘博士》（其中一节为《死亡之机器人》）以及《生命三部曲》等，无不涉及技术恐惧的文化主题。

症，曾一度在世界上蔓延，使某些社会群体为了保护自己的思想或信仰，对某些现代技术领域采取对抗态度。

戈菲的"当代技术恐惧症"，实际上是指一种景观性的技术恐惧症。这种技术恐惧症不仅关注无处不在的技术，而且关注"无处可见的技术"。在这里他考虑的问题是，如果这种技术恐惧症，在反科学主义或反技术主义意义上表现出对无形技术的恐惧，那么就有可能把一切现实均看作技术的现实，就有可能对任何技术表现出恐惧。在今天，就纳米技术而言，人们确实面临着一种"无处可见的技术"。这不仅是说到目前为止，纳米技术应用还相当有限，而且也是说纳米技术本身发生在微观世界，肉眼根本无法看到。目前正在流行的"纳米恐惧症"（Nanophobia），就在于对一个肉眼看不到的纳米世界的巨大恐惧。1990 年，法兰克·马歇尔执导、史蒂芬·史匹柏监制的一部电影《小魔星》，描述了一种罕见的蜘蛛入侵美国，攻击人类小镇。现在人们担心的是，只有 100 纳米大小（人的头发直径为 50000—100000 纳米）的纳米微粒进入人体会成为杀人狂，因为微粒越小，就容易穿透人体组织，进入血管。纳米微粒没有代谢作用，不可破坏，且具有集聚特性，因此人体器官中如果存留太多纳米微粒，那么这种器官就会发生病变。可以说，目前的纳米恐惧症在很大程度上是一种更为严重的景观性的技术恐惧症。一旦有诸如中国的"无名杀手"事件证明系纳米微粒所为，就会放大形成另外一种影响，那就是它会成为纳米技术潜在发展和决策的重要障碍。

"纳米恐惧症"显示出一种敌托邦梦魇，但这种梦魇本身似乎更加令人恐惧，激起人们另外一种恐惧。哪怕非科学家的一般公众对纳米技术稍有负面性关注，都会被当作是一种纳米恐惧症。这样就会产生一种所谓的"技术恐惧症的恐惧症"（technophobia-phobia），对此荷兰学者艾利耶·瑞普（Arie Rip）做了如下陈述①：

　　［对新技术未来发展关注的］人们全神贯注于其设想的实现，以致连对其使命的关心乃至反对态度都不放过。我曾经表明，他们将这种关心看作障碍（而不是看作一种可以比较的选择特征），试图使其成为（上升到战略行动的）非正常状态。因此他们将这些关系定位为恐惧，甚至把它看作是新技术恐惧症。就纳米技术来说，人们太早地谈到了纳米恐惧症。但对化学来说，在 1970 年代和 1980 年代，人们对化学的病态效应的广泛关注，使化学家们按照化学恐惧症来思考问题。当时有一位颇有见地的评论家（西蒙·卢真达尔）注意到，这些化学家们是如此关心化学恐惧症，以致在他们看来，化学恐惧症无处不在，甚至对此很少或不提供任何理由。他们由此确立了一种化学恐惧症的恐惧症（chemopho-bia-phobia）。

　　在与化学家的互动中，我看到了化学恐惧症的恐惧症的诸多痕迹。我和我的合作者曾做过一个小型研究项目，试图确定这种恐惧症是否存在（瑞普和肖特，化学的恐惧，《化学杂志》1982 年 10 月，第 600—602 页）。我们围绕化学设计了许多问题陈述，让应答人表明赞成或不赞成的态度。应答人分为两组：一组是一般公众样本，一组是化学家样本。对于后一组，我们还要他们对一般公众的回答进行表态。结果表明，化学家们对化学表现比一般公众更为正面的反应，但一般公众对化学也并未表示出更为强烈的否定态度，他们采取的反应并非如化学家描述的那种强烈对抗，而是一种稍

① Rip, Arie. Articulating Images, Attitudes and Views of Nanotechnology: Enactors and Comparative Selectors. European Workshop on Social and Economic Research on Nano-technologies and Nanosciences, Brussels, 14 – 15 April 2004. Retrieved July 23, 2004 from http://www. stageresearch. net/STAGE/PAGES/Nano. html.

带负面的反应。公众的反应与化学家对公众反应的特别重视之间的巨大差距在于，化学家非常在意公众对化学职业的信任程度。这种情况对化学恐惧症的恐惧症判断其实是一种支持：对职业信任的不确定性，使化学家们认为不信任随处可见，甚至就此不提供任何理由。

有些纳米技术专家不仅预期到公众对纳米技术关注的正在兴起，而且随时注意观察这种无处不在的关注的任何迹象，甚至以"纳米技术：小东西产生大后果"来无病呻吟。所以对纳米恐惧症的恐惧症，必须要加以仔细审视。

在上述冗长引证中，瑞普以"化学恐惧症的恐惧症"表明了"纳米恐惧症的恐惧症"的现实存在。英国《自然》杂志子刊《纳米技术》公布了一项对全球著名科学家的调查[①]，进一步支持了瑞普的这种判断。结果显示，纳米科学家们对纳米时代前景表示出乐观主义态度，但他们也承认自己比普通公众更害怕纳米技术，因为这项技术对人体和环境的影响完全无法预测。将对前景的乐观估计和对纳米技术的恐惧统一于同一人群来看，纳米科学家比一般公众更加表现出对纳米技术影响的恐惧显然具有双重性：一方面，它的确表明了纳米技术本身较之以往任何技术都带有更大的不确定性，难以预料的影响使他们由于比一般公众更为了解纳米技术，所以表现出比一般公众还要强烈的恐惧；另一方面，由于对纳米技术的潜在利益的乐观估计，又使他们担心一般公众的纳米恐惧症，会直接影响到人们对纳米科学家职业的信任程度，甚至影响到纳米技术的决策和自由探索，因此形成了瑞普意义上的"纳米恐惧症的恐惧症"。如果说前者属于永久性的技术恐惧症的话，那么后者则是担心景观性的技术恐惧症的无限蔓

---

① Richard Jones, "Fearing the Fear of Nanotechnology", *Nature*, No. 9, December 2008, p. 1290.

延，即"技术恐惧症的恐惧症"。也就是说，即使在公众缺场的情况下，永恒性的技术恐惧症、景观性的技术恐惧症和技术恐惧症的恐惧症都会交织在一起。

第五节 纳米技术的新文化兴起

以上有关"纳米革命"与"纳米恐惧症"，实际上涉及自然科学与人文学科之间的两种文化之争。对于"两种文化之争"，人们并不陌生。1956 年，英国科学家和小说家查尔斯·珀西·斯诺，在《新政治家》杂志上发表"两种文化"一文。1959 年，他将该论文思想加以扩充，在剑桥大学做了著名的"两种文化"演讲，演讲题目为《两种文化与科学革命》。这一演讲涉及科学家与人文知识分子之间的文化分裂，即所谓"斯诺命题"。自那时以来，围绕"斯诺命题"展开了一场旷日持久的思想论战，其意义远远超出了文化自身。

其实关于两种文化之争，在斯诺之前就屡有出现。在 19 世纪后期的英国，赫胥黎与马修·阿诺德，就曾围绕达尔文进化论进行过一场辩论。前者被世人称为"捍卫进化论的斗士"，后者则有"维多利亚时代文化使徒"的崇高声誉。1880 年，赫胥黎发表以"科学与文化"为题的演说，宣称"文学将不可避免地被科学所取代"。两年之后，阿诺德则做了以"文学与科学"的演讲，以回击赫胥黎对人文学科的指责。有趣的是，时隔 77 年之后，阿诺德与斯诺在同一个报告厅以"里德讲座"形式发表各自的演讲。赫胥黎与阿诺德也许只是科学斗士与文化学者的个人交锋，中国 1923 年的"科玄之战"则是两大阵营的集体对垒，但这发生于不同国度和不同时代的两次争论均在斯诺提出"两种文化"之前。

尽管两种文化之争由来已久，但问题并没有像人们想象的那么简单。斯诺强调科学与人文联盟，可这并未消除两者之间的文化隔阂。在西方世界，科学、民主与现代性一直被认为是伴随工业文明发展的共生物。科学家对自身的职业及其对社会进步的必然促进抱着坚定信念，但人文知识分子从一开始就对资本主义文明抱着批判态度。他们之间的冲突，曾以浪漫主义运动和功利主义扩张之争得以充分表现。两次世界大战之后，西方人文知识分子对"科学进步论"这一主题再次进行反思，同时科学家们更多倚重于权力和资本推动技术发展及其应用，从而能够更多地介入国家决策和法人资本重组。

进入 20 世纪末期以来，先是在美国随后蔓延至西欧，西方爆发了一场名为"科学战争"的思想大辩论。其导火线是两位美国科学家在 1994 年发表的一本著作——《高级迷信：学院左派及其对科学的指责》，其批评对象包括被称为"学院左派"的形形色色的当代西方人文知识分子，包括福柯、费耶阿本德、德里达、利奥塔等人。这种批判直接指向了诸如激进环保主义、女权主义、后现代文化批评理论、社会建构论等。这些思想力量或多或少具有一个特征，就是将对资本主义的批判同对现代性的抵制结合起来，将工业社会对人的异化及其对生态环境造成的危害归咎于科学和技术本身。

在这场"科学战争"中，斯诺的"两种文化"再度引起关注。但参与论战的科学家们极力推崇斯诺对人文知识分子的批评，引出一个关键问题是，如果"两种文化"不能获得交流或沟通，那将是一件非常危险的事情。"纳米革命"与"纳米恐惧症"涉及的"两种文化"，显然并不完全限于科学家与人文学者，在公众中各有其支持的社会群体。前者主要包括科学家、法人、决策者和其他相关群体，他们可能比别人更加了解纳米技术，因此多出于个体主义和商业文化价值考虑，更为倾向于推测纳米技术是安全的；后者主要是对环境和技术风险关注的社会群体，依靠全球气候变暖和核废料排泄等的经验直觉，主要出于经济不平等和生态灾难、社会伦理问题考虑，认为纳米技术可能是危险的。由于纳米技术的研究开发及其应用目前还远未展开，所以前一种文化对后一种文化还谈不上"敌视"，即使存在所谓"纳米恐惧症的恐惧症"，也只是表明纳米技术的前景还非常模糊。当然后一种文化如果要成为纳米技术发展的一种选择，还需要通过与前一种文化进行广泛深入的协调或沟通。

美国南卡罗莱纳大学学者克里斯·托美（Christ. Toumey）最近指出，"STS"（科学、技术研究）的跨学科研究也许是填平纳米技术的"两种文化鸿沟"的较好途径。STS 共同体具有两种文化的"双料"特征，有利于围绕纳米技术促进两种文化沟通：一是这些学者中有许多人最初获得了理学和工程学位，基础知识牢固，对科学和技术有着良好的鉴赏力；二是他们中有许多人在 20 世纪 90 年代，通过研究生物技术或信息技术获得了良好声誉。因此如果他们转向对纳米技术的社会伦理关注，就会识别出一些急迫而富有洞察力的问题。例如，托美所在大学英语系的科林·米尔邦发表的著作《纳米视觉》（杜克大学出版社 2008 年版），按照科学家、人文知识分子等纳米技术研究者和设想者，提出通过融合各种新技术创造一种新奇的人工现实——"纳米单数"。借助这一概念维系"纳米视觉"理想，就是将各种洞察力、盲目性、矛盾、悖论和混乱综合起来，由此来理解或想象纳米技术。进一步说，纳米革命或纳米梦想以及纳米恐惧，均可以进入纳米技术的意义世界，成为纳米技术未来建构的文化选择。正是基于STS 对纳米技术的广泛关注，托美指出融通两种文化的特殊意义[1]：

> 科学的中心不在于要断言和重申我们对自然界的已有认

---

[1]　Toumey, Chris. From Two Cultures to New Cultures. *Nature Nanotechnology*, Vol. 4, Juanuary 2009: 6（5－6）.

知，而是要追问变革已有自然知识的新问题和新答案。尽管科学技术研究（STS）有着不同的智力来源和不同的研究方法，但它如同科学具有中心一样也有一个中心，那就是它不在于要断言和重申我们对科学的已有观点，而是要追问变革现有科学观的新问题和新答案。

不可能让斯诺去想象这样一种情况，即人文学科和社会科学对科学做到科学对自然做到的事情。但它们有时的确能够作出一些事情。它们一旦做到这一点，就会消除两种文化之间的分野。由此形成的新文化，岂不是更胜于"两种文化"吗？

托美虽然将消除两种文化分割寄希望于 STS 显得有些过于狭窄，但他提出的基本方向却是紧迫的。这就是当人们以"纳米革命"来表达对纳米技术的热烈追求时，不再仅仅是把纳米技术看作一种"工具"，而是将这一工具同其意义、价值联系在一起，甚至不否定"纳米恐惧症"的文化选择意义。纳米技术毕竟是一项关涉到人类向何处去的现代性事业，围绕这一问题展开的各种文化选择均是有意义的。任何一个国家都不能无视新的纳米革命发生，更不能因为纳米恐惧而驻足不前。借用杜邦公司的"通过化学，为创造美好的生活而生产美好的东西"这一广告词，可以说"通过纳米技术，为创造美好的生活而生产美好的东西"。但同时又要看到，今天人们想象的纳米革命在很大程度上源于传统方法，其中包含的诸多方法、策略、隐喻和叙事也多是基于原有的科学观念和技术应用情形。纳米技术涉及的是一个小世界，人们对这一小世界的理解和认知还非常有限。人们有必要对以往的科学观念及其技术治理问题进行审视，把避免纳米技术可能带来的各种威胁作为其发展的重要参考向度。

第 二 章

复杂性以及不确定性

我要谈的问题是，小尺度上的诸物操纵和控制。
——理查德德·费曼：《底下空间还大得很》，1959

第一节 "底下空间还大得很"

有关纳米领域研究，目前存在各种称谓。沿着从科学到技术和工程的"三元论"线路，就有"纳米科学"、"纳米技术"和"纳米工程"这些常见说法。"纳米科学"表明了该领域的基础性和前沿性，但较容易将自身封闭于知识的中立领域，使自身以"自由探索领域"之名与其社会伦理意义分离开来。"纳米工程"概念就目前来说，仅仅限于纳米材料等少部分领域，远远没有达到"工程"应该有的建设规模。当然，我国多数学者沿着"科学技术"这一概念，笼统地称之为"纳米科学技术"（简称"纳米科技"）。但这一概念过于宏观，并不能揭示纳米研究开发的本来意义。鉴于此，与其一般地使用"纳米科学"或"纳米科学技术"，毋宁使用大写的"纳米技术"（NanoTechnology）这一概念来称谓目前与纳米领域有关的一切工作。因为它既能表明其有关的科学认识直接指向的是纳米尺度的技术操作，又能在此意义上进行社会伦理意义的价值评判。

　　就纳米技术与纳米科学的关系来说，人们一般按照传统方法，将纳米科学置于纳米技术的优先地位来加以考虑。从历史进程来看，现代技术的确是现代科学的应用，它与前现代技艺的区别就在于大量应用现代科学。但在德国存在主义哲学家海德格尔（Martin Heidegger）看来，说现代技术是现代科学的应用如同说诗歌是字母的某种排列一样并没有错，只是没有切中技术的本质所在。在本质意义上，正是现代技术支配着现代科学呈现。这种看法似乎有悖于传统（科学）历史解释，因为现代科学发源于16—17世纪的科学革命，而以蒸汽机和电动机等动力机为代表的现代技术，只是在18世纪末期以后的工业革命中才开始兴起。但海德格尔对"历史学"与"历史"有一个严格区分：历史学只是在技术时代才出现并与历史相混同，历史学作为科学在本质上受制于现代技术，而历史本身才是人在向真理敞开时达成的属于技术时代之本质的东西，因此历史学强调的技术滞后于科学并不能说明历史上技术先于科学的本质意义。尽管现代科学先于现代技术出现，但这只是表明了对现代科学起支配作用的现代技术这一本质最晚呈现出来。海德格尔在《现代科学、形而上学和数学》和《世界图像的时代》中，把现代科学呈现为一种人工造物的技术经验：通过数学化，物被抽象成为微粒，被置于三维空间和一维时间中，由力学定律支配，可以计算和预测，因而也可以被充分"预置"；作为被数学预置的千篇一律的物质微粒是绝对同质的，因此可以在任意空间范围内加以复制或操作。如果不是通过人工造物的机械操作来加以设想，现代自然科学便无法达到这样一幅图景①：

　　　　科学是现代的根本现象之一。按地位而论，同样重要的

---

　　①　［德］马丁·海德格尔：《世界图像的时代》（1938年），《海德格尔选集》下卷，孙周兴等译，上海三联书店1996年版，第885页。

现象是机械技术。但我们不能把机械技术曲解为现代数学自然科学的纯粹的实践应用。机械技术本身就是一种独立的实践变换，唯这种变换才要求应用数学自然科学。机械技术始终是现代技术之本质的迄今为止最为显眼的后代余孽，而现代技术之本质是与现代形而上学之本质相同一的。

在以上引证中，海德格尔显然涉及三种现代性现象，这就是现代科学、现代技术和现代形而上学，其核心是作为人工造物的技术操作。应该注意到这样一个事实：纳米技术最初并非由工程师提出，而是首先源于自然科学家设想。但同时也应该指出，纳米领域的最初设想是以人工操作向度来指引科学描述，而非相反。1959 年，美国物理学家和诺贝尔奖获得者费曼（R. P. Feynman），向美国物理学会做了一个演讲，题为"底下空间还大得很"，最早谈到这一领域。他在演讲中开宗明义地说，"我要谈的问题是，小尺度上的诸物操纵和控制"。他接着就设想，人们可以利用电子显微镜书写缩小 2500 倍的字母。这一设想并非是科学幻想，因为自那以后，这实际上就成为科学家用电子束书写小字母的普通实践。不过费曼并没有限于这种实践，而是试图设想一种实现"物理学原理的可能性"的奇妙技术方法[①]：

> 就我所见，物理学诸原理并不反对一个原子一个原子地操纵物质的可能。这不是违背任何规律，而是从原理上能够做到的事情。在实践上，我们还不曾做到这一点，因为我们太大了……但有趣的是，（我认为）一个物理学家在原理上有可能合成出化学家写下的任何化学物质。化学家下订单，物理学完成合成任务。如何做到这一点呢？答案是将原子放

---

① R. P. Feynman, "There's Plenty of Room at the Bottom", *Engineering and Science*, Feb. 1960, pp. 35 – 36.

置到化学家指定的位置上，这样您就可以制造出这种物质了。

这里"原理上的可能性"，实际上指向了纳米尺度的技术操作，包括原子水平的二进位编码书写、"100倍电子显微镜"改进、直径为10—100个原子大小的计算机组件制造、按照生物系统制作信息系统模型、制造极小器件或设备（无限小机器）和操作个别原子等。费曼在演讲中有5次告诉听众说，他并不知道如何设计一种自动机械程序，能够在原子或分子水平上进行技术操作和控制，但他认为这一程序并不违背物理学规律，因此挑战科学家的技术问题就在于，如何设计出这种程序。这看上去好像是一系列科幻故事。尤其是在涉及操作微细物质的一系列设备时，费曼向人们提示说，工人可以利用一种"主人—仆人之手"的组合式机器来处理放射性物质：工人操作主人组合机器，主人组合机器控制仆人组合机器，由此来处理放射性物质。一般来说，仆人组合机器要比主人组合机器小，因此前者能够被后者完全控制。

美国科幻小说家罗伯特·海因莱，曾在其1942年的《瓦尔多》（Waldo）一书中，创造了用人手或人脚控制的机械装置。有位朋友在费曼演讲之前，就将这个故事告诉费曼。由于这种关系，"瓦尔多"实际上就成为费曼描述的那种设备的"短手臂"。费曼的"底下空间还大得很"融合了一些科学先见，包括以人期望的方式摆置原子、电子显微镜改进、类似散热和失精等尺度问题解决等。在费曼那里，有些设想已经有技术苗头，但其他设想还无法知道如何做到，只是在原理上启示着某些可能的技术想象。

以上自然科学家提出纳米技术设想这一事实，恰恰表明当代科学进展较之以往更加以技术为本质要求。为此许多哲学家和社会学家提出了"技科学"（technoscience）概念来表明这一状态①。在如果说费曼已经给出了纳米研究的大致技术方法，那么此后的纳米科学热情则是以微观世界操纵为着眼点。1985年，美国休斯敦赖斯大学的 H. W. 克罗脱（H. W. Kroto）和史莫莱（Rechard Smalley）等人发现了一种新的碳结构 C_{60}，这就是所谓"富勒烯"，由于形似足球也被称为"足球烯"。这一发现虽然来自自然本身，但它很容易让人在技术上设想人工操纵原子。他们因这一发现而摘得 1996 年的诺贝尔化学奖桂冠，也点燃了纳米研究的希望之火。

埃里克·德莱克斯勒在费曼演讲 20 年之后，写出了《创造的发动机》一书，被尊为纳米技术的"弥赛亚"②。正是德莱克斯勒，使费曼的纳米尺度物质操作设想进入大众视野。也正因为他，人们不再在一般科学意义上谈论纳米研究，而把它看作一个技术领域。早在 20 世纪 70 年代，他就致力于研究遗传工程，深信 DNA 分子操作背后的科学原理可以应用于其他分子操作。为此他首先使用"纳米技术"描述一个原子的分子定位过程。在这里，德莱克斯勒采用"纳米技术"一词，只是为分子装配提供一个功能框架，并未就其目标、方法、实施和扩散提供任何设想，但却引起了人们巨大的技术热情。

《英国英语词典》，把纳米研究界定为"一个技术分支，涉及小于 100 纳米维度和公差范围，特别是指操作个别原子和分子"。更为普通的定义来自美国纳米技术计划："纳米技术是在大约 1—

---

① 例如，布鲁诺·拉图尔（B. Latour）和唐纳·哈拉维（Dona Haraway）分别在《行动中的科学》（1987 年）和《自然界的新发现》（1995 年）中，就以"技科学"这一概念来指称当前新的知识生产状态，即自然科学以工程和技术为目标而获得发展。相对于传统科学内在自主进化机制来说，围绕这一表达还存在诸多争论。但这种新的范式毕竟表明了我们正在进入一个新时代，当代科学发展绝不再是以往那种历史叙事，它的存在被包含在科学、技术和工程的融合或杂交趋势中。

② 弥赛亚（Messiah）系圣经词语，与希腊语词基督是一个意思。它在希伯来语中的最初意思是受膏者，指的是上帝所选中的人，具有特殊权力，是一个头衔或者称号，并不是名字。这里把德莱克斯勒称为纳米技术的"弥赛亚"是说，他是继承了费曼的思想遗产而成为纳米技术的预言者和代表。

100 纳米维度理解和控制物质，在这一维度上独特的现象能够产生新奇的应用。"无论何种界定，纳米技术包含两个充分必要条件：一是尺度问题，纳米技术尺度为"nano"（源于希腊语"nanos"，意指小矮人），即十亿分之一米，技术操作范围在 100 纳米范围以内；二是新奇性问题，纳米技术不只是在科学意义上理解微细物质，更为重要的是着眼于纳米尺度上显现的某些性质利用来操作微细物质。也就是说，并不是纳米科学，而是纳米技术成就着纳米研究领域的本质所在，即纳米尺度的新奇物性的利用和操作。

第二节　一个无边的复杂疆域

纳米技术并没有传统学科那样简单，它在学科意义上将是一个复杂的无边疆域。以纳米技术来统摄纳米研究领域，目标是处理物理学、化学、分子生物学和工程科学之间的跨学科边界。它在科学上，力图结合或统一量子力学、固体物理学、无机化学和分子生物学。这些问题并不是新的，甚至或多或少带有某种古典特征。但这些问题到今天也没有解决，即使物理学，也还没有在量子力学与宏观现象和复杂系统的融合意义上，建立起所谓"大一统理论"。至于热力学中类似熵这类重要的理论对象，也还没有以统计力学方式解释清楚。这些理论鸿沟似乎反映出，自然界在本体论上包含多个层面。进入技术层面上，纳米研究更是趋于复杂。

在过去几十年中，技术发展越来越呈现出复杂性。在 20 世纪中期之前，工程师面对的主要是科学和技术问题。只要这个问题解决就能开发出新产品。在商业化方面也很少遇到什么经济障碍，环境破坏和伦理问题并不显得那么急迫。但是，自 20 世纪 60 年代以来，这一切都改变了。对于工程师来说，仅仅有了新奇

的技术创意已经远远不够了，技术发展会遇到大量条件变数。新
产品开发不仅要适合于当前已有的科技洞见，而且还要考虑经
济、社会、立法、环境、心理和其他诸多条件。这使工程师的技
术工作面临着学科上的复杂性挑战，也带来了技术复杂性探索问
题。纳米技术虽然还处于襁褓时期，但它同样也面临着这种复杂
性问题。它不仅涉及科学知识的积累问题，而且面对未来诸多可
行性的不确定性问题。换言之，纳米技术发展是一个复杂性问
题，它包括大量不同的变数、问题和条件。

　　早在20世纪30年代，荷兰加尔文教派哲学家赫尔曼·杜耶
维尔德（Dooyeweerd）就发明了一种分析方法，后来用于探讨技
术复杂性问题。杜耶维尔德声称，可以从15个方面分析人的生
存状态①（参见表2—1）。任何实体均以这些方式生存或存在，
包括数量存在、空间存在、动力存在等。这些生存或存在方式形
成某种秩序，其中高级生存方式以低级生存方式为前提。例如，
空间因素如果缺乏数量因素就无法存在，生物或生命同样无法离
开能量转换和运动，物质运动也不能脱离空间进行等。这一分析
方法的重要特征在于，任何实体在所有层面均能发挥其主体和客
体功能。例如，一块石头既能在动力方面作为主体而存在（如它
能运动），又能在经济方面作为客体而被买卖（但不能作为主体
进行买卖）。按照这种思路，任何实体作为主体，似乎均有其高
级存在方式。但是，杜耶维尔德所说的存在或生存方式分层秩
序，实际上削弱了主体和客体功能概念的建构，特别是从心理层
面到分析层面的过渡显然存在某种不连续性。在这里，人类能够
在高级生存方式上发挥主体作用的唯一实体，适合于主客体功能
分析。

_____

① H. Dooyeweerd, *A New Critique of Theoretical Thought* (Vol. II), trans. from Dutch by D. H. Freeman and W. S. Young, the Presbyterian and Reformed Publishing Company, S. l. 1969.

表 2—1　　　杜耶维尔德的 15 个人类生存现实分析因素

序号	15 个因素	相应对象情况
1	数量因素	对象由许多部分组成
2	空间因素	对象占据特定空间
3	动力因素	对象运动或受动
4	物理因素	对象因机械因果关系而相互作用
5	生物因素	某些对象属于生命范畴或构成其他生命存在的环境
6	心理/敏感因素	人能观察对象
7	逻辑/分析因素	人能够围绕对象作出推论
8	文化/发展因素	人开发对象
9	象征/语言因素	人通过命名或别的符号表现方式来表征对象
10	社会因素	人能分享对象
11	经济因素	人能买卖对象
12	美学因素	人能从美的角度欣赏对象
13	司法因素	人能制定法律，对象进行规定
14	伦理因素	人能从伦理立场评价对象
15	信念因素	人能相信对象的积极效应

荷兰代尔夫特理工大学技术哲学学者德·弗雷斯（Marc J. de Vries），使用杜耶维尔德的分析方法进行纳米技术的复杂性分析。在他看来，这种方法"可以为反映技术发展的复杂性提供一种分析工具，同时也能为人们在探索这种复杂性时从可能的混乱中创造某种秩序提供一种分析手段"①。不过，弗雷斯使用这种分析方法，结合了代尔夫特学派的"技术人工制品的二元特性"理论②。按照"二元特性"理论，一种技术人工制品包含物理特性

① Marc J. de Vries, "Analyzing the Complexity of Nanotechnology", *Techné*, Vol. 8, No. 3, Spring 2005, p. 64.

② P. A. Kroes, A. W. M. Meijers, M. P. M. Franssen, W. N. Houkes, and P. E. Vermaas, *The Dual Nature of Technical Artifacts*, Netherlands Organization for Scientific Research, The Hague, 1999.

和功能特性。物理特性是指人工制品的非关系或非意向性方面，诸如大小、形状、重量和结构等。一般来说，有关这一特性的知识属于描述性范畴。功能特性是指人工制品能够使人达到的目的和目标，它作为意向性层面，其有关的知识属于规范向度。当一位工程师说"我知道这是一种螺丝刀"，就是意指"我知道这是一种设备，这种应该能使我能将螺丝拧紧或拧松"。这里的"应该"表明了螺丝刀的规范特性。工程师要做的事情就是，在人工制品设计过程，找到一种物理特性，使该人工制品符合人们期望的功能特性。所谓技术人工制品的复杂性不仅表现在双重特性方面，而且也表现在两者相互符合的实践方面。在这里，弗雷斯将使用杜耶维尔德的 15 个因素，"二元特性"理论扩展开来，从而获得技术设计的复杂性的整体印象。他为此将杜耶维尔德的 15个因素分为两类分别与人工制品的二元特性相对应：一类是与技术人工制品的物理特性相关的低级生存方式，另一类是与技术人工制品的功能特性相关的高级生存方式。在杜耶维尔德的 15 个因素中，生物因素与心理因素之间存在某种模糊联系：它们在低级生存状态上发挥主体作用并不要求意向性（石头可以移动，但并不诉诸心灵的意向状态），在高级生存状态上发挥主体作用则要求某种意向性（人如果不诉诸意向性就无法进行买卖活动）。在此基础上，弗雷斯从非意向性、意向性和综合性三个方面，对纳米技术的复杂性进行了分析[①]：

　　第一，非意向性方面，包括杜耶维尔德方法的前 5 个因素。从数量因素看，正如在量子理论王国中的微粒数量规模一样，很难如在宏观世界那样对纳米制品进行计数。按照德莱克斯勒的基本设想（后面章节将要详细讨论），只有相应原子装配器达到必要的数量规模，才能实现个体原子的技术操纵，从而在适当时间

---

① Marc J. de Vries, "Analyzing the Complexity of Nanotechnology", *Techné*, Vol. 8, No. 3, Spring 2005, pp. 68 – 74.

范围达到某种宏观结果。为解决这一问题，以制造纳米制品为目标的装配器，必须要通过复制器不断被再生产出来，从而加速纳米制品的制造进程。这种技术机制显然是模仿自然（特别是生物体）的自我生产机制，但这里一个重要问题是，复制器和装配器为了生产出科学家期望的纳米制品，必须要达到某种普遍程度。不过，它们在生物学上的对应物，诸如生物酶、核糖体等，均具有特殊性质。所以纳米制品的数量问题并不能轻易获得解决，即使给出一个简单答案，也无法弄清楚模仿自然的自我生成机制的技术方案是怎样一种情形。

就空间因素而言，纳米技术是在纳米尺度上操作物质，这一向度尚存在很多问题。纳米尺度范围与非纳米尺度的空间界限如何确定？美国国家纳米技术计划将 100 纳米作为上限，是否意味着可以将 100 纳米以上的纳米结构排除在纳米技术操作范围？这些问题仍然有待讨论。与此同时，有些纳米科学家对零维纳米结构、一维纳米结构和二维纳米结构进行了区分。但是，考虑到空间维度问题已经超越了人的想象或理解，所以涉及空间维数的整个命名，事实上并不限于纳米尺度。例如，零维纳米结构（如量子点等）实际上处于三维纳米尺度，一维纳米结构（如纳米线等）实际上处于二维纳米尺度，二维纳米结构（如纳米膜等）反而处于一维纳米尺度。当然就人的视觉来说，纳米技术处于一种无形化状态，很难被人观察到。这对人们控制纳米世界，是一个巨大的现象学挑战。因此对纳米结构进行空间限定，并没有那么简单，其界限还需要有关学科做进一步的深入研究。

把动力因素和物理因素合起来看，可以用量子现象对纳米制品的运动和能量加以描述。这种描述依然在发展之中，这也就是当人们谈到纳米技术时，总是不能将纳米科学撇在一旁的原因所在。尽管科学家们试图制造各种纳米制品（特别是各种纳米材料），但对纳米尺度的物理现象还所知甚少。正因为如此，一个有趣的结果是，目前科学家们还无法从整体上理解纳米制品的物理特性和功能特性。即使能够进入纳米制品设计，人们对意欲制造的纳米制品性质也仍然是一知半解。这里对将要制造的纳米制品，探索其物理特性和赋予其功能特性似乎要同时进行。从哲学上讲，这也许是纳米技术的最重要问题之一。与传统设计过程不同，为纳米制品确定适当功能（新产品作用及其重要功能），在其物理性能未知情况下，往往具有相当的盲目性。纳米空间范围的新奇物性利用，其根本要求是"唯一现象产生相应新奇应用"。但问题在于，对这种"唯一现象"是否会产生别的问题尚不清楚。

纳米制品必与生命体相互作用，但生物方面的关键问题是健康问题。一如前面已经表明，围绕纳米微粒能否导致疾病已经存在各种争论。这一问题类似于以往的"石棉病"① 讨论，在未来必然引起全球关注。

第二，意向性方面，包括杜耶维尔德方法的后 10 个因素。对纳米技术来说，心理方面的一个重要事实是，人们对纳米技术发展的关注仅仅停留在对纳米制品的间接认知上。纳米技术是一种遮蔽于人的眼睛的无形操作，我们只能从某些技术图像获得纳米概念。但这种技术图像是经过复杂过程创制出来的，其制作过程已经完全脱离了对纳米世界的直接观察（这种所谓直接观察即使在纳米科学家那里，也未必可能）。纳米制品图像化的常用方法，是使用球体来代替个体原子。由于原子呈现为量子特征，所以这种技术图像其实并不是写实，更像是一种象征手法。当然还有一种方法是，利用扫描隧道显微镜的显示结果来制作图像。从

---

① 石棉病也称石棉肺病，又称石棉沉着病，是人体长期吸入石棉尘后，致使肺组织发生弥漫性纤维化及胸膜增生。石棉是一种具用纤维状结构的硅酸盐矿物，含有镁和少量铁、钙、钠等。在开采及加工处理石棉的生产过程中，可形成大量粉尘。如果防尘措施不力，可进入大气和水源污染环境，危害居民健康而成为公害。病程一般缓慢，临床上最早出现咳嗽、呼吸困难，且随活动而加剧。其症状多为局部及一般性胸部疼痛，如为持续性疼痛则可能是胸膜间质瘤（接触石棉后并发的一种少见肿瘤）的最早特征。

这种图像我们可以看到一个带有斑点的表面。也就是说，在科学家讲述的故事中，凸显的斑点代表原子。这虽然不过是一种图像，但它毕竟有利于人们获得对纳米制品的感知或理解。

在分析或逻辑方面，可以识别出一个相关问题是，纳米技术也许会使生物与非生物之间原本清晰的界限模糊起来。在物理世界和生物世界中，纳米制品将有可能享有最高的主体功能地位，即它会达到发挥主体功能作用的最高存在状态。如果纳米制品确实可以一个原子一个原子的排列方式来制造，并且有可能导致生命组织产生的话，那么显示生命活力的技术现象能够在这一过程中发生吗？例如，自我复制往往被看作一种生命现象，这一现象一旦在纳米制品制造过程中产生，就意味着我们不得不考虑生命健康和环境安全问题了。从生物学角度，我们已经知道自我复制的结果之一是，某种生命系统一旦获得自主增长，就有可能对其他生命系统造成威胁。纳米制品如果实现了从生物方面向心理层面的过渡，也会产生类似问题。如果纳米制品制造过程"突然"产生"意识"，那么就需要改变目前人们对纳米制品的既有技术态度。

纳米技术的发展方式和象征方面，与自然现象研究有关。纳米技术发展目前仅仅基于少量的自然现象知识。从纳米现象研究的语言和象征方面来看，目前所谓"技术作为应用科学"的文化范式，已经无法说明科学与技术之间的特殊关系。因为在纳米科学还没有突破的情况下，纳米技术已经开展起来，纳米科学与纳米技术之间的关系更趋复杂和精妙。

从社会、经济、司法、美学和伦理五个因素看，必须要关注如下事实：纳米技术尚处于襁褓时期，纳米制品及其应用的潜在社会效应尚不可知。在社会方面，纳米技术兴起如何影响社会关系还不太清晰。不过人们可能会想到，纳米技术将有可能产生国家之间、社会群体之间的"知识赤字"。这将影响到国际政治关系和国内民主社会关系。在经济方面，至少从未来长远发展看，诸多相关公司或企业围绕纳米技术发展的投资决策问题，必然要面对诸多不确定性因素。即使从短期利益出发，对纳米技术的潜在工业应用，也只是一种相当具体的期待效应。在美学方面，和谐与不和谐问题最为关键。纳米制品与以传统方式生产出来的人工制品是否存在某种不一致，这一问题有待深入探讨。纳米制品一方面是人工产物，但另一方面它又显现出生命特征。司法方面显然表现为如下问题：究竟以什么样的法律防止纳米技术早期发展产生人们不期望看到的实践结果？立法滞后，人们不期望的实践情形一旦出现，就会无法可依。也许纳米技术会成为一个重要领域，在这个领域中兴许存在可遵循的法律秩序，但问题是什么样的立法较为合适。由于纳米技术的未来发展存在诸多不确定性，所以伦理问题讨论非常困难。虽然伦理学家和部分科学家已经鉴别出一些可能的社会伦理问题，如纳米技术的失控问题、生命健康威胁问题和隐私权侵犯问题等（这些问题有待后面章节深入讨论），但在目前阶段，仍然无法为纳米技术发展提供一种伦理指南或线路图。

最后一个因素是信念问题，即人面对纳米技术发展应该拥有的信仰或真诚。这种意向在于，它向我们提供最终控制世界的基本手段：在最基本物质层面上操纵物质。沿着这种乌托邦的深刻承诺，借助这种信念，纳米技术发展得以启动。可以说，这种信念正使人们越来越多地卷入纳米技术洪流中。但问题在于，这究竟是一个对他人或自然施加权力的控制问题呢？还是一个服务他人或珍爱自然的和谐世界实现问题呢？

第三，综合性方面，即将非意向性和意向性两方面因素统一起来，进行统筹考虑。当一个工程师进入纳米制品设计和方案解决时，为了就此做出一种知情性决策，就必须要综合上面15个因素分析做出通盘考虑，然后将它们统一，做出一个综合决策。毫无疑问，不同学科的科学家们只是从完整的、复杂的实体中抽象出一个层面，然后集中力量对这一层面的规则和特性进行描述，进而获得相关的科学知识。只有工程师在做出设计决策时，才会利用各种学科知识，重新回到完整的、复杂的实体水平上来。当然还有另外一种可能的知识综合方法，这就是所谓跨学科方法。这种方法参照尽可能多的专业学科知识，寻求抽象、普遍的科学知识。纳米技术常常被认为是一个跨学科领域，杜耶维尔德的各方面知识分析正是要通过这种跨学科特征得到真正反映。当然跨学科知识的获得，也需要通过适当学科，特别是系统科学获得说明。这就是要研究和分析不同层面系统（例如，生物圈的生态系统、物理世界的机械系统和社会领域的社会系统）及其关系。

弗雷斯的上述非还原论分析，已经表明了纳米技术发展是复杂的。按照意向性与非意向性的"二元特性"划分，可以从学科角度将纳米技术领域研究分为两大类：一是纳米技术本体论学科群，它是一个相互链接的"主题网络"。在纳米技术基础研究层面，生物学（生物信息学和分子生物学）、化学（物理化学、核化学、无机化学）、物理学（光学、量子理学）、数学（建模和模拟）、工程（电子学、材料工程、材料科学）、计算学（量子计算、自旋电子学）和工业应用（能源、材料和医疗），分别通过分析化学、电磁学、信息学、电子学或纳米电子学联系起来，构成一般的纳米技术本体论范畴系统；在纳米技术特定研究层面，纳米结构（碳纳米管、胶体、微粒、表面）、纳米器件（MBMS、生物 MBMS、传感器）、纳米设备（薄膜沉积技术、分子制造）、材料特征化技术（X 射线结晶学、X 射线荧光分析、成像技术）、薄膜（表面改善、薄膜涂料、薄膜沉积）、半导体（集成电路）、纳米生物技术（基因微列阵）和纳米电子学（传感器），分别通过相关组件、自我装配器、表面分析、表面特征、半导体、生物 MBMS、光子学联系起来，形成具体的纳米技术术语系统。二是意义或意向相关的学科群，可以称为相互链接的"意向网络"。这主要包括毒理学、环境学、心理学、政策学、经济学、社会学、文化学、伦理学等。在多学科或跨学科意义上，本体论学科群与意义相关学科群之间的相互关系也许更为复杂。无论如何，在科学、技术、社会和政治融合的"终极化"意义上，纳米技术达到了一个新的顶峰，加速着技术融合发展趋势。其中目前有关纳米—生物—信息—认知的汇聚技术之争，虽然主要源于纳米技术本体论范畴，但已经远远超越技术本身，进入意义或意向分析范围。

第三节　追问 NBIC 汇聚技术

为了解决纳米技术的复杂性问题，人们开始考虑汇聚技术问题。2001 年 5 月，美国国家科学基金会号召来自科学界、工业界和政界的不同精英，组成工作组，召开会议，研讨综合不同科学优势发展领域以增强人类技能问题。2001 年 12 月，由美国商务部、国家科学基金会和国家科技委员会纳米科学工程与技术分委会，在华盛顿联合发起一次由科学家、政府官员等各界精英参加的圆桌会议，以"提升人类技能的汇聚技术"为主题进行研讨，首次提出"NBIC 汇聚技术"（nano-bio-info-cogno convergencing technology）概念。美国享有"硅谷动力之都"美誉的圣何塞市，作为世界上最成功的创新技术区域，非常看好这一概念的未来前景。2003 年年底，圣何塞市政府提出报告，试图推动信息、生物、纳米和包括设计和媒体在内的创意技术融合的新浪潮：一是信息与生物技术汇聚，生物技术领域取得的重大进步可与信息技术产生交叉效应，创造出个性化药品、生物信息学、生物材料、生物芯片以及以生物为基础的电脑等创新产品；二是纳米技术的商业化，可以为一大批行业带来革命性转变，如计算机和芯片制造业等；三是推进信息技术、艺术设计与媒体创意汇聚，以便带动新一轮创意产业发展风潮。

按照"NBIC 汇聚技术"这一设想，纳米技术无疑将成为具有"技术帝国霸权"倾向的基本技术。美国国家科学基金会在其报告《提升人类技能的汇聚技术》中指出，纳米技术、生物技术、信息技术和认知科学不仅属于"关键技术"或"前沿领域"，而且具有"汇聚"特征。这种所谓"统一科学和汇聚技术"的神话性叙事，显然来自然一统的传统形而上学命题，在自然和技术领域显现出一种超越柏拉图理想强国的自然主义[①]：

> 在 21 世纪最初几十年，可以集中力量，基于自然的大一统，实现科学的统一，从而在认知科学基础上，推进纳米技术、生物技术、信息技术和其他新技术之间的相互结合……汇聚技术将显著改善人类技能、社会成果、国家生产力和生活质量……"NBIC"（纳米—生物—信息—认知）的任何一个领域，目前都正在迅速推进。所谓"汇聚技术"这一术语，就是指科学和技术的这四大重要领域的协同发展。

以上引证中的"大一统"或"汇聚"等修辞，不过是美国科学基金会的"整体论"、"协同论"的延伸说法，意在表明诸学科或技术的汇聚能够带来一场"新复兴"。这种复兴体现了一种"技术整体观"，其基础是各种改造工具、复杂性系统科学和从纳米尺度到天文尺度的物理世界的统一因果关系解释。这种大一统知识倾向，将极大地发挥自然因果连续的传统自然主义观点，通过因果关系解释，把自然科学、社会科学和人文学科整合起来，突出认识和技术及其统一的可能性和重要意义。《提升人类技能的汇聚技术》报告，为此对四大领域的互补关系进行如下诗意般

---

① Mihail C. Roco and William S. Bainbridge（ed.），*Converging Technologies for Improving Human Performance：Nanotechnology，Biotechnology，Information Technology and the Cognitive Science*，Arlington，VA：National Science Foundation，2002，p. ix.

描述①：

> 如果认知科学家能够想到它，
>
> 纳米科学家就能够制造它，
>
> 生物科学家就能够使用它，
>
> 信息科学家就能够监视和控制它。

这似乎构成了一种技术循环，因为如果信息科学家能够控制认知科学家所思维的东西，那也就能够控制认知科学家。所以自然主义的因果联系运行，就如同"拉普拉斯妖"和"麦克斯韦妖"②一样，似乎无需任何人为因素干预。

显然，如果超越"汇聚技术"的对称性，人们往往会将焦点聚集于纳米技术上。也就是说，纳米技术似乎或多或少成为各种技术汇聚的根本技术，因为纳米尺度恰恰成为四种重要技术的汇聚所在：不同技术汇聚的基础，在于纳米尺度的物质统一和源于纳米尺度的技术综合，一切科学的物质建构从根本上都要在纳米尺度上汇合。科学自身的大统一，工程科学和工程技术的最终统一，均要聚集到微细的、抽象的纳米空间。在这里，"汇聚"是实现统一的起搏器，统一是终点，终点就是总体控制点，是一切技术汇聚的"阿基米得点"。在这种意义上，斯密特（J. C. Schmidt）指出："这不仅是一种自然的形而上学统一（'本体论'），是一种关于自然和技术的知识和解释统一（'认识论'），是一种诸方法统一（'方法论'），而且也是一种指向自然

---

① Mihail C. Roco and William S. Bainbridge（ed.），*Converging Technologies for Improving Human Performance*：*Nanotechnology*，*Biotechnology*，*Information Technology and the Cognitive Science*，Arlington，VA：National Science Foundation，2002，p. 13.

② "拉普拉斯妖"是法国数学家拉普拉斯（Laplace）于1814年提出的一种科学假说，它知道宇宙中每个原子确切的位置和动量，且能使用牛顿定律展现宇宙事件的整个历史过程；"麦克斯韦妖"是英国物理学家麦克斯韦（Maxwell）于1871年提出的一种物理学设想，它能违反热力学第二定律探测并控制单个分子运动。

的制备、操纵和行动的统一，是一种技术的统一，是一种'技科学'的统一。"①

在上述"统一"的话语之下，通常会进入一种范式，就是还原论策略。这既是一种科学还原论，也是一种技术还原论。按照斯密特的观点，这种技术还原论试图将一切知识、行动和应用统一起来，其具体内容包括如下四个方面：

第一，它预设了以原子人工排列来构造世界的可能性和有效性。这种预设意味着可以在本体论上意义上人工地构造纳米世界，进而可以人工地构造中观世界、宏观世界和宇观世界。也就是说，新的技术还原论放弃了在微观、中观、宏观和宇观尺度上操作世界的行动策略，因为从目前来看中观、宏观和宇观世界并不再拥有强烈的新奇特性，即使有什么特性也无法在纳米尺度上进行操纵。这作为一种强技术纲领，基于世界因果联系的古典信仰，代表了一种从纳米世界到宏观世界的线性自然主义观点。但是，以原子人工排列构造世界的技术神话，忽视了微观、中观、宏观和宇观世界尺度的传统工程学科，仅仅集中于纳米世界操纵，实际上是一种反多元论主张。

第二，它强调一种知识、行动和操纵的单一因果关系依赖结构。这种单一因果关系的逻辑基础是，技术"T_1"能被还原为技术"T_2"，当且仅当"T_2"发展较之"T_1"更为基本。换言之，"T_2"是"T_1"的发展"瓶颈"。这种还原论，不仅声称一种解释还原，而且也声称一种研究开发活动、技术处理、控制和干预还原。为了推动"T_1"发展，就必得主要加强"T_2"领域研究。这不仅意味着"T_1"和"T_2"的不相等同，而且也还表明一种单一因果关系的技术依赖："T_1"单一地依于"T_2"。这种新的还原论赋予了纳米技术以诸如"关键技术"、"重点技术"、"赋能

---

① J. C. Schmidt, "Unbounded Technologies: Working Through Technological Reductionism of Nanotechnology", in D. Baird, A. Nordmann, & J. Schummer (eds.), *Discovering the Nanoscale*, Amsterdam: ISO Press, 2004, p. 41.

技术"（enabling technology）等含义，使作为"根本技术"的"纳米技术"在并列的 NBIC 中的实质性意义，但它却忽视了在纳米世界中无法控制的性质涌向。

第三，它更加突出了纳米技术的社会理解①。在当今时代，一种技术越是根本，就越占据主导地位，诸如自然/技术、技术/文化、技术/政治、技术/伦理等传统二元区分就越是容易被打破。这样一种根本技术往往对诸如大众媒体起到构造作用，成为知识循环的重要链条或节点。在这种意义上，人们无法单单从人工制品、工具或工艺过程来界定纳米技术，纳米技术作为根本技术的外延意义可以说是无处不在。

第四，它实际上是一种"实用—建构—实在论"。就表征和参与核心来说，新的技术还原论已经将科学实在论和建构论融合在一起。因此斯密特指出："'纳米技术'看上去似乎是异质的、多样和多元的，也即是说，它只是多个领域在一把大伞底下的松散连接，但技术还原论却在核心上是反多元论的。基于一种强技术还原论，'纳米技术'也许可以被解释成为一种'技科学'的整体研究开发纲领。"②

从强技术还原论分析，再回到汇聚技术的多元论意义上来。NBIC 汇聚技术显然包含两种假设：一是理论汇聚，即若干科学领域汇聚到同一模型上来；二是工具汇聚，即一个学科学领域为其他学科提供科学工具。理论汇聚是指参照同一模型享有同样的

---

① 2003 年 2 月，在洛杉矶召开的首届 NBIC 汇聚技术年会上，美国商务部负责科技事务的副部长邦德谆谆告诫人们：一定要谨防纳米成为继"．Com"之后的下一个泡沫，要在考虑这四大技术积极影响的同时，关注它们给社会、道德、法律、文化等造成的潜在负面影响。2004 年 2 月，在纽约召开的第二届 NBIC 汇聚技术年会上，一个由美国律师牵头发起而又不仅限于律师界的专为 NBIC 汇聚技术而创办的非官方组织"汇聚技术律师协会"宣告成立。这是世界上第一个关注"NBIC 汇聚技术"可能带来的法律、伦理道德和社会影响的律师协会。

② J. C. Schmidt, "Unbounded Technologies: Working Through Technological Reductionism of Nanotechnology", in D. Baird, A. Nordmann, & J. Schummer (eds.), *Discovering the Nanoscale*, Amsterdam: ISO Press, 2004, pp. 42 – 43.

认知文化：一是各个学科可以以同一理论为基础，例如，生态学、生理学和机械学将热力学作为理论参照，生态学、生态和信息科学进入控制论范畴，等等；二是一个学科用作另一学科模型，其途径是概念引入、类比推理等，例如，经济学可以用作社会生物学的理论参照（创新经济学参照生物进化的社会生物学解释），等等；三是一个学科参照不同模型，例如，生态学可以成为生态系统热力学解释的控制论模型，它为了突出各个生态系统的个性特征也可以移植经济学术语，包括生产者、一级和二级消费者、循环者和生产力等。工具汇聚是指一个科学领域的技术发展，无需任何理论汇聚，就用作其他科学领域的重要研究开发手段。长期以来，数学一直担当了这种角色。计算机已使各种计算成为可能，从而导致计算同各门科学的工具汇聚。当然为了这种汇聚，科学家们不仅在研究过程中直接使用计算工具，而且还发明了自己的软件并设计了自用的特定实验工具。

当然，NBIC汇聚在成为工具汇聚之前，首先是一个理论汇聚问题。自DNA及其结构发现以来，人们一直按照信息传递机制来描述和理解蛋白质合成的细胞机制。这种信息学模型与计算技术发展属于同时代产物，信息科学作为一种"硬学科"对生物学家有着强烈影响，在细胞操作中的基因解释方面发挥了重要作用。染色体的DNA分子序列相当于生物编码，包含生命体形成、发育和新陈代谢的一切必要信息。在这里，以计算机作为隐喻必然表明一个重要生物学研究纲领，这就是通过描述生物编码来理解和控制生命的基本机制。早在1961年，生物学家恩斯特·麦尔曾声言，在DNA的核苷酸序列中存在一种"遗传程序"，按照这种程序可以为生命体发育提供一种机械论或非活力论解释。这种"遗传程序"隐喻使生物学家们连同教师和科普工作者们做出一个推测，这就是"一切均在基因中"，即"基因决定论"。这样遗传学家排列、描述和操作的染色体组，就成了解开生命奥妙的关键因素，就成了有机体的同等物。就人类来说，它甚至被看作是人的精神和差异的表征物。

由于分子生物学和遗传学按照计算机隐喻进行研究，所以信息理论确实主导着生物技术创新，包括遗传操作（转基因动植物和基因突变发生）、克隆技术（遗传信息复制）等。其目标要么是向有机体程序提供更多信息，要么是使一种有机体程序服从于另一有机体程序或复制特殊而有趣的显性基因。分子生物学源自生物学移植信息科学理论模型，它较之其他学科更多地采用了信息科学技术，利用计算机的快速计算取得的操作方法、数据存储和管理成就，远远超越了生物学家的学科视野。生物计算技术发展，连同诸如 DNA 芯片等这类分析工具的微型化技术，将使分子生物学从理论汇聚进入到工具汇聚阶段。在这里，微型计算工具使今天的生物学家们，以比以往更快的速度对基因组进行测序。反过来说，这种工具汇聚将进一步强化理论汇聚，因为计算工具可以按照理论汇聚加以设计，以较少实践管理大量数据，从而使分子生物学获得有效发展。可以说，如果存在一种有效的、牢固的微观生物—信息汇聚技术，那就可以更为深入地研究转基因和克隆的技术机制，并将这种机制从微观水平或胶体水平转移到纳米或分子水平。也就是说，我们可以从微观生物—信息汇聚技术的巨大成功中，展望 NBIC 汇聚技术的未来前景。

但是，NBIC 汇聚技术并非没有困难和问题。在工具意义上，这种汇聚技术只有当微型电子学和微型计算以及相关技术达到生物学水平，才能获得巨大突破。就此法国农业经济研究所生物学家拉斐尔·拉瑞尔（Raphaël Larrère）指出，NBIC 汇聚技术的一个困境在于："源于计算机隐喻的研究型工具曾取得了巨大的技术力量，但这种技术力量却强化了分子生物学和计算机科学通常的还原论，同时因逐步导致取代复杂性模型隐喻的各种性质涌现而遭到破坏。"[1] 生物学越来越依靠实验室的 DNA 芯片，从而越

---

[1] Raphaël Larrère, "Questioning the Nano-Bio-Info-Convergence", *Hyle*, Vol. 15, No. 1, 2009, p. 19.

来越远离曾长期激励其发展的技术隐喻。随着微观计算技术对遗传学和发育生物学的效率改善，遗传学和发育生物学却逐步远离了分子生物学发展背后的计算隐喻。分子遗传学似乎已经与生物计算失去联系，从细胞功能的计算机解释转向了借助将特定细胞核植入卵母细胞重组细胞核的染色体，以至把卵母细胞看作全能细胞，证明细胞外成机制的存在。克隆鱼技术就坚持了这样一种研究路线，它表明可以改变转基因动植物的基因表达。分子生物学借助生物计算曾经有效地显示出的生命发生机制，远远超越了计算隐喻的最初预期。

当初计算隐喻的简单还原论，坚持的是"一种基因，一种蛋白质，一种功能"这样一个核心教条。但现在我们知道，一种基因能参与几个蛋白质合成，一种功能在大多数情况下可受几种基因控制。按照生物计算研究纲领，人们曾经设想过如下研究方向：当DNA复制发生异常时，基因组内部的"上位相互作用"（一对基因的显性表达取决于另一对非等位基因的基因型），对基因组及其胶体环境（这一环境能够调节基因表达或发挥显性基因过滤器作用）关系等进行修补。但今天从细胞运行的简单还原论中产生的技术手段，已经遮蔽了生物计算研究纲领的这些设想。尽管如此，科学家们仍然迷恋于以往旧的还原论范式，因为这种旧的还原论范式仍然在发挥作用。大规模基因组测序还在试图就生命有机体的功能和失常提供大量信息，计算隐喻仍然是合成生物学的激励根源。但生物计算提供的信息并不必然要求强化其核心教条，即并不必然要求强化以往那种基因组的简单还原论。从严格的工具观点来看 NBIC 汇聚技术，纳米技术也许能够为生物学研究提供更为有效的技术工具，从而改善遗传工程控制（如转基因、克隆细胞核移植等）能力。但正如拉瑞尔依据自己的调查指出[1]：

---

① Raphaël Larrère, "Questioning the Nano-Bio-Info-Convergence", *Hyle*, Vol. 15, No. 1, 2009, pp. 19 – 20.

被访谈的科学家，就纳米技术对生物技术的赋能作用表示了怀疑、不信任甚至拒绝。在考虑这一问题时，他们怀疑，尽管微流体能够改善实验室研究，但在纳米尺度上，由于不可避免的表面张力，流体分子与纳米管分子之间，可能会产生"不可预测的怪异作用"。他们之所以怀疑纳米技术的赋能意义，是因为他们认为今天生物学的一些重要问题是概念的，而不是技术的，进而指出本质不在于仅仅改善研究工具，而是摆脱分子生物学一直迷恋的还原论范式，是使细胞尺度的基因组内以及细胞核与细胞质之间的相互作用形式化。他们并不情愿赞同这样一种情形：以牺牲前景看好的可选择路径为代价，来高价设计新的（微观）生物计算技术，从而导致特定研究项目的财力集中。

当然 NBIC 汇聚技术已经吸引了大量财力和人力资源，但就此引出的怀疑也并非没有道理。如前所述，这种汇聚技术坚持一种纳米技术还原论。如果这样的话，那么生物学和信息科学，自然会留恋以往的那种基因技术还原论和信息技术还原论。这的确是概念性或观念性的，难怪乎各学科领域的科学家们，均在寻找自身的新范式。不过从技术来看，更为主要的问题还在于，纳米尺度的工具操作非常复杂。在纳米技术操作中，科学家们由于无法准确地把握纳米空间可能会发生的各种"怪异作用"，所以更加对 NBIC 汇聚技术表示了怀疑。

第四节 纳米微粒不确定性原理

无论如何，纳米技术已经开展起来，尤其是纳米材料制备已经吸引了各国政府、企业的大量投资。在这种强劲投资之下，按照市场需求和产业发展，来自物理学、化学和生物学、材料学界的科学家、工程师们，正在热情地从事纳米材料研制工作。纳米材料是一群原子和分子组合，其研究主要是针对尺度在 1—100 纳米材料的制造技术和新材料性质研究。1987 年，日本丰田研究所成功研发 Nylon 6 和 Clay 的纳米高分子复合材料，从而掀起了纳米材料的研究热潮。1990 年 7 月，在美国巴尔的摩举办国际第一届纳米科学技术学术会议，正式把纳米材料列为材料科学的一个全新分支。

纳米材料又称为超微颗粒材料，由纳米微粒组成。在当代材料科学和物理学家那里，所谓纳米材料是指固体微粒小到纳米尺度的纳米微粒和晶粒尺寸小到纳米量级的固体和薄膜。在结构上，纳米材料可分为以下三种形式：微粒状态（代表零维纳米材料）、柱状或线状（代表一维纳米材料）和层状（代表二维纳米材料）。从宏观形状来看，纳米材料分为纳米粉末、纳米纤维、纳米薄膜、纳米块体四类。其中，纳米粉末开发实践最长，技术最为成熟，是生产其他三类产品的主要基础。纳米粉末，又称超微粉或超细粉，一般是指粒度在 100 纳米以下的粉末或颗粒，是一种介于原子、分子与宏观物体之间的中间物态的固体微粒材料。纳米粉末可用于高密度磁记录材料、吸波隐身材料、磁流体材料、防辐射材料、单晶硅和精密光学器件抛光材料、微芯片导热基片与布线材料、微电子封装材料、光电子材料、先进电池电极材料、太阳能电池材料、高效催化剂、高效助燃剂、敏感组件、高韧性陶瓷材料、人体修复、抗癌制剂等。纳米纤维，是指直径为纳米尺度而长度较长的线状材料。诸如纳米碳管、纳米纤维和纳米柱等均属于纳米纤维，它们可用于微导线、微光纤材料、新型镭射或发光二极管材料等。纳米薄膜分为颗粒膜（纳米微粒粘在一起，中间只有极为细小的间隙）与致密膜（指薄膜致密但晶粒尺寸为纳米级），可用于气体催化材料、气体感测定材料、过滤器材料、高密度磁记录材料、光敏材料、平面显示器材料、超导材料等。纳米块体，是把纳米粉末高压成型或控制金属液体结晶而得到的纳米晶粒材料，其主要用途为超高强度材料、智慧金属材料等的制造或生产。

纳米材料的广泛应用前景，在于其纳米微粒的特殊性质。纳米微粒，一般是指尺寸在 1—100 纳米之间的颗粒或粒子，处在原子簇和宏观物理交界的过渡区域。从微观和宏观来看，纳米微粒作为一种物质系统，既非典型的微观系统又非典型的宏观系统，而是一种典型的介观系统，显示出许多奇异特性。关于这种奇异特性，这里试从光学、热学和磁学三个方面做如下说明：

第一，光学特性。当黄金被细分到小于光波波长的尺寸时，即失去原有的富贵光泽而呈黑色。事实上，所有金属在纳米微粒状态都呈黑色。尺寸越小，颜色越黑。银白色的铂能变成铂黑，金属铬能变成铬黑。金属纳米微粒对光的反射率很低，通常可低于 1%，大约几微米厚度就能完全消光。利用这个特性，可以制造高效率的光热、光电等转换材料，把太阳能高效地转变为热能和电能。纳米微粒尺寸缩小时，光吸收度或微波吸收度都显著增加，并且产生吸收峰等离子共振频移，形成新的光学特性。例如，纳米微粒对红外线有吸收和辐射作用，但对紫外线则有遮蔽作用，不同粒径材料，遮蔽力随光波长短而有所不同。

第二，热学特性。固态物质形态为大尺寸时，熔点固定，超细微化后却发现其熔点将显著降低，当微粒小于 10 纳米量级时尤为显著。例如，金的常规熔点为 1064℃，当微粒尺寸减小到 10 纳米尺寸时，则降低 27℃，2 纳米尺寸时熔点仅为 327℃ 左右；银的常规熔点为 670℃，但超微银微粒的熔点可低于 100℃，因此超细银粉制成的导电浆料可以进行低温烧结，此时组件基片不必采用耐高温陶瓷材料，甚至可用塑胶。纳米材料表面原子的振幅约为内部原子的 1 倍，粒径逐渐减小，表面原子比例也逐渐增加，纳米材料熔点将会降低。纳米微粒在低温时，其热阻很小，热导性极佳，可制作低温导热材料。

第三，磁学特性。由于纳米材料的小尺寸效应，使得磁有序态转变为磁无序态，超导相转变为正常相，因而产生新的磁学特性。当颗粒粒径减小时，其磁化率随温度降低而逐渐减少。诸如铁—钴—镍合金之类强磁性材料的纳米微粒，其信号杂讯比（signal to noise ratio）极高，可用作记录器。陶瓷材料在通常情况下呈脆性，但由纳米微粒压制成的纳米陶瓷材料具有良好的韧性。因为纳米材料具有大接口，接口原子排列相当混乱，原子在外力变形条件下很容易迁移，表现出甚佳的韧性和一定的延展性，使陶瓷材料具有新奇的力学性质。

纳米微粒的奇异特性，其实在声学、电学、力学、化学等有不同表现。这些不同特性，当然与其物理效应相关。从表面效应来看，纳米微粒的表面原子数与总原子数之比，随粒径变小而急剧增大，其性质也会有变化。一般来说，纳米微粒粒径在10纳米以下时，其表面原子比例迅速增加。当粒径降到1纳米时，表面原子数比例达到约90%以上，原子几乎全部集中到纳米微粒表面。由于纳米微粒表面原子数增多，导致表面原子配位数不足和高表面能，所以这些原子易与其他原子相结合而稳定下来，故具有很高的化学活性。从体积效应来看，由于纳米微粒体积极小，所包含原子数很少，相应质量也极小。在这种意义上，纳米微粒的许多现象不能用通常包含无限个原子的宏观块状物质性质加以说明，只能通过其体积效应加以解释。

有关纳米微粒的体积效应，日本久保等人早在1962年，就曾针对金属超微粒子（金属纳米微粒）的费米面附近电子能级状态分布进行研究，提出著名久保理论——超微微粒或纳米微粒的量子限域理论，开启探索了纳米尺度的超微微粒大门。久保把金属纳米微粒靠近费米面附近的电子状态看作受尺寸限制的简并电子态，假设它们的能级为准粒子态的不连续能级，由此指出相邻电子能级间距和金属纳米微粒直径的关系为：随着纳米微粒直径减小，能级间隔增大，电子移动困难，电阻率增大，从而使能隙变宽，金属导体将变为绝缘体。

根据久保理论，可以展示纳米微粒的量子特征。当纳米微粒尺寸下降到某一阈值时，金属纳米微粒费米面附近的电子能级由准连续变为离散能级。由于存在不连续的被占据的最高分子轨道能级和未被占据的最低分子轨道能级，所以纳米半导体微粒能隙变宽。这些现象被称为纳米材料的量子尺寸效应。在纳米微粒中处于分立的量子化能级中，其电子波动性为纳米微粒带来一系列特性，如高光学非线性、特异催化和光催化性质等。当纳米微粒尺寸与光波波长、德布罗意波长、超导态相干长度或与磁场穿透深度相当或更小时，晶体周期性边界条件将被破坏，非晶态纳米微粒表面层附近的原子密度减小，导致声、光、电、磁、热力学等特性异常。例如，光吸收显著增加、超导相向正常相转变、金属熔点降低、增强微波吸收等。利用等离子共振频移随微粒尺寸变化性质，可以通过改变微粒尺寸来控制吸收边位移，制造具有一定频宽的微波吸收纳米材料，用于电磁波屏蔽、隐形飞机等。由于纳米微粒细化，晶界数量大幅度增加，可使材料强度、韧性和超塑性大为提高。纳米结构微粒对光、机械应力和电的反应完全不同于微米或毫米结构微粒，这使纳米材料在宏观上显示出许多奇妙特性。例如，纳米相铜强度比普通的铜高5倍；纳米相陶瓷摔不碎，与大微粒组成的普通陶瓷完全不一样。纳米材料从根本上改变了材料结构，可望得到诸如高强度金属和合金、塑性陶瓷、金属间化合物以及性能特异的原子规模复合材料等新一代材料。

在测量意义上，由于纳米微粒尺度大于电子、正电子、光子等微粒，所以海森堡测不准原理对于大多数纳米微粒并不重要。例如，由13个原子构成的纳米金微粒（Au_{13}），其粒径大约0.5纳米。只有低于这一尺度，海森堡测不准原理才有效。霍恩雅克（G. L. Hornyak）经过计算，Au_{13}在300K温度下的测不准度只有0.001纳米。所以海森堡测不准原理仅仅适合于诸如电子、正电子、光子等亚原子微粒，对原子和分子乃至纳米微粒这类较大粒子位置和动力的技术操作并不构成约束或限制。正是因为如此，在纳米测量系统中，通过把带电纳米微粒引进平行电极板，待一定时间之后借助外加电压测定其存活率，然后将数据带入相关方程来测定纳米微粒平均直径，这种方法可以达到高精度和低不确定性程度。纳米微粒的不确定性原理并不是指海森堡测不准原理，而是纳米微粒的认知盲区导致的不确定性，即纳米微粒的不可预测行为。

纳米微粒的不确定性问题，首先涉及的是自然问题。关于自然概念，目前存在两个向度：一是在外部意义上，自然是相对于人或人工创造而言的物理世界现象；二是在内在意义上，自然是指引起或制约这种现象的物理力量。前者是指与人类行动比较的概念范畴，具有被动性；后者则是通过特征化使物理力量获得使用，具有积极性。就外部意义理解的纳米技术，所谓"自然自身的纳米技术"，是指诸如自然、生命的复杂分子结构自组织生成。这就能将自然性纳米微粒与人工性纳米微粒区分开来。也就是说，自然能够制造自身的纳米微粒，人则能制备出自然历史中"前所未有的纳米微粒"。费曼所说的"底下空间还大得很"，其实是指人的纳米空间操作及其产品，只是这种纳米空间操作必须要接受自然自身的原子安排规则。从技术上来理解自然，自然不过是实现人类目的的资源。但由于技术的自然参与，自然的外部意义与内在意义、自然性纳米微粒与人工性纳米微粒之间，实际上表现为一种模糊关系。如果说自然不是人类行动所造就的话，那么人工性纳米微粒并不属于自然。但是，人工性纳米微粒与传统人工制品的不同在于，它所具有的自我运动（亚里士多德语）和物质延展（笛卡尔语）等特征，又属于自然的积极属性，而这种属性显然不是人力所为。

按照当代技术观念，可以用科学方法来确定一种客体的存在状态是否属于人类行动。这是一种认识标准，即如果启用当下所有科学方法都不能通过人工生产出来，那么这种客体就是自然的；如果在科学意义上能够表明其能通过人工生产出来，那么该客体就被界定为人工制品。这一标准使自然客体与人工客体之区分成为一个经验问题，应当归于评价技术产品自然属性的实验方法。也就是说，如果利用当下所有科学方法都不能将一种人工生产的客体与类同的自然客体区分开来，那么该人工客体就是自然的。按照这一标准，纳米技术涉及的原子应该属于自然的，因为这种原子源于自然物质，它们在科学意义上无法找到其人工渊源。在以纳米技术涉及自然物质意义上讲，纳米制品实际上是一种自然与艺术的杂交体。该标准仅当其不受人类行动影响时，才不会挑战一个客体的自然属性。纳米技术操作的原子并未失去其自然属性，因为它们只是以不同方式先被分离出来然后重新得到安装而已。当然，这种安装必然涉及较弱的人工影响，即创造适当条件以便独立完成纳米微粒的合成过程。但问题在于，即使被操作的原子被认为自然客体，为完成原子再安排所需要的适当条件也应该是一种较强的人工影响。因此将这一标准运用于所有纳米技术情形，就会使自然客体与人工客体之间的区分显得异常复杂或困难。如果使用纳米技术能够成功地制造出自然界已有分子的精致复制品，那么该复制品只有在其人工渊源上无法获得验证（即能混同于相应自然分子）时才是自然的。也就是说，纳米制品生产的自组织过程的每个步骤，以及最终纳米制品的每个性质或功能，均能够用来确定它是自然的还是人工的。这意味着纳米技术客体或合成分子，只有在科学意义上无法将其与自然客体明确区分开来时，才应被认为没有人工痕迹。如果这样的话，那么纳米技术操作便能与自然获得一致，同时也使自然与人工的区分变得毫无意义。

尽管在物理学上，纳米技术保留了以上那样一种与自然和谐的良好印象，但在现实层面，大多数纳米技术客体仍然与自然客体不同。这里至少可以从如下四个方面来加以看待：一是纳米技术的核心目标是产生人工客体（纳米微粒），以便能够服务于人类目的而非自然目的，因为纳米微粒作为纳米技术客体表现出不同于自然客体的性质或效应，这种效应或性质虽然符合自然规律，但却是人工所为；二是随着科学方法发展日益精湛，即使纳米技术客体与其相应自然客体极其相类，也还是可能会被鉴别出自身特有的人工痕迹；三是纳米技术过程与自然自组织过程之间存在明显差异；四是鉴于前面三种考虑，当着眼于应用将纳米技术客体（纳米微粒）从其原有的自然背景中抽取出来时，那么它有可能附加了较之原先期望的更多未知的人工性质。恰恰是在这里，纳米技术反映出人类行动的脆弱性或不确定性。当费曼在美国做有关纳米技术的著名演讲时，女思想家汉娜·阿伦特（H. Arendt）却同时思考着人类行动的不确定性问题。她在 1958 年注意到，人类当前时代的基本悖论在于，人类能力随着技术进步日益增强，但却越来越缺少相应手段控制人类行动带来的诸多后果[1]：

> ……由于行动存在着不确定性，所以试图消除行动。人类事物或乃会变成有计划的人工产品，但现在鉴于其脆弱性，为应对它们又试图将人类事物从这种脆弱性中拯救出来。但所有这些努力的首要结果是开辟了人的行动和创始新的自发过程能力。如果没有人的在场，这种行动和自发过程创始能力便不会生成，更不会成为一种对待自然的态度。这一态度直到现时代的最近阶段，还是这样一种态度，即探索自然规律和利用自然材料制造各种对象。就人进入自然采取行动的程度，最近一位科学家以一种非正式评论给予一种也许最富有文采的清晰表达。他相当严肃地认为，"基础研究就是在适当的时间，做我不知道我做什么的事情"（basic re-

---

① H. Arendt, *The Human Condition*, Chicago: The University of Chicago Press, 1958, pp. 230－232.

search is when I am doing what I don't know what I am doing)。

　　这起初对实验并不造成足够的伤害，但当人在实验中不再满足于观察、记录和沉思自然以其自身的面目所意欲呈现的东西时，便开始规定诸多条件和役使自然过程。

　　但在随后的历史进程中，人进入自然采取行动，便逐步发展成为一种不断增长的技能。这种技能以失去枷锁的基本过程表现出来，即使没有人的参与，也将挥之不去，也许从来都不会过时。其最终结果是，产生一种"制造"自然或创造"自然"过程的真正艺术。在这种艺术中，不再有人的存在，地上天然的自然似乎不再能依靠自身产生出来……

　　自然科学已经特立独行地变成了诸过程科学，这些科学在其最后阶段变成潜在的不可逆、不可救药和不可挽回。这一事实的清晰标志在于，无论人的脑力对开创这些过程科学有多么必要，能够独立地带动这一发展进程的人的实际基础能力都不再是"理论"能力，也不再是思辨能力，更不再是理智能力，而是人的行动——新的前所未有的过程创始能力。但这种过程创始，无论是在人的王国还是在自然的王国中，都是放纵的，所以其结果始终带有不确定性和不可预测性。

　　阿伦特上述有关技术的不确定问题讨论，当然并未直接针对纳米技术。她的上述先见之明，看来有些难以置信。但如果将上述"过程科学"看作纳米技术，那就可以从两个方面来加以理解：一是再造自然的野心，构成了纳米技术的形而上学基础，因为如果纳米技术意欲接管天然之工而成为自然进化的工程师，那是因为纳米技术完全按照人工制品王国规则，对自然和生命加以规定；二是纳米科学家和纳米工程师，试图启动目前无法控制的过程创始，这在目前虽然仅仅还是一种必然性的诱惑而非义务或任务，通过设计来剥夺自然和生命的自身创造在科学意义上也并没什么错误，但也不能宣布它是正确的合法选择。在广义上讲，自然概念并不参照各种客体创始，而只是诉诸超越人类影响的规则和性质加以建构。所以在科学意义上讲，对各种条件加以限制，就能有规则地获得一个事件或一种状态。在这里，所谓自然规律，不过是这些条件相互关联的普遍合理表达而已。但这种自然概念与纳米技术之间，显然存在一种张力，就是在纳米微粒制造过程中必须要考虑的物理和化学定律，不再是认识论意义上的自然规律，而是代表着某种人工筹划。目前纳米技术很大程度上是在推动技术微型化，这种倾向在电子学中已经完全表现出来。纳米技术制造是要在纳米尺度上复制传统电子组件，其目标是为数据处理开辟新的途径——以尽可能小的空间存储最大规模数据。但问题在于，纳米技术位于原子与亚原子、连续系统现象之间的"介观世界"（mesoworld），而在这一世界中必然表现出量子现象（如隧道效应）和连续体物理现象（如热流等），甚至会产生某些新规则，如电导和热导的量子化等。电导量子化被认为是导体微型结构的基本特征，热导量子性质则构成了热量流动的较低限制。这些现象无疑会限制纳米技术的操作能力，如热导量子化特征会阻碍纳米电子和机器组件的温度下降。正如美国学者卢克思（M. L. Roukes），针对费曼的"底下空间还大得很"这一纳米技术隐喻指出："小说家、未来学家和大众新闻，把纳米实践描述为无穷的可能性空间。但该领域并不是什么美国西部的超级微细版本，在那里其实并不是万事齐备，有的只是各种规律。"[1]

　　正如自然规律限制与纳米技术之间存在张力一样，科学家的知识旨趣与工程师的应用旨趣之间也存在某种冲突。一般来说，科学认识和自然规律理解乃是技术应用的先决条件。纳米世界的

---

[1]　M. L Roukes, "Plenty of Room, Indeed", in *Scicentific American*, *Understanding Nanotechnology*, New York：Warner Books, 2001, p. 26.

诸多领域还有待探索，特别是在可能的纳米技术实践之前需要揭示出它涉及的大量现象。相比之下，工程技术主要关心技术的目的适用或人工制品研制，甚少关注自然规律理解。这种旨趣上的冲突情况被称为"认知不确定性"（epistemic uncertainty），或称"知识赤字"（knowledge deficit）。尽管科学家已经在纳米微粒毒理学方面进行了大量探索，但对于工程师们来说，目前已经有 5 万多种碳纳米管，至于其他纳米材料数量更是无法说清楚，对这些材料目前人们几乎不可能一一地进行毒理学研究或获得详细毒理学数据。新西兰坎特布雷大学布朗（Simon Brown）教授，对与新技术相关的未知知识的"赤字模型"概念进行了考察，指出纳米技术的"不确定性原理"在于，尽管人们在理想上可以希望积累纳米微粒毒性的系统数据，但就新兴的纳米技术来说并不是所有知识赤字均能获得矫正①：

> 围绕纳米材料对人类健康和生态环境的冲击问题，人们呼吁更多的数据积累。这意味着人们并不愿意承认这样一个事实，即任何新技术均存在着诸多未知事件。但对新兴的纳米技术的有效治理，则要求必须要承认这些未知事件，采取一种开放的、适合的规制方法，这样才能有勇气作出决策。

第五节 纳米毒理学及其价值

上面只是就目前纳米毒理学的数据积累不足表明纳米技术的不确定性，但却没有进一步通过纳米毒理学，展示纳米技术对人类健康和生态环境冲击的潜在广泛意义。纳米毒理学致力于纳米

---

① Simon Brown, "The New Deficit Model", *Nature Nanotechnology*, Volume 4, Issue 10, 2009, pp. 609–611.

材料毒性研究和应用，它作为纳米技术的分支学科之一，实际上代表着科学共同体对纳米技术不确定性的内部应对。纳米材料因自身的量子尺度效应和较大表面积而表现出与其宏观对应物不同的新奇性质或高度活性，为此人们提出一个严肃问题，那就是纳米材料对人类健康可能会产生的潜在影响。纳米毒理学研究的目标就在于，确定纳米材料性质或活性，究竟在多大程度上对人类生命和自然环境构成威胁。纳米毒理学作为纳米技术的一个分支学科，虽然如同纳米技术一样，还处于早期研究阶段，但它却能使人们将纳米技术置于一个更高平台上来加以认识。

第一，纳米技术不是单向度的绝对命令，而是具有社会的可选择性。应该说，纳米毒理学与纳米技术，实际上是就同样的纳米对象进行研究的"同素异形体"。纳米技术研究表明，纳米材料表现出声学、电学、磁学、光学、化学等新奇特性，它有可能按照经济要求成就单一纳米结构的制备或研制。纳米毒理学，同样也是研究这种新奇特性，但它却是侧重于研究纳米材料特性可能产生的人类健康和环境效应。这意味着纳米技术存在着如下几种可能的选择：一是纳米材料新奇特性利用是安全的，可以得到广泛利用，如有的科学家确认富勒烯 C_{60} 作为自然性纳米材料没有毒性，原先有人认为它有潜在的细胞毒性，但现在研究表明这一毒性可能来自制备 C_{60} 时使用的四氢呋喃，因此只要除去四氢呋喃就能确保 C_{60} 没有毒性；二是纳米材料新奇特性包含了毒性，其应用应该谨慎行事，目前纳米毒理学已对纳米二氧化钛、纳米二氧化硅、碳纳米管、富勒烯、金属富勒烯、纳米铁粉、纳米铜粉、纳米锌粉等几种纳米物质的生物毒性进行了初步研究，表明它们均有不同程度的生物毒性，如果它确实对人类健康产生威胁，那就必须要加以克服；三是纳米材料新奇特性利用产生的毒性也是有用的，可以通过反向应用研究，用于纳米医学诊断和治疗技术上，如利用这种毒性杀菌、环境保护等。进一步分析还可以看到，纳米技术不过是在纳米尺度上，通过对原子的人工安排制造或生产出不同的"同素异形体"（例如，在自然状态下，碳就包括钻石、石墨和富勒烯等同素异形体），而纳米毒理学则要研究纳米微粒的原子间化学键安排（包括空间位置安排和大小尺寸安排），如何决定纳米材料的毒性程度。所以围绕同一物质组成成分（元素或原子），纳米技术的社会选择在于：一是在考虑纳米材料应用的热度、电磁和结构性质基础上，必须要考虑安全性或非毒性的原子化学键安排；二是一种纳米材料结构安排是有毒性的，如果这种毒性对人类健康和环境安全是有用的，那么这种毒性安排就是合理并合道德的。

第二，纳米技术的正价值与负价值具有共生共时特征，其影响范围不仅是应用或消费空间，而且也包括实验室空间。纳米材料性能优良，但由于其物质单元尺度非常小，所以其生物体内的生理行为也可能与常规物质有很大不同。目前有关宏观物质的安全性评价（特别是对人体健康及生态环境的影响评价）方法，也许并不适用于纳米尺度物质。仅利用单纯的生物学、医学和纳米技术这类知识，并不能完全解释纳米微粒在生物体内的特殊生理现象，所以纳米毒理学研究实际上就显得非常复杂和困难。纳米微粒与生命过程相互作用产生的生物效应可能具有正价值，但也可能具有负价值。只要纳米材料制造未经纳米毒理学检验是否具有毒性，任何缺乏选择的单一纳米结构安排均同时包含着正价值和负价值，特别是其负价值贯穿于实验、测试、生产、消费和使用的全过程。也就是说，如果纳米毒理学揭示出某种纳米材料具有有害于人体健康的生物毒性，那么纳米技术实验室的科学家、工程师和相关研究人员将首当其冲地面临这种纳米材料危害。这样看来，与传统技术先考虑正价值然后才关注负价值不同，纳米技术则是从实验制备阶段就应考虑纳米材料的负价值。

第三，纳米技术不再单纯是一项科学事业，还是一项社会事业。纳米技术领域尚处于早期阶段，人类受纳米材料影响还比较有限。但纳米毒理学研究的紧迫性表明，一定要对纳米材料的生物毒性给予关注，绝不能在纳米技术被广泛应用之后，才来面对这个问题进行研究。这应该说是假定纳米毒理学与纳米技术研究并存的基本前提，但它有关纳米材料的生物环境效应、毒性、安全性研究毕竟刚刚起步，因此我们并不能仅仅依靠或等待纳米毒理学回答所有有关纳米材料负价值的所有问题。也正是因为如此，有关纳米技术决策才超越科学和技术本身引起了伦理学、社会学、人类学、法学、政治学等人文社会学科的普遍关注。纳米技术发展不仅涉及知识、材料、实验方法和生产手段等技术因素，而且也涉及人的活动地点、生命健康、人类生活环境等诸社会空间因素。按照纳米毒理学和纳米技术这一"同素异形体"涉及的问题来看，纳米技术与其说是一项单纯的科学事业，毋宁说是一项广泛的社会事业，它毕竟还隐含着广泛的社会伦理意义。

第六节　纳米技术认知的意义视野

从纳米技术的复杂性到其不确定性，显现的是该领域从一开始就存在各种积极的或消极的可能性。对于这些可能性，科学共同体试图从内部给予应对。但鉴于目前知识或认知的缺乏，即"认知赤字"或"知识赤字"，纳米技术革命应该说是一场"认知革命"。这场革命背后的本体论、形而上学基础，反映着科学家共同体对纳米技术建构的基本哲学态度。

如果接受纳米技术的基本定义，即在纳米尺度上认识和操作物质，也承认它将会达到某种学科或技术汇聚，那么纳米技术就要赋予个人和社会以改善生活和脱离自然限制的美好承诺。梅斯森（E. G. Mesthene）指出："以最佳水平判断，技术如果不能使人获得自由，便什么也不是。"① 应该说，以往任何技术均在某种

① E. G. Mesthene, *Technological Change*: *Its Impact on Man and Society*, Cambridge, Mass.: Harvard Univ. Press, 1970, p. 20.

意义上改善了人的物质生活条件，增强了人的行动能力，减少了物理限制、时空限制。沿着这种历史经验，目前在纳米技术领域中，非常盛行的研究纲领渗透着传统的实证主义哲学态度。这种实证主义，至少包括还原论、实体论、普遍论和进步论四个方面。

正如前面已经表明，NBIC 汇聚技术的狂热追求，是基于这样一种信仰：对未来技术革命的任何想象，均要求向纳米领域聚焦。从更大范围来说，这种还原论意味着，不仅是生物技术、信息技术和认知科学，而且材料科学、工程技术、通信技术乃至任何技术和科学，在未来发展中均将汇聚于纳米技术领域。在这种意义上讲，人们将纳米技术看作是一个能够统摄一切科学和技术领域的"通配符"（Wildcard）或"通用技术"。因此纳米技术的重大突破，就是整个自然科学和技术的重大突破。

将人类整体智慧还原为纳米技术，这种还原论方法的基础在于一种物质世界实体结构层次分类。在实体论上，一般可以将人类目前对物质的认识分为宏观世界（无穷大）和微观世界（无穷小）两个层次。宏观世界，是指时空坐标中下限有限、上限无限的物质实体世界：下限为肉眼看到的东西，上限目前借助各种天文观测仪器已经延伸到亿万光年。围绕宏观世界，诸如地球物理学、天体物理学、空间科学等以及相关技术已经建立起来。微观世界，是指原子、分子以及原子内部的原子核和电子等：上限为原子和分子，下限目前已延伸到十分微小层次，时间已经缩小到纳秒（ns）（10^{-9} 秒）、皮秒（ps）（10^{-12} 秒）和飞秒（fs）（10^{-15} 秒）量级。围绕微观世界，诸如原子核物理学、粒子物理学、量子力学等已经建立起来。但是，在微观世界与宏观世界之间的介观世界或纳米结构，将是人们尚未认识和开拓的"处女地"，将是人类科学技术发展下一阶段的重点或关键。当今信息技术已使人类对尺寸的深层研究达到微米甚至深亚微米阶段，且正在接近极限。例如，按照半导体产业发展的著名摩尔定律，每 18 个月左右芯片速度增加一倍，尺寸减小一半，但它目前已经碰到无法逾越的量子效应。着眼于成功地解决这种量子效应，纳米技术被认为是挑战微观物理极限的"唯一希望"。在这种意义上，人们相信"纳米材料的诞生标志着材料科学进入一个新层次，从认识论意义上看，人类认识自然的水平又前进了一步"[1]。这种信仰的形而上学基础，在于如下实体认识论（反映论）[2]：

> 物质是指不依赖于人的意志并为人的意志所反映的客观实在，其唯一特性是不依赖于任何人的意志为转移的客观实在性，这是不可逆转的，是始终如一的；但它终究是能被人们深入研究、不断认识并被利用和造福人类的。人们对于纳米材料的研究和进一步利用，首先就是符合物质的客观实在性及能为人所反映的原理，无论它有多么深奥复杂，扑朔迷离，均不能超越这一理论。

按照上述围绕微观世界结构存在的实体认识论或反映论，纳米世界的唯一特性是"客观实在"，人类对纳米世界的认知必须要符合或反映这种特性。同时也坚信，不管纳米世界有多复杂多深奥，人类一定能够认识和利用纳米世界：一是坚信随着先进观测技术和观测仪器的日益发展，人类一定能够突破种种客体限制，通过科学观察揭示纳米世界的客观规律和本质；二是坚信人类借助理性，能够克服诸如知识背景、理论指导、生活经验等主体限制，捕捉机遇，及时发现问题，最终到达纳米世界的必然王国。可以说，认知的信心就是理性的信心，就是技术的信心。

实证主义哲学必然以普遍论为要求，其途径当然是诉诸某种

---

① 郝春城、崔作林、尹衍升：《纳米科技及纳米材料发展的哲学思考》，《青岛化工学院学报》（社会科学版）1999 年第 3 期，第 49 页。

② 列宁语转引自陈仁和《纳米技术的哲学内涵探索》，《中学政治教学参考》2002 年第 3 期，第 31 页。

认识进化主义。这种认识进化主义至少包含三方面含义：一是在客体层次认识上，强调物质实体变化经过量的积累必然达到某种临界，这时由于其内部分子、原子排列结构改变而发生质变，纳米技术通过控制、设计单个原子或分子间配置，从而改变其内部原子或分子的空间位置，来推动实现这种质变，由此获得新的人工制品，这将是科学家面对的科技难题，但一定能够取得突破；二是在纳米技术难题突破方面，坚持基础研究从特殊性到普遍性的必然认识过程，即首先是认识纳米世界的各种奇异特性，最终总能获得原子、分子间的相互作用本质和纳米技术的普遍本质；三是在普遍本质获得方面，认为存在着从个别分析到整体把握的认识秩序，其结果是达到纳米结构的整体效能，如纳米碳管作为石墨、金刚石等碳晶体家族自然产品的人工制造的新型同素异形体，对它们的韧性、导电性、比重、强度等特性，最终能够得到全面把握。

纳米技术的客观实在论，必然以技术进步主义为归宿：通过对纳米世界的不断控制，实现纳米制品的整体功能，并希望由此来解决人类的一切问题。从经验上看，进步主义是以科学—技术—生产的直线进步方式，强化人类的智力和知识的基础意义；从还原论看，进步主义通过呈现纳米技术的交叉特征，突出纳米技术汇聚其他学科的巨大力量。在这种力量作用下，纳米技术"这一领域取得一系列的研究成果，也必然推动整个社会向前发展"，并将对"人类产生深远的影响"。[①] 正因如此，有人认为，纳米技术将是"最彻底和充分表现"出"人的主观能动性"的"新天地"，它使"人的能量的爆发上了一个大的台阶"，不仅能解决经济问题，而且能使"人类生存的地球得到拯救，环境得到改善"，从而推动"人从大自然中的自在之

---

① 王志勇、鲍剑斌、张鸿海：《从纳米科学技术研究看认识论纵深发展》，《华中科技大学学报》（社会科学版）2001年第3期，第27、28页。

物正在向自为之物过渡"。①

按照实证主义哲学，人们也承认纳米技术的复杂性。但是，这种承认其实不过是一种确定论判断。鸟和黑猩猩并不进行任何技术发明，但鸟会筑巢，黑猩猩使用树枝觅食，它们也利用物质手段或使用工具。与动物发明和使用工具的不同之处是，人类的技术创造在将工具变成对象时，不仅限于手段和功能，而且技术对人具有超越直接目的或功能的广泛社会意义。瓜尔蒂尼（Romano Guardini）曾提出一个技术哲学命题，就是认为技术的本质在于其建构因果关系的人类力量，技术制品不仅是目的性工具，而且也是传递各种意义的工具，人类正是通过这种工具，依据因果关系来思考世界②。人类虽然无法真正展示世界的实际情形，但当将自然产品变成工具，或者制作、操作不同自然客体，以便创造出新的人工制品时，人类能够揭示不同客体、事件和事实之间的各种因果关系。每样制造，每种自然客体被用作工具，均指向其功能和目的，但每项技术行动又意味着各种相关的意义联系。例如，一把刀子不过是一种能用来切肉的锋利金属，但它包含着锋利与切割之间的因果意义联系。在社会中，当部分人受到切割的伤害时，另一部分人也就成为"锋利"的了，所以刀子的象征性意义，便从金属本身转变到了人身上。沿着这一思路，针对纳米技术的不确定性，实证主义哲学至少忽视了如下三方面的意义问题：一是纳米技术发展并不在于对所谓客观的物理实体的认识和操作，而在于它直接针对的是人工制品本身。也就是说，纳米世界将不是作为天然自然存在，而是作为人工自然存在。纳米微粒、纳米结构和纳米系统构成过程的起点和终点关系已经转向人自身，而完全不同于无人参与的自在自然的进化过程。二是纳米技术本身将打破生物和非生物之间的界限，纳米世界（如纳

---

① 冯圣葆：《领导新世界的产业革命——纳米技术和纳米产业》，《北方经济》2000 年第 11 期，第 12、13 页。

② R. Guardini，*Power and Responsibility*，Wilminton，Delaware：ISI Books，1961.

米机器人）是一种类人或类生物，其新陈代谢和繁殖能力等生物标准，不再仅仅限于生物本身，也适合于人工制品。三是纳米技术与克隆技术的基因复制不同，它能够进行人体整体复制，能复制原体身上的每一个细胞。这样复制人与原形人之间的生物界限也被打破，人的意识发展、传统伦理道德、社会意识的进一步发展，将受到巨大挑战。正如有学者指出，这种情形将会"把具有无限丰富性的人性单一化为自然原子物性，一方面将人的有限物质需求化为无限物质欲望……另一方面，又将具有精妙整体性的人性扯得粉碎，而后再在原子或分子的层次去进行任意的分解和组合，这势必造成完整人性的分裂或崩溃"①。也就是说，哲学之于纳米技术并不是如实证主义哲学那样简单地指人认识纳米世界，而是涉及人、技术与世界之间的广泛复杂关系的认知问题。

一旦涉及人、技术与世界之间的广泛复杂关系，就需要进入一种技术认知的意义范畴。在纳米世界实在与其语境关系方面，纳米技术发展实际上是借助象征、符号和表征等桥梁，传递或交流其实体或现实过程的意义。在很大程度上，这里的象征、符号和表征是非物质的，但人类任何技术活动，又确实源于符号的象征性运用，因为正是符号象征使类人猿变成人类存在。人类正是在利用每种客体或对象（包括数据、图表、模型、定律、定理等）和行动的精神表征，传递各种意义，由此将客体、行动和事实变成象征性符号。这种象征性符号，有为整个人类所享有，也有为特定文化区域或共同体所隶属，还有为小规模群体和个人所特有。可以说，社会不仅是物质实体的，如占有领地、使用产品、采取行动等，而且也是象征性符号的复合体，如图像、仪式、典礼、神话、叙事等。有关象征性符号的社会集体构造角色或作用，社会学家、人类学家、哲学家和心理学家已经做了大量

---

① 吴文新：《科学技术应成为上帝吗》，《自然辩证法研究》2000 年第 11 期，第 10 页。

探讨，其基本理论导向在于：集体行动源于集体想象，集体想象作为一种文化调节，构成了社会共同体成员之间的相互认同和包容。每个人生于预先或既有的社会环境，这种社会环境包含着复杂的信息交流和激励。每个人通过出生、成长和成就，隶属于多重社会群体，每个社会群体均会影响到每个人的信仰、价值观、态度和直觉。集体想象对每种新信息进行过滤，每个人均透过这种集体想象感受世界。美国技术哲学家芬伯格（Andrew Feenberg），借用"社会意义"和"文化地平线"等概念，提出了技术的象征性符码理论。所谓"社会意义"是指确证技术的社会目的，它构成了一个社会选择发展某一技术而不发展另一技术的明确理由，也是在大批可行性技术选择中何以只有少数技术被社会行动者选择的主要依据；"文化地平线"是指技术选择的一般假定，它构成技术和技术选择的文化规范和社会价值。对于当今文明人来说，这些符码或价值隐藏于人的意识域值之下，以自然而然的方式嵌入任何技术发展中。例如，在发展手机通信过程中，人们无疑倾向于把对话和交流看作能指的价值方向。如果在一种更加看重离群索居的文明中，手机通信即使获得发展，也会以不同的方式进行。芬伯格正是依据"文化地平线"概念，阐述了技术符码的解释学意义[1]：

> 我所称的属于技术客体的"技术符码"（technical code），调节着（技术适合社会变化的）技术过程。在技术设计水平上，该种符码与社会的文化地平线相一致。通过该符码，诸如物质的选择和处理等相当实际的技术参数，也能获得详细的社会说明。所谓技术的必然性幻想来自这样一个事实，那就是那种符码视其情况不同而被夸张为"铁的事

---

[1] Andrew Feenberg, "Subversive Rationalization: Technology, Power, and Democracy", *Inquiry*, Volume 35, Issue 3 & 4, September 1992, p. 315.

实"（cast in iron）或"具体的情形"（set in concrete）。

　　现在回到纳米技术上来，可以按照其象征性的文化规范，把纳米技术看作一种意义建构。这样来看待纳米技术，将主要是一种人文主义叙事范式。这种叙事在文化意义上是一种意义制造，在个人意识与集体信仰之间起到调节作用。其叙事主题首先来自科学家的设想和象征系统，然后在交流中与公众价值相互作用并获得修正，然后成为技术符码，影响整个技术行动。科学家最初围绕纳米技术提出诸多特殊问题（费曼的设想就是如此），这些特殊问题还停留在认知科学意义上，从而难以获得表征意义，不过其最初的技术隐喻（如纳米操作、纳米机器等）仍然成为意义制造的概念思维前提或基础。这些概念不过是一些"寓言"，其中最为突出的是"法人形象"。1989 年 11 月，IBM 公司加利福尼亚 Almaden 研究中心的科学家们，用 35 个氙原子堆成"IBM"字眼。这一法人形象作为一种隐喻，象征着该公司在纳米技术方面的知识产权确立，标志着纳米技术霸权的法人地位；它也表明被定位原子在电子显微镜下的西方文化书写意义，更接近于中国汉字的象形文化内涵。它在本质上有点类似哥伦布在巴哈马圣萨尔瓦多插上西班牙皇家绿色十字旗（1492 年）和阿姆斯特朗在月球插上美国星条旗（1969 年），其意义在于向全世界宣布，人类正在发现一个"勇敢的新世界"。纳米技术，不仅是一块有待发现的新陆地，而且也是一块待征服的新领地。

　　纳米技术的"寓言"由一系列隐喻构成，这些隐喻倾向于形成直接的"故事"。纳米技术包括广泛的基础科学和工程方法，追求唯一的故事并不现实。不同纳米技术若不是综合系统，它们之间就很难有共同基础，只能基于特定的制造过程。也就是说，新的纳米材料生产不过是创造出传统物理和化学不能实现的唯一性质和功能。但不能由此认为，纳米技术只是一个琐碎的研究开发领域。纳米尺度毕竟正在刺激一个重要认识结果，这就是在纳米尺度上物质材料从总体上享有新的基本特征：新的电性、磁性和理化性能。在这里纳米技术所要想象的物质材料包含了纳米尺度下的这些新奇性质，从而可以被描述为一种意在改变未知材料性质的技术领域。最近有学者据此将纳米技术比作一种"炼金术"①：

> 有关纳米技术的诸多断言，非常类似于炼金术的要求。在当今世界，纳米技术表现为一种两面性。一方面是与中世纪炼金术的实际结果相匹配，因为纳米技术作为一种材料科学方法，已经生产出大量新的改良产品。另一方面又与炼金术的各种期望相匹配，那些纳米技术的支持者们声称，纳米技术最终将赋予我们一种方法，通过这种方法可以将一种物质形式变成另一物质形式，从而将产生史无前例的财富，使人体死而复活，甚至可以实现长生不老。

既然把炼金术看作纳米技术发展背后的故事性叙事，那围绕纳米技术存在各种争论也就不奇怪了。纳米技术的复杂性和不确定性表明，它的应用必定具有高度的"语境特殊属性"（context-specific）。人们尽管尚未经历激烈的纳米技术革命，但纳米技术基于不同的市场分割，越来越显现出定制纳米产品的便利性增长趋势。以批量生产为标识的工业化进程，使后工业社会具有推动客户化或产品定制的技术能力。纳米技术的分子制造将大大降低单位制造成本，使厂家按照客户需求进行材料或产品批量特制。于是超越炼金术的另一故事，就是"小人"、"小鬼"这类人或怪人的借喻。这些怪人以隐蔽方式生活在纳米世界中，从事神奇的纳米客体制造，以服务于主人——小男孩或小姑娘。这种"故

---

① N. Herzfeld，"The Alchemy of Nanotechnology"，*Journal of Lutheran Ethics*（*JLE*），February 2006（http：//www. elca. org/scriptlib/dcs/jle/）.

事"，也令人想到"生命体"（living object）。它倾向于把纳米制品（如纳米微粒）这种无生命体看作活的、有意识的东西（泛灵论），并赋予其人的特征（人神同形论）。纳米技术致力于自然客体和材料的内部结构改造以及计算机技术和生产制造的极端微型化，其泛灵和人神同形倾向源于自我复制的类生命叙事。无论这些神话或传说的借喻有多么离奇，其实都是一种与炼金术相关的超级力量或全能想象，听起来既神奇又恐惧。

以上有关纳米技术的各种隐喻和借喻出现，产生了泛灵或人神同形的哲学倾向，从而导致围绕纳米技术的大众文化"叙事"。这就是默尔迪尼（Emilio Mordini）所称的纳米技术叙事方法①。在这种叙事中，一个重要议题是如何解决纳米世界的视觉化问题。金采夫斯基（Jim Gimzewski）和维斯纳（Victoria Vesna），对这一主题进行了极大地发挥②：

> 在哲学和视觉这两种意义上讲，"眼见为实"并不适合纳米技术。因为即使创造出有关纳米存在的证据，那也只是遥不可及的不可见之物。在原子和分子尺度上，只能通过敏感和探测来记录数据。这种数据记录采取了极为抽象的方式，需要做出诸多复杂的近似性解释。较之其他任何科学，［纳米技术］叙事的视觉化创作变得非常必要，用来描述敏感的但无法看得到的东西……相对于人类经验来说，［纳米］尺度太过于抽象了。

以上引证实际上表明，在新的科学技术建构过程中，提倡和发展叙事方法并不必然限于其负面意义，而是有一种将技术与文化相

---

① Emilio Mordini, "The Narrative Dimension of Nanotechnology", *Nanotechnology Perceptions*, No. 3, 2007, pp. 15 – 24.

② J. Gimzewski and V. Vesna, "The Nanomeme Syndrome: Blurring of Fact and Fiction in the Construction of New Science", *Technoetic Arts Journal*, No. 1, 2003.

连的潜在意义。莱耶斯基（*David Rejeski*）就此指出①：

> 叙事是最为基本而又强有力的人类认知元素之一。我们
> 作为一个物种和叙事之人，我们讲述的故事——无论是构成
> 自身的直觉的个人故事，还是构成社会相互作用的集体故
> 事——全是得以持久流传的人类行为。普通人为了理解新的
> 技术必将落入这种叙事方法上，这要先于捧起物理学和生物
> 学著作以及理解科学之前。公众对纳米技术做出反应，关键
> 不是从最近相关期刊的同行评价中获得，而是源于近几十年
> 的夹杂有新的故事情节的集体叙事，其来源常常带有仲裁
> 色彩。

正是为了应对纳米技术的抽象特征，叙事作为一种象征形式才变
得非常必要。技术叙事的直接意义，就在于缩小科学家与公众之
间的科学距离。换言之，公众之所以对纳米技术缺乏关注，是因
为缺乏有关纳米技术的视觉化或想象性心理冲击。只有将纳米技
术纳入人类经验的直觉范畴，才能真正理解纳米技术的广泛
意义。

以上叙事方法思路足以表明，纳米技术对哲学的真正挑战
在于，由于我们已经习惯于参照独立于人的客观实在来思考科
学方法或模式，以致只好迁就于科学技术的单向度发展。现代
科学的典型研究对象，在直觉意义上属于不可观察和不可言说
的客观实体，这种客观实体根本无法纳入人类经验范畴，所以
只能停留于纯粹数学术语水平上。面对新兴的纳米技术发展情
形，技术哲学的重要议题至少应该采取如下方法：发挥哲学批
判功能，对目前主流的纳米技术研究纲领进行思考，重塑纳米

---

① D. Rejeski, "Why Nano Fear Will Not Disappear", *Project on Emerging Nanotechnologies*, *Woodrow Wilson International Center for Scholars*, 2005（http：//nanotechproject. org).

技术的可选择性，由此进入人与世界的工具关系中，探讨纳米技术的视觉化战略，以便使公众参与纳米技术治理，推动纳米技术的意义建构发展。以下几章沿着这一思路，逐步从哲学反思进入一种政治建构。

第 三 章

从决定论到非决定论

关于未来还不存在什么事实，所以也不存在什么学究式的绝对命令。西塞罗曾使用"事实"和"未来"这类明确表达，对以往事件与即将来临的事件进行十分准确的对比："事实"，就是完成了的并能被认为是坚硬的东西；"未来"，则是将要形成但并未付诸"实施"或属于流体的东西。这一对比使我坚信："不可能存在有关未来的科学"。未来不属于"真或假"的王国，而属于"多种可能"的王国。

——伯纳德·德·茹弗内尔：《猜想的艺术》，1964

第一节　自底向上的方法论倾向

纳米技术，主要致力于在纳米尺度上开发新的材料或设备。它拥有各种研究方法，从传统设备到分子组装等不一而足。但从方法论上看，纳米技术研究方法不外乎"自底向上"（bottom-up）和"自顶向下"（top-down）两大类。自底向上和自顶向下，是两种信息处理和知识获得的策略或方法，用于科学、技术和人文各个领域。在实践上，它们被看作一种思维风格。在许多情况下，自顶向下与分析或分解同义，自底向上与综合同义。自顶向下方法，主要是将一个系统进行分割，由此获得对其亚系统结构的知识或洞见。按照这种方法，首先要对系统给予某种概观，然后再对亚系统进行详细说明，直到还原为系统基本要素。自底向上方法，主要是将各种系统进行连接，以便获得更大系统。按照这种方法，首先要对系统个别基本要素作出详细说明，然后再将这些要素连接起来，直到形成一个完整的顶级系统。这两种方法作为两种产品制造方法，最初应用于纳米技术领域，是为了将分子制造与传统制造区分开来。在当今纳米技术领域中，这两种方法均获得了长足发展。

自顶向下方法也称自上而下方法，它在很大程度上不过是微米尺度的小规模装配的纳米延伸。例如，微电子学的进一步微型化，就是纳米电子学。这种方法就是无需进行原子水平控制，通过较大物质实体制备出纳米客体。按照新技术革命的叙事逻辑，目前纳米技术研究直接导向了不同纳米材料的生产和制作。例如，根据传统制作微处理器的固体硅方法，有许多技术可用来实现小于 100 纳米的物质特征。已经进入市场化的巨磁电阻驱动器就是采用这类技术，称为原子层沉淀方法。法国科学家艾尔伯·费尔和德国科学家皮特·克鲁伯格，正是由于发现巨磁电阻效应，而获得 2007 年度诺贝尔物理奖。固体方法也用来制作相关设备，其中以纳米电子机械系统（NEMS）最为有名。原子力显微镜头被用作纳米尺度的"写头"，采取蘸水笔纳米光刻工艺，在物质表面以人们希望的方式沉淀出化合物。在适当先导气流作用下，聚焦离子束能够直接移动材料甚至沉积材料。这种技术可以用来制造低于 100 纳米的纳米材料，用于透射式电子显微镜分析。目前科学家使用的大部分功能性方法也属于自顶向下方法，它无需装配就能制备出特定功能的纳米材料。分子电子学致力于具有实用电子性质的分子制造，其中单分子组件（如轮烷等）可以在纳米电子设备中获得应用。

自底向上方法也称自下而上方法，它主要是通过合成化学途径生产纳米尺度的材料结构，是对诸如晶体增长和自我装配等自然过程的人工模仿。这种方法就是按照分子辨识原理，对分子组件进行化学装配，由此来制作纳米材料和设备。现代合成化学已经达到这样的高度，即可以按照几乎任何结构制备出小分子。按照这种方法，人类今天制造了大量实用的化合物，诸如各种医用药品、商业性聚合物等。围绕这种合成化学能力，化学家正在将分子控制扩大到较高水平上，试图寻找各种方法，依照适当方式将许多单分子专配成为超大分子。这种设想以自底向上方法，试图使分子自我装配成为一种实用构型，因此被称为分子自我装配或超分子化学。在这里，分子辨识非常重要，因为只有辨别出分子之间不存在共价性或分子力，才能设计出能够制备的特定分子构型。在分子生物学中，华森-克里克的碱基配对原理，实际上就是这种分子辨识的直接结果。一种酶的特殊性就在于它的生物催化功能是单一的，也即蛋白质的功能具有单一性。所以设计两个或多个分子组件，使它们相互补充和相互吸引，由此可以制造出更为复杂的实用性大分子。这种自底向上方法应该能够相应地制造出纳米设备来，但在热力学上要求复杂的原子安排。在分子生物学上，基于分子辨识进行自我装配的著名例证是华森-克里克碱基配对和酶—晶相互作用。纳米技术的挑战就在于，这些原理能否适用于新的非自然的纳米工程制造或生产。

目前纳米科学家正在尝试使用以上两种方法，制备出同样的纳米材料和纳米设备。这里先举出一个纳米材料例证，就是制备低熔点的单分散球形胶体[①]。在低于 400 °C 的熔点下，采取两种不同的以溶液为基础的制备方法，对金属进行处理，制备出单分散球形胶体。这里选择铋制备单分散铋微粒，其方法是在沸腾的乙烯乙二醇中热解醋酸铋（自底向上方法），或者在沸腾的双乙

---

① Yuliang Wang and Younan Xia, "Bottom-Up and Top-Down Approaches to the Synthesis of Monodispersed Spherical Colloids of Low Melting-Point Metals", *Nano Letters*, Vol. 4, No. 10, 2004, pp. 2047-2050.

烯乙二醇中乳化熔融态铋滴（自顶向下方法），接着使用冷乙醇进行淬火。这样获得的球形胶体直径在100—600纳米之间，其变化依赖于铋预置浓度和搅拌速度。这两条合成路径也可以制备其他金属的球形胶体，较为典型的除铋之外，还有铅、铟、镉及其合金。

　　上面制备同一纳米材料采取的自底向上和自顶向下两种不同技术方法，同样也有可能用于制备相同的纳米设备。使用模仿自然的方法制作复杂功能的纳米设备（纳米结构或纳米系统），是纳米科学家和纳米工程师的最终目标之一。正如前面已经表明，实现这一目标最初主要源于自底向上的自我装配工艺设想。将自顶向下装配和自底向上合成充分结合起来，对取得纳米人工系统制作无疑是一项重大突破。在基质上对分子组件进行特殊定位是制作高级纳米结构的前提条件，其分子精度要求分子尺度与捆绑位置相匹配。其中以光刻工艺固定分子组件，是一种综合自底向上和自顶向下方法的主要途径。在以往几十年中，半导体工业领域的单芯片上电路组件最大化集成打包探索，推动了纳米光刻技术发展，促进了微电子机械系统成熟和纳米生物技术兴起。这种技术目标是在新的基质上传递、复制预定图样（包括复制），其常用方法是光刻照射法、直写图样法、冲压法等。

　　在细胞和亚细胞尺度上，无机晶体结构具有精准的空间维度。天然有机体对这种无机晶体结构形成，具有一种控制能力。磁趋向性细菌生成磁铁矿纳米晶体，其晶体微粒直径大约50纳米，具有纳米尺度分辨率，被称为"生物指南针"（即细菌导航）。对这类功能性晶体结构进行体外复制，已经成为材料科学和工程学科的重要课题。实现这一目标包含三个步骤：一是获得精准的晶体空间图样，就是利用表面疏水性，在基质上固定含有已溶解无机离子的液体，这时由于无机离子随着溶剂蒸发而进行自我装配，所以晶体结构合成定位图样依赖于溶剂最终定位。诸如端 CH_3 基硫醇等疏水性分子能在金属表面形成相应图样，同时其他区域因诸如端 COOH 基硫醇等亲水性分子而表现出钝化，这样就构成了亲水性和疏水性图样。同样的，在 Si/SiO₂ 等亲水性表面上，沉淀出诸如六甲基二硅氮烷等的疏水性分子层，然后借助光或电子束光刻图样及其随后的分子蚀刻，获得亲水性和疏水性表面。二是控制晶体尺寸，就是调整无机离子浓度或亲水区域液体体积来限定纳米结构。为了合成微粒直径为 10 纳米的纳米结构（如简单无机晶体、量子点、磁性纳米微粒和胶质纳米微粒等），需要将液体限定在仄升（10^{-21} 升）范围。三是控制晶体结构定向或结晶平面，就是控制分子密度和类型在空气/液体界面或固体表面形成单层分子（其结构信息反映了特定结晶平面的晶线连续增长情况），进而诱导出预期的结晶平面。按照这些步骤，结合这种晶体结构定位控制策略，科学家们已经能够对在固体基质上晶体的定位、尺度和结晶平面进行完整控制。艾森博格（Aizenberg）等人表明，通过微观接触压印形成的自我装配的单层分子图样，其长成晶体的结晶平面定向控制、晶体成核定位和数量密度控制良好[1]。按照这一工作，HS（CH₂）₁₅X（X = CO₂H，SO₃H，OH）自我装配的单层分子被压印在刷有金/银的硅表面上，具有高弹性质，其余区域因自我装配的 HS（CH₂）₁₅CH₃ 单层分子发生钝化。将这种硅片浸入结晶化溶液（适合于 CaCO₃ 增长）中，X 端基（在该溶液中发生离子化）区域吸附 Ca²⁺ 离子，诱导晶体增长。通过使用不同端基，碳酸钙晶体定向获得成功诱导，其图样尺度和定位均可得到控制。

　　DNA 可以作为可编程材料，用于制作静态结构（如 2D 和 3D 结构）和动态结构（如 DNA 纳米机器）。这种结构在没有物理限制的大容量溶液中合成，但不幸的是，这一特征并不能将其与其他高级功能的分子组件结合起来，制备出实用的纳米结构。最近

---

① J. Aizenberg, A. J. Black & G. M. Whitesides, "Control of Nucleation by Patterned Self-Assembled Monolayers", *Nature*, Vol. 398, 1999, pp. 495–498.

几年来，随着高敏感度的 DNA 探测系统发展，逐步建立起了固体表面 DNA 分子图样技术。DNA 的磷酸盐脊使该分子在生理学条件下带有负电荷，借助外部辐射控制基质表面电荷密度，就能在静电作用下将 DNA 分子吸附在基质表面。例如，利用电子束能量在玻璃表面获得正电区域，进而将 DNA 分子进行静电固定，从而制备出低于 50 纳米的 DNA 线图样。此外，利用毛细血管微嵌线方法（MIMIC），在固体表面上对 DNA 分子沉淀进行物理限制，就可以通过控制液体介质中的 DNA 浓度，获得 DNA 分子的连续条状和有序点排列。通过物理吸附获得 DNA 分子图样，可以在基质表面产生随机对齐的 DNA 结构，它要求外力场能够在控制意义上使 DNA 分子发生定向排列。20 世纪 90 年代中期，科学家们发展了一种分子梳毛方法：利用弯月面后退产生的表面张力，能够在固体表面拉伸和定向 DNA 分子。尽管 DNA 最终要黏结在表面上，但弯月面会使其拉伸到相应的满轮廓长度。利用微流体通道，控制液体/空气界面形状，可以获得延伸和定向充分的 DNA 分子微型图样。不过这种方法并不利于其他分子组件图样的制作，所以人们一直希望能够在固体表面获得没有任何物理限制的 DNA 分子图样。近年来，人们开始将软光刻技术与分子梳毛方法结合起来，以便在固体表面获得拉伸的、定向的 DNA 分子图样。除物理吸附方法外，还可以通过特殊的表面化学或配位对的捆绑方法，将 DNA 分子嫁接到基质表面。这样获得的 DNA 分子，较之物理吸附（静电作用）获得的固定 DNA 分子更为稳定。通常用硅烷和硫醇作为捆绑 DNA 的化学功能介质，其工艺为电子束光刻、光学光刻或蘸笔光刻等。与此同时，也可以把 DNA 分子作为"分子胶"，在特定位置上装配纳米微粒。例如，通过链霉亲和素和生物素相互作用，可以将生物酰化的 DNA 单线分子固定在基质表面。经过光的照射，附着在链霉亲和素上的荧光分子会产生破坏 DNA 分子的单线态氧。这样 DNA 区域就会在光的照射下遭到破坏，而带有补充 DNA 分子标记的纳米微粒就会附着在没有遭到破坏的 DNA 分子区域。利用硅烷的化学捆绑功能，用 DNA 分子作为分子链接器，可以装配多层纳米微粒。这种方法表明，DNA 分子能够用作高维度的纳米结构自我装配。此外，诸如细胞等生命体借助 DNA 取得功能化表面，实现特定的表面黏结。例如，可以用 ssDNA 改善活细胞表面。由于 DNA 分子的唯一可编程能力，所以使在基质表面获得多类型的精准细胞图样变得可能。

在纳米生物技术领域，由于高灵敏度生物医学诊断技术的前景看好，所以利用光刻技术在纳米尺度上确定蛋白质定位越来越受到关注。这种方法能够方便地用于功能蛋白质分子（如肌动蛋白、肌浆球蛋白等）定位，特别是细胞骨架和运动蛋白质的特定图样定位，能确保分子的指定传输。与 DNA 表面捆绑类似，通过物理吸附和化学捆绑，能够实现蛋白质的表面附着。在物理吸附情况下，蛋白质在生理学条件下具有多价性，能够通过静电、疏水和分子间作用，附着到带有电荷的基质表面。但这些物理作用并非特定绑定的主要原因，所以在带有相反电荷元素情况下获得特征性蛋白质图样，必须要有一种保护各自电荷的介质层分子存在，以防止非特定物理作用。这种介质层分子图样以暴露表面的离去部分为中心，确保蛋白质附着。例如，采用毛细作用光刻技术，能够在 Si/SiO_2 表面获得聚乙烯乙二醇的自我装配单层图样，由这种图样定位最终实现肌动蛋白质聚合。在蛋白质和基质表面带有同性电荷情况下，可以使用带有相反电荷的介质层图样，然后在静电作用下，将这种蛋白质附着在介质层上，由此获得相应蛋白质图样。例如，可以将软光刻与微流体结合起来，在玻璃表面获得医用微管的特定图样。以这种方法，使用聚二甲基硅氧烷（PDMS）嵌线技术，可以装配微流体通道排列（10—100微米宽和 50 微米深）。制备好 PDMS 模子之后，将它附着到玻璃表面，这样多聚赖氨酸（PLL）溶液就可以流入通道。医学微管由于在生理学条件下带有表面负电荷，所以对带负电荷的玻璃表面并不具有强亲和力。在这里 PLL 被用作微管与玻璃基片之间的黏结层，被捆绑微管因 PLL 特性而实现图样化。在这种技术中，尽管微管空间受到限制，但"分子铁道"的极性在 PLL 图样上仍然趋于随机分布。即使在上述条件下，非图样化区域仍然会产生非特性蛋白质捆绑。避免该问题的一种方式是，以牺牲层覆盖非图样化区域，在蛋白质沉淀后移除该覆盖层。例如，使用 PDMS 嵌线技术获得动力蛋白质图样就是如此。制备穿孔 PDMS 片，反面附着到玻璃基片上，在把蛋白质溶液倾入 PDMS 筛上（图样化分子数量取决于筛的大小），漂清多余蛋白质溶液后，在水环境中剥落 PDMS 筛，由此能够制备出 F1—三磷酸腺苷酶（一种旋转式分子马达或马达纳米机器）排列图样。这些方法基于与微流体相关的软光刻技术，其问题在于多层定向结构更为复杂。为在高紧密度容限的图样化电极之间获得诸如动力蛋白质等的特殊图样，需要较高的分辨率和精准度，所以可以使用传统光刻技术来确定"分子踪迹"。例如，采用聚对二甲苯（parylene）材料剥离技术，可以使细胞骨架和动力蛋白质图样化。在玻璃基片上沉淀聚合物 parylene C 薄膜，以牛血清蛋白（BSA）涂抹（目的是使聚合物与玻璃基片之间具有黏结性），parylene C 薄膜经过光刻和蚀刻而图样化，然后把细胞骨架蛋白（如微管）和动力蛋白（如驱动蛋白质）注射到图样上，孵化一段时间，对二甲苯聚合体进行剥离，图样化蛋白质便保留在图样区域。

蛋白质图样也可通过化学捆绑获得，采取化学手段将蛋白质附着在基质表面，确保表面的蛋白质牢固。使用双功能交联剂（如硅烷等）（一端连接基质表面，另一端连接蛋白质），借助共价键作用把蛋白质捆绑到基质表面。也可以通过高亲和力的配位对，将蛋白质与一种具有化学功能的基质表面连接起来。其中，链霉亲和素/抗生物素蛋白与生物素就是这种配位对的经典例证，它们虽然没有共价作用，但其化学键作用（包括氢键和分子作用）具有较高强度。借助这种作用，通过外部能量（如化合、光子或电子作用

等）激发，使包含特定化合物的基质表面功能化，从而使生物素/
生物酰化物附着到被激活基质表面。把作为捆绑介层的链霉亲和
素/抗生物素蛋白添加到生物素/生物酰化物上面，使酰化蛋白质附
着到这种链霉亲和素/抗生物素蛋白介层上。通过链霉亲和素/抗生
物素蛋白的相互作用，使细胞骨架蛋白和动力蛋白图样化。其中，
在微型装配室使肌动蛋白分子图样化，可以实现细胞有丝分裂过程
模仿的目的。这里的问题在于，人们并不能精确地控制这类蛋白质
定向。好在诸如肌动蛋白和微管蛋白等具有功能极性以及表面定向
定位能力，从而保证按照预期装配。其相关蛋白质（如肌动蛋白捆
绑蛋白质），能用来确定其相应的可控制功能定向。在微米尺度和
纳米尺度范围，使用凝溶胶蛋白，可使 F—肌动蛋白图样化生长获
得功能极性控制；通过微接触印压，再经过生物酰化物处理，自我
装配的端甲基 1—十八硫醇和端氨基半胱胺单层，便沉淀在涂金玻
璃薄层上面，生物酰化的凝溶胶蛋白—肌动蛋白便借助链霉亲和素
介层被捆绑到微米尺度的图样化表面。布罗和克里斯特曼等人，采
取电子束光刻进行表面功能化实验表明，在纳米图样化表面，F—
肌动蛋白的可控生长能够达到单细丝水平[1]。考虑到双维空间的细
胞骨架蛋白图样化能力，利用这种技术有可能制备出三维细胞骨架
蛋白结构。

　　上述自底向上与自顶向下相结合的纳米技术方法，虽然与天
然的功能结构形成相比还显得粗糙，但其基本观念构成一幅重要
的技术图景，那就是以自底向上方法为基础，结合自顶向下的装
配方法，利用分子组件制备出实用的纳米设备。就这一技术图
景，黄达成（Tak-Sing Wong）等人指出[2]：

----

① B. Brough, K. L. Christman, T. S. Wong, C. M. Kolodziej, J. G. Forbes, K. Wang, H. D. Maynard, & C. M. Ho, "Surface Initiated Actin Polymerization from Top-down Manufactured Nanopatterns", *Soft Matter*, No. 3, 2007, pp. 541－546.

② Tak-Sing Wong, Branden Brough and Chih-Ming Ho, "Creation of Functional Micro/Nano Systems through Top-down and Bottom-up Approaches", *MCB*, Vol. 6, No. 1, 2009, p. 2.

为了创造出类似于在自然界中发现的功能复合体，首要的步骤是理解获得简单分子并依照可控方式对其进行再装配所要求的力场。从本质上讲，扩散是将分子从远源场区域带到近源场区域的重要传输机制。经过所谓捆绑地点辨识，一个分子一旦进入近源场区域，近源场力就能够使分子获得再装配。事实上，这种机制具有随机性。为了更好地利用自然本身的方法论（即指导性的自底向上方法），创造出人工设计的纳米设备，我们需要发展出各种技术，更为有效地将分子从远源场区域传输到可期望的近源场区域。这样就能在近源场区域，采用自顶向下的装配技术，以决定论方式为指导，启动自底向上的合成或制备。

上面引证表明，自底向上方法构成了纳米技术的基本方法论。这一方法论立足自然模仿，在世界控制意义上，为纳米技术提供了决定论的形而上学基础。如果考虑到自顶向下方法可能直接指向纳米机器制造，影响到自底向上的自然模仿，那么这一决定论实际上将是一种传统机械决定论。

第二节　机械隐喻及其话语表达

正如前面已经指出，著名物理学家费曼于 1959 年给出了最初的纳米神话，那就是物理学家可以通过调整原子位置，合成出化学家写下的任何化学物质。这一预想参照了生物材料，因为生物材料以极为精细的空间存储了大量信息。所以在"纳米技术"概念提出之前，化学家、材料科学家和工程师们，就不断地从不同方面强化着对生物学的科学参照。伴随着这种生物学启示的普遍流行，"自底向上"方法，即一个分子一个分子地（而不是一个原子原子地）进行结构设计，便成为纳米技术的重要目标之一。与工程师们在宏观尺度上设计物质结构或系统不同，生物材料是自底向上进行构造的。也就是说，生命运行不是原材料雕刻，而是采取原子或原子团键合（或捆绑）的方式进行。所谓纳米技术与生物技术汇聚，正是源于这样一种陈述：生物技术就是纳米技术——生物材料来自自底向上的自然性纳米合成。

尽管生物学强调的是有机体活性，但参照生物学兴起的纳米技术却以机械隐喻进入公众视野。这与过去几十年机械隐喻渗透于生物学家的语言密切相关。早期的分子生物学，仅仅是用机械隐喻来描述 DNA 信息抄写和转译。此后的分子生物学更是把细胞中的每个活体都描述为一架"机器"：核糖体是专配线，ATP 合酶是动力机（发动机），聚合酶是复印机，蛋白酶和蛋白体是推土机，生物膜是电栅栏。虽然生物学家一般都认为生命系统是进化的产物而非设计结果，但他们却将其描述为按特定任务设计的机械设备。确实，如果说生物学能够就工程和制造向人们提供某种教益的话，那是因为分子生物学把生物细胞看作一座充满大量生物纳米机器的工厂。与此同时，化学和材料科学的语言和话语，也日益表现出机械隐喻或修辞倾向。纳米技术的一个重要目标，是制造出较之传统机器更好的纳米机器。为了设计大量功能材料，物理学家和化学家把自己涉及的产品界定为机器：手推车分子、悬臂分子、弹簧分子和开关分子。在材料科学杂志上，这些分子材料全是新近的技术发明。

随着材料科学和分子生物学的观念和图像交流的不断深入，以上科学修辞逐步汇聚成一股强劲的机械隐喻洪流，从而培育出一种所谓"人工主义的自然观"（artificialist view of nature）："人类技术，应该能够模仿，甚至超越自然，设计出纳米机器，大量纳米机器将栖居于自然界。"① 正是在这种观点支配下，德莱克斯

---

① Bernadet Bensaude-Vincent, "Two Cultures of Nanotechnology", *HYLE*, Vol. 10, No. 2, 2004, p. 66.

勒于 1981 年使用"纳米技术"这一术语，同时基于生物机器模型（如细胞、核糖体、病毒蛋白体等），想象一种微型装配设备，以便在纳米尺度上，把原材料（如原子、分子）转变为包含特定人类功能的人工制品。在他看来，人类已经拥有一种技术模型——自然的、生物学的"纳米机器"，并处在理解和模仿生物机器的边缘上[①]：

> 简单分子构成了受动的物质实体，更为复杂的模式构成了活细胞的主动性纳米机器。生物化学家们，已经利用这些机器进行工作。这些机器主要由蛋白质——活细胞的主要工程材料构成……蛋白质机器通常相当灵活，但正如所有机器一样，它们拥有各种不同形状和尺寸部件，以便进行某些实用性工作。所有机器都是把原子簇作为部件，其中蛋白质机器则把小型原子簇当作部件。生物化学家们，梦想设计和建造这类设备，但有许多困难尚待克服……当他们以不同顺序使分子结合时，只能对其参与方式进行有限控制。当生物化学家们需要复杂的分子机器时，他们不得不从细胞那里借用。然而，先进的分子机器，最终将让他们如同工程师现在制造微型电路或洗涤机那样，轻而易举、直截了当地制造出纳米电路和纳米机器。

按照德莱克斯勒的观点，人类不仅拥有操作自然性生物纳米机器的结构模式（分子生物学），而且正在接近于理解生物纳米机器的模拟手段（计算机技术）。19 世纪之前曾经流行的活力论认为，生命体（如细胞等）拥有神奇的力量，机器不可能获得生命体的这种能力。但是，随着化学和物理学对生命体的解释日益

---

① K. E. Drexler, *Engines of Creation: the Coming Era of Nanotechnology*, New York: Anchor Books, 1990（1986），p. 6.

深刻，这种理论已经销声匿迹。德莱克斯勒认为，生命本身表明纳米机器（细胞中包含各种纳米机器）的可行性，因为如果说生命属于创造力之源的话，那么它能向人类提示出如何制造出人工性纳米机器。在这里所谓纳米技术，就是"分子制造"。这一概念虽然已为许多科学家参照"分子工程"所使用，但德莱克斯勒使用"分子制造"这一概念，意在传递一种如同生命复制那样的自底向上的"批量生产"的技术想象①：

> 生物化学系统表明一种完全不同于我们的"微观技术"：它们不是自宏观水平向下建造，而是自原子向上建造。生物化学的微观技术，在分子水平上提供一个滩头阵地，由此借助大量实用和复制的"工具"和"设备"，开发出新的分子系统。使用这样一些按照原子规格制造的工具，我们就能远离传统微观技术面临的屏障。

这种人工主义的生物系统观，实际上是鼓励这样一种工程，即：按照汽车工厂里的机器人和装配线模型，设想诸多微型机器，利用这些微型机器能够实现"取和放"以及零件装配。德莱克斯勒为此设想了三类"机器"：一是纳米装配器（nanoassembler）或纳米拆分器（nanodisassembler），分别负责原子装配和原子拆分；二是纳米复制器（replicator），用来复制纳米机械运行机制；三是纳米计算机（nanocomputer），负责向前两种机器传递程序命令。在纳米机器系统中，纳米装配器在复制器和纳米计算机的作用下，具有自我复制功能，所以纳米制造或分子制造能达到批量生产的水平。所谓纳米技术的"神话"正是由此开始：如果认为纳米技术的本质是在原子尺度上操作物质的话，那么只要在分子规

---

① K. E. Drexler, "Molecular Engineering: An Approach to the Development of General Capabilities for Molecular Manipulation", *Proceedings of the National Academy of Sciences*, Vol. 78, No. 9, 1981, p. 5275.

模上揭示出物质的宏观效应，就能如同生物有机体的自组织那样，通过自我复制的自动控制批量，制造出人类希望的任何事物。

可以看到，德莱克斯勒及其同事，从一开始就将其纳米机器设想，建立在生物化学成分与宏观机械运行单元的严格比较之上。德莱克斯勒正是基于生物学的"纳米机器"（及其部件）与宏观的人工机器（及其部件）之间的相似性比较，相信纳米技术必然会将宏观尺度的工程原理转译为其纳米尺度的对等物[①]：

> 纳米机器与宏观机器，存在着普遍而根本的诸多相似性。在分析水平上，这两种系统均可通过经典力学获得描述，比如占据相应位置、排除该位置其他客体、防止变形的各种客体等；在设计水平上，两种系统均必须要利用各种力、引导各种运动和限制各种摩擦力……由于各种系统功能是在部件水平上以不同方式实现的，所以宏观系统与纳米系统之间的并行性，甚至强于其部件之间的并行性。如此一来，就可以直接应用宏观机械工程的许多经验案例。在忽视原子细节的尺度和分辨率下设计纳米机器，几乎与宏观机器没有什么分别（尺寸标签除外）。

德莱克斯勒的上述技术描述，有点像狄德罗和达朗贝尔在《百科全书》中所做的那种轻描淡写。他在引入各种经典机器及其部件之后，就将它们与其纳米对等物（如由少量原子构成的螺母和螺钉、压杆、弹簧、轴承、正齿轮、斜齿轮、齿条—齿轮机构和滚珠轴承、锥形齿轮、涡轮、皮带—滚轴系统、凸轮和行星齿轮等）进行比较（见表3—1）。由压杆、电缆、扣件、胶、动

---

① K. E. Drexler, *Nanosystems: Molecular Machinery, Manufacturing, and Computation*, New York: Wiley, 1992, pp. 315–316.

力机、轴承、容器、泵和夹具等构成的纳米机器，与相应生命体比较，简直就是笛卡尔的"动物机器"概念的奇妙翻版。在纳米机器和传统机器这两种情况下，活的机器均为一组部件，经设计者进行机械装配而成。德莱克斯勒把分子描述为类似于玩具构件的严格建造块，分子机器的不同部件具有不同机械功能，包括放置、移动、传递力、运送、握持、存储等。他虽然声称其分子制造是最小尺度的制造方法——当代自动化工厂的"智力压缩"，但其自动装置看上去好像是 18 世纪法国发明家雅克·德·沃康松的自动机器（如机器鸭），它能够按照简单的装配机制完成复杂的任务。德莱克斯勒非常喜欢操作纳米对象的"分子手"这一隐喻，将它置于需要的地方就可以实现任何人期望的技术功能。与笛卡尔的动物机器一样，纳米机器的任务是经过设计者嵌入机械设备的。德莱克斯勒在描述其装配过程时，采取了如下隐喻方式：它是"为建造复杂客体指导分子安放的机械控制"或"机械合成"①。这里的关键词是"分子装配器"，它能够以原子精度配置分子，由此来指导各种分子相互作用。分子装配器如同一支"魔杖"，可以抓取各种部件，然后再按照程序指引把各种部件结合在一起，让它们完成各种任务。其整个程序是移动原子，将原子安放到适当位置，最后是有选择地对它们进行捆绑。这种分子装配器不属于特殊的个别分子，而是普遍的通用机器，以与核糖体装配一切蛋白质一样的方式，装配所有的物质或材料。

德莱克斯勒使用的"通用机器"概念，显然融合了两种机械模式：其一，他的分子制造描述，源于笛卡尔或牛顿的经典力学模型，其基本术语是空间、物质和运动。在这里，物质是波义耳式的普遍物质或天主教式的万能物质，既没有自发性也缺乏个性。特别是分子机器，如同钟表机制一样，它仅仅要求具备钟表

---

① K. E. Drexler, "Introduction to Nanotechnology", in M. Krummennacker & J. Lewis（eds.）, *Prospects in Nanotechnology*, 1995, New York：Wiley & Sons, p. 6.

制造者的手和大脑。这种机械化机器并不存在终结性，它的所有目的全部包含在设计开端，天生就是神人同体。毫无疑问，笛卡尔的机械论包含的目的论是一种"技术神人同形同性论"，因此与"政治神人同形同性论"有明确界限。其二，德莱克斯勒也参照了计算机器，以使分子机器完全在过程控制下执行全部功能和目的，但他并未面对这种计算机器的复杂性。

表格3—1　　德莱克斯勒的宏观机械组件与生物化学微观成分比较

机械设备	主要功能	分子示例
压杆，横梁，套盒	传递力，位置控制	微管，纤维素，矿物结构
电缆	张力传递	胶原
固定器或扣件，胶	部件连接	分子力
螺线型电导管，制动器	物质移动	构象改变的蛋白质，细胞骨架/肌凝蛋白
动力机	转轴	鞭毛动力蛋白
传动轴	传递力矩	细胞鞭毛
轴承	支持移动部件	西格玛键
容器	盛液体	囊或疱
管	液体输送	不同细管结构
泵	液体抽动	鞭毛，膜蛋白
输送带	部件移动	通过固定的核糖体输送 RNA
螺丝钳或夹具	工件握持	酶键合空间
工具	工件维修	金属复合物，功能团
生产线	建造设备	酶系统，核糖体
数控系统	存储和阅读程序	遗传系统

　　无论采取何种机械模型，德莱克斯勒的纳米机器设想均源于生物系统的理论启发。参照生物系统的过程控制，他试图构造这样一个世界：利用数字化数据或信息控制通用目的的机器，使其

能够在纳米尺度上对物质进行任意摆置，以便制造任何事物。在这里，DNA-RNA 系统以清洁而有效的方式，按照严格指令装配蛋白质，为纳米机器操作提供了相应的规范和启示。正是受到生物化学启示，德莱克斯勒在将其分子制造与传统化学制造比较时指出①：

> 今天的化学家制造复杂分子结构，往往采取如下程序：取一些较小的分子片段，把它们放在一起，搅拌，然后等待它们结合在一起，最后形成适当产品。如果你意欲这样来制造一辆汽车，就是取一些部件，把它们放进一个箱子里，摇动，然后等待它们结合在一起，最后制造一部能工作的机器，那么你将会觉得，拥有机器人或机械手，或者拥有制造过程的类似东西，是非常有用的。

与蛋白质机器（DNA-RNA）相比，传统化学制造或合成是如此原始或肮脏。即使如此，德莱克斯勒还是对化学家在缺乏"分子手"的情况下，取得目前辉煌的成就表示惊叹。他接着设想，可以借鉴生命体机制改进传统化学技术。在生命体中，酶作为装配器模型，能够抓取水溶液中的小分子，然后把它们结合在一起，形成化学键，这样就能装配 DNA、蛋白质和其他许多生物产品。这一装配机制，有可能用于金属微粒或复杂结构，以程控机器操作各种分子。但是，如果按照酶和蛋白质原理建造纳米机器，那么就必须要提供精准的纳米技术模型。德莱克斯勒认为，由于蛋白质机器作为工程材料还存在诸多瑕疵，所以蛋白质机器只能成为第一代纳米机器。构成蛋白质的氨基酸，还不足以建造纳米机器。因此德莱克斯勒的雄心在于，模仿遗传指令的生命设备，制

① K. E. Drexler, "Introduction to Nanotechnology", in M. Krummennacker & J. Lewis（eds.）, *Prospects in Nanotechnology*, 1995, New York: Wiley & Sons, p. 2.

造出较之有机体更为有效的纳米机器。

第三节　非现世主义的技术决定论

德莱克斯勒的纳米机器制造神话，表达了纳米尺度所发生的但又不可思议的工业叙事。就技术与社会的关系来看，这一工业叙事涉及哲学家、历史学家和社会学家长期争论的焦点问题：技术属于社会产品还是社会属于技术产品？社会群体建构了技术进步还是人工制品或人工系统有着自身的内在进化逻辑？围绕这些问题，技术决定论者一直将马克思和林·怀特作为其思想渊源。林·怀特认为封建社会基本上是马蹬和重犁发展的产物，马克思曾说手推磨带来的是封建主，蒸汽磨带来的是工业资本家。这样来看待马克思和林·怀特的技术哲学思想，显然过于简单化，并受到社会建构论的批判。因此自20世纪80年代中期以来，人们开始将技术决定论区分为强技术决定论和弱技术决定论。前者强调技术构成社会变迁的推动力，后者认为技术之所以能够推动社会变迁只是因为社会本身为技术提供了生长土壤，从而吸引大量利益相关者涌入技术系统发展中。强技术决定论的标准界定包含三方面含义：一是技术发展有着自主的内在逻辑，这一内在逻辑仅仅决定于单向的工程计算考虑，而非社会目标考虑；二是技术决定社会或组织，因此能够推动社会变迁；三是技术因其内在逻辑具有对社会结果的优先性，所以技术选择是一种纯粹逻辑结果，技术变迁来自自身力量并为社会变迁提供动力，技术发展成为文化先进程度的重要尺度。这一界定突出的技术决定论要素，实际上已经或弱或强地渗透于当前主流乃至大众的意识形态领域以及哲学和历史的标准学术领域中，成为技术哲学之外活跃的技术社会话语。无论是技术的公众象征，还是围绕特定人工制品和系统形成的技术政策陈述，都把技术看作自主的东西，都认为技术沿着必然路径发展并成为社会重组核心。也就是说，自主技术的各种形式构成人工制品设计以及由此形成的社会秩序，反过来社会秩序又赋予技术以决定论式的社会实在。正如历史学家赫希特（Gabrielle Hecht）和阿伦（Michael Thad Allen）指出①：

> 我们用不着再追问"技术是历史的推动力吗"这一问题，而应该追问如下问题："历史的演员们何时和为何相信或认为技术会推动历史？"就这类问题发表看法，将引导人们把技术决定论（和其他有关技术与社会变迁关系的其它信念）看作一种政治实践行动。

正是因为技术决定论的无所不在，所以它很容易被用来预测和分析新兴技术的发展。这似乎违反人的直觉，因为新兴的技术毕竟还没有形成人际和制度网络，还要面临失败和消失的社会风险。正如许多已经建立的技术一样，围绕新出现的技术或系统存在多种不同甚至矛盾的看法或意见。但正是这些不同声音为新兴技术发展提供了路径安排，为其重塑社会结构提供了手段，从而往往会强化技术决定论的世界观。新兴技术与决定论话语之间的这种联系，如果不被看作对技术决定论世界观的反思性陈述，而被看作对技术决定论世界观的表述性陈述，那么它本身并不存在悖论。在这种意义上讲，新兴技术的发起者或倡导者，会通过技术决定论话语和行动，建构人际和制度网络，从而围绕技术决定论的可行图景召唤相应的社会链接。

在当前新兴技术中，没有哪一种比纳米技术更为适合于上述技术决定论模式解释。纳米科学家和纳米工程师们，并不讳言其

---

① G. Hecht, M. T. Allen, "Introduction: Authority, Political Machines, and Technology's History", in M. T. Allen, G. Hecht（eds.）, *Technologies of Power: Essays in Honor of Thomas Parke Hughes and Agatha Chipley Hughes*, Cambridge, MA: MIT Press, 2001, pp. 14–15.

当前研究必然会产生完全不同于前纳米社会的"勇敢的新世界"，以这种前景或承诺表明纳米技术的未来发展机遇。纳米技术代表着工业制造或再造的科技运动，也将成为新颖思想的试验场地。出于这些原因，纳米技术也成为哲学、历史学和社会学凸显技术决定论思想的肥沃土壤。有趣的是，当纳米科学家和纳米工程师们通过实验生产科学知识和人工制品时，往往将其设想置于联系历史朝向未来的历史过程加以思考，声称纳米科学已经在化学和材料科学领域中有了较长的研究历史，纳米技术在诸如玻璃制造、锻造等领域有了产生纳米尺度效应的长期知识积累。甚至可以说，自然界（或生命世界）进行纳米操作已有数十亿年历史，每种病毒、细菌和细胞都是相当复杂的纳米机器。在这方面，有些纳米科学家和纳米工程师提倡一种复杂的强技术决定论。自然界的"纳米技术成就"不仅完全重构了地球，产生出人类的生命、文化和意识，而且向人们表明人工纳米机器是可能的。科技进步意味着人类有可能理解和模仿自然界的"纳米机器"，一旦做到这一点，人工性纳米机器就会以生物学、化学和工程设计的决定方式获得发展，并使人类生活世界发生革命。

当然，以上纳米技术的强决定论修辞，不得不面对一个世纪以来的科技哲学和科技社会学传统的诘难或批评。这一传统从杜威（Dewey）和海德格尔（Heidegger）开始，经过维特根斯坦（Wittgenstein）和库恩（Kuhn），已经发展成为后库恩主义，包括拉图尔（Bruno Latour）等人的社会建构论、伊德（Ihde）的后现象学和技术现象学以及芬伯格的后人文主义技术哲学。在社会建构论中，以比克（Bijker）和平齐（Pinch）为代表的技术社会构成方法（SCOT）表明，技术或工程选择并不完全是一种自主的设计逻辑，它还包含某种"解释柔性"：随着新的社会群体越来越与新兴技术发生利益关系，技术并不能直接影响社会组织，而是要重新获得解释和重构。在这种意义上讲，SCOT方法反对强技术决定论。如果将这种方法应用于纳米技术，主要涉及的是纳米技术与其科学共同体之间的关系。无论实在或实体的形而上学本质是什么，各门科学构造几乎无一例外地涉及的并非"真实世界"，而是适合人类行动的"操作世界"。这种世界服从于知识生产，由此再来理解那个"真实世界"。科学家们对这一重构的世界进行清洁、抽象或分离，再将它模式化为模型系统，由此提炼出大量所谓存在的实体。所以科学世界本质上是技术世界，科学家只是通过重组诸如显微镜、加速器、电子、实验鼠等不同人工客体之间的关系活力创造出知识。不同科学和工程领域均有不同的"认知材料"和知识生产实践，也因其驯服世界的诀窍而具有某种自主性。一门科学知识并不能还原为另一门科学知识，工程师依其专门技术从事的世界创造工作也不应被看作是任何科学知识的"应用"，因此科学进步实际上很难测度。随着时间推移，任何学科均会对世界变革起到作用，所以一个时代的知识必然与一系列符号或实体相关，而这些符号或实体并不能与另一时代的知识相通。在这种意义上讲，强技术决定论的问题在于：科学实践的精细研究表明，新的实验技术并不完全适应一切研究共同体，只有通过这种实验技术进行重塑，才能被研究共同体接纳。所以技术涉及并不决定其使用，科学共同体组织与其使用的各种技术之间并不存在决定论关系。

然而，SCOT方法的以上诘难并不意味着各种共同体、不同学科和大量实践者之间不存在技术交流、知识共享和工程协调。正如传统科学一样，纳米技术共同体包括表面科学家、显微镜学家、半导体物理学家、超分子化学家、分子生物学家、计算机科学家、电子工程师、材料科学家、紫外线和电子蚀刻家、微电子机械系统专家等。但与传统科学学科不同，纳米技术的各个亚共同体专业技术并不完全是可通约的。所以政策专家、科学家和工程师、社会学家和哲学家，很难对纳米技术给予一个清晰的学科界定，也很难为目前所有纳米技术知识提供一种共同的专业话语。目前有些纳米技术亚共同体主要来自工程科学，如材料科学、电子工程、机械工程、流体动力学、计算机科学和微电子机械工程等。自20世纪70年代以来，这些亚学科已经形成了自身的科技哲学传统。这一传统采取一种参与性的或批判性的技术决定论观点，它与历史预置的"科学"和"技术"、"纯粹科学"和"应用科学"这类修辞以及相应的工程科学学科自主性认同不同，认为工程有着自身的实践逻辑（包括工具、理论、试探方法和知识系统），工程本身不能被简单还原为物理学，从而试图为纳米技术提供一种表述性修辞，即：纳米技术是一种多学科的工程试验组织。这种试验组织，对各门亚科学学科，特别是与传统化学部门相关的亚学科，具有强烈的重构作用。甚至在道尔顿提出原子论之前，化学家们就深知化学涉及微小客体，现代化学更成为今天规范的纳米技术制品（纳米管、巴基球、DNA计算机等）的诞生领域。以往由于还原论者对逻辑经验主义的曲解，由于物理学优越的社会声望，化学常常被哲学家和社会学家忽视，化学不同于物理学的认知和实践也很少得到讨论。其实，如同工程科学一样，化学家们拥有与工具或设备的特定关系，他们以独特的方式处理纯粹和污染这类问题，并有着不同于其他科学家的身体参与实验和表征经验。最为重要的是，化学是要制造出已经获知其自然结构和性质的"认知物"（epistemic thing）或"认知材料"（epistemic material）的顶级科学，其学科范畴是结合相应设备、概念和工艺来制造分子，制造纳米尺度的人工制品。

　　无论是工程师还是化学家，他们均试图引领一种纳米技术的造物方向。对化学家来说，纳米技术的新颖之处在于这样一种思想：在技术上把"认知材料"作为人工制品制造出来，即在技术上进行分子装配或超分子装配。围绕这种思想，德莱克斯勒作为纳米技术的普及者，将化学和工程结合起来，借助机器隐喻，构造出一种新的技术决定论。莫迪（Cyrus C. M. Mody）将这种技术决定论称为"非现世主义"（non-presentism）。在他看来，除宇宙学和地球化学之外，诸如物理学和化学等多数传统学科，或多

或少都是"现世的",主要限于"现在可用的物质和工具（'被
造世界'）"，"过去和未来本质上与现在一样"，知识体系（包括
当前科学成就）应用"没有时代之分"，"现世是相关实验的唯一
竞技场"，但是，"纳米技术似乎具有明确的非现世主义特征"，
它扎根于计算机模拟，因此所谓纳米尺度的"被造世界"很大程
度上具有一种"虚拟的，尚待实现的品格"，即纳米技术人员是
在"未来世界"工作[1]。在描述纳米技术的未来设想时，德莱克
斯勒明确指出[2]：

> 　　科学家受其同事和学术训练鼓励，往往聚焦于能以可用
> 设备加以检验的思想或观念。这种看重结果的短期聚焦，通
> 常能够很好地推动科学发展：它使科学家们不必围绕不可检
> 验的幻想，面对云山雾罩的世界徘徊不前……工程师们同样
> 也是倾向于解决短期问题……科学家们拒绝预测未来的科学
> 知识，较少讨论未来的工程发展。工程师们虽然对未来发展
> 有所规划，但很少论及与当前能力无关的任何问题。但是，
> 这留下一个关键的漏洞是：以"当前科学"作为基础但有待
> "未来能力"解决的工程发展是怎样的呢？……可以设想这
> 样一条发展线索，就是利用现有工具建造新的工具，再运用
> 新造的工具制造新奇的硬件（也许还包括另一代工具）……
> 最近的历史表明了这一模式。在火箭到达轨道之前，很少有
> 工程师考虑建设空间站……类似的，当计算机尚未制造成功
> 时，很少有数学家和工程师研究计算的可能性。

尽管目前纳米科学实验产生的知识被引入诸如物理学、化学

---

[1]　Cyrus C. M. Mody, "Smalll, but Determined: Technological Determinism in Nanoscience", *HYLE*, Vol. 10, No. 2, 2004, p. 105.

[2]　K. E. Drexler, *Engines of Creation: the Coming Era of Nanotechnology*, New York: Anchor Books, 1990 (1986), pp. 46 – 47.

等主流学科，但纳米科学实验本身的认知价值仅仅在于，它只是为未来更为复杂的纳米机器积累"概念证据"。也就是说，可以按照纳米机器设想来框定纳米科学实验数据或结果，由此推动纳米工程从"当前科学"到"未来能力"的发展进程。德莱克斯勒相信，纳米装配器用不了多久就会设计出来，并将使各个领域发生变革①：

> 装配器还需若干时日才能出现，但其兴起似乎已成定局。通向装配器的道路包含多个步骤，每一步骤都会到达下一步骤，每一步骤都会带来直接利益。第一步已以"遗传工程"和"生物技术"之名迈出……不管我们愿意还是不愿意，只要不进行世界范围的控制或摧毁，技术竞赛就会持续下去……为了展望来来，我们必须要理解装配器、拆分器和纳米计算机产生的各种结果。正如工业革命、抗生素和核武器取得的巨大突破那样，这些纳米机器有望带来一场广泛变革。为理解这种广泛变革的未来发展，追问以往那些大变局发生和发展的变革原理就显得非常重要了。

为了论证这一发展进程的技术决定论路径，德莱克斯勒借用生物学的进化论概念，倡导一种技术变迁的进化模型，把人类技术表述为自然进化过程。分子制造作为一幅宏大画卷，从混沌的宇宙秩序开始进化到组织发育，再经过复制，发展到纳米技术阶段。这种进路决定了人类技术向自然界开放，并终将进入自然化阶段。所谓纳米设计进化或展开遵循自主技术发展的决定论逻辑，按照与宏观技术系统结构（如复杂机器由简单机器构成等）

---

① K. E. Drexler, *Engines of Creation: the Coming Era of Nanotechnology*, New York: Anchor Books, 1990（1980）, p. 20.

一致的内在设计原理，表现为阶梯式进步方式。这种纳米设计进化概念建立在与宏观设计进化的历史比较基础上，其启蒙特征是回望与远见的非现世主义[1]：

> 现代技术建立在古老的传统之上。三万年前，削切石片是当时的高技术。我们的祖先取得的石料包含数万亿兆个原子，削切好的石片只包含数十亿兆个原子，用来制造各种斧头……这种古老的技术风格从削切石片开始，一直发展到硅芯片制造，可以成批量处理原子和分子，被称为"大宗装配技术"（bulk technology）。该新技术将以一定控制能力和精密度处理个别原子和分子，因此也被称为"分子技术"。它将以超过人的想象的方式，变革我们的世界。

当然，德莱克斯勒在构造其新的分子技术时，也以现有的工业技术作为参照。但是，他绝不是由此指向纳米技术的当前知识状况，最多只是以此为基础，表明工业机器的古老历史，进而说明目前的纳米技术努力迟早会取得突破和成功，纳米技术时代一定会到来。作为德莱克斯勒的忠实支持者，库尔奇维尔（Ray Kurzweil）也是这样来设想所谓"精神机器"和"宇宙智能语言"。在库尔奇维尔看来，纳米技术是手段，人工智能才是目的。与德莱克斯勒一样，他为了论证人类技术的自然化命题，利用生物进化论指出，正是生命的进化本身倾向于通过发明计算技术或设计"纳米幼虫"，以便突破人脑的极限。这一模糊的人工主义的自然观，构成了库尔奇维尔语言精神机器新时代的全部基础，其整个辩护来自两个假定[2]：一是人类技

---

[1] K. E. Drexler, *Engines of Creation: the Coming Era of Nanotechnology*, New York: Anchor Books, 1990 (1980), p. 4.

[2] R. Kurzweil, *The Age of Spiritual Machines How We Will Live, Work and Think in the New Age of Intelligent Machines*, New York: Phoenix, 1998.

术是生物进化的持续过程，正如点火工具是人手的延伸一样，纳米机器人不过是人脑的延伸；二是技术进化过程表现出了指数增长规律，从而显现出了纳米技术的可能突破。这种推演的必然结论是，人类将无可避免地迎来一个纳米技术的黄金时代。正如生命进化的自然过程一样，人类围绕纳米技术没有别的选择，只有接受纳米技术才能使当前社会适应充满纳米机器的未来技术世界。

第四节　纳米技术的控制论逻辑

德莱克斯勒及其追随者，结合笛卡尔机械论的经典力学模式，发展了一种纳米技术的新机械论，同时接受生物进化论理念，展示了一幅面对未来社会的非现世主义的技术决定论图景。当然，这一决定论图景并不是简单地将笛卡尔的机械论和生物学的进化论融合在一起，而是进入第二次世界大战期间产生的控制论计算机械模式，试图表明人类社会必将进入一个通过全能运算法则或计算过程控制的纳米世界。

为了理清这一图景的形而上学基础，不妨再来考察一下前面已经提到的美国国家科学基金会的《提升人类技能的会聚技术》报告。该报告那段有关 NBIC 汇聚技术的诗意般乌托邦描述，实际上确立了一种"纳米技术共和"形象：认知科学家负责思维，纳米科学家负责制造，生物学家负责执行，信息科学家负责监督和控制。在这种技术分工中，认知科学扮演着领导角色，它作为诸多科学领域的横断学科本身可以导致许多新技术发展，对 NBIC 汇聚则起着某种筹划作用。杜朴伊（Jean-Pierre Dupuy）认为，"追根溯源，认知科学筹划来自控制论，它与其说是科学筹划，毋宁说是哲学筹划。用波普尔的术语来说，认知科学的这种哲学筹划似乎就是 NBIC 汇聚的'形而上学研究纲领'"①。这一研究纲领显然采取了一元论或单子论哲学观点：认知科学虽然不再说宇宙万物来自同一物质，但却说自然、生命和心智隶属于同样的组织原则，其典型的格言是"心智自然化"。在认知科学中，宇宙万事万物的组织原则是机械论原理，遵循固定机械规则或者运算法则的信息处理设备被看作是构成万物存在的单一模式。

在上述单一模式下，早在 20 世纪 40 年代初期，图林（Turing）首先将人类心智纳入运算法则（如图林机器），并为马库洛赫（Warren McCulloch）和皮茨（Walter Pitts）有关神经网络性质的重要发现所补充。当时控制论的信条是，凡是可以以有限数量词语描述的行为，均可通过神经细胞网络加以计算。20 世纪 40 年代末期，随着分子生物学的诞生，又将人类心智用作生命符码转换，然后再还原为物理定律（图林计算器）。因此所谓"智力自然化"，实际上等同于"智力机械化"。不过，著名控制论科学家冯诺伊曼（John von Neumann）仍然提出了如下问题：是否有可能在整体上以清晰的语言描述更为复杂的行为？在这方面，他推测到描述一种行为的最简单方法就是描述其产生的结构。但是，在特定情况下，除描述网络或结构本身之外，几乎不可能界定复杂行为。为此，冯诺伊曼作为控制论创始人之一，在其自动控制理论中提出了复杂性问题，并预见到这将成为未来科学的最大问题。在他看来，复杂性意味着马库洛赫和皮茨的神经网络方法没有什么意义，因为它虽然将功能还原为结构，但却无法回答复杂结构问题。于是，冯诺伊曼重新界定了复杂性概念，提出了"复杂性阈"（threshold of complexity）概念，试图表明描述客体结构较之描述其构成要素要简单得多。这就是说，当低于复杂性阈时，组织程度就会减低；当高于复杂性阈时，组织程度就会增

---

① Jean-Pierre Dupuy, *The Philosophical Foundations of Nanoethics*, March 2–5, 2005, p. 15 (http：//www. ejure. nl/mode = disp lay/downloads/dossier_ id = 246/id = 179/NanoEthics_ SC1. pdf)．

高。所以自动机器制造必须要面对复杂的自然现象，只有认识这种复杂性才有利于自动机器制造。正如杜朴伊等人在评价冯诺伊曼时指出①：

> 无论如何，冯诺伊曼实际上在寻找所谓"自底向上"方法。与这种哲学一致，工程师将不再是这样的工程师，仅仅设计一种结构以实现一种事先分配好的功能。未来的工程师将是这样的工程师，他们将因自己的创造而感到惊讶，且知道自己会成功。如果你的目标是复制生命、装配生命，那么你就要不得不去模仿生命中最本质的性质之一，即应对复杂性能力。

从这种工程意义看，分子生物学揭示的遗传法则是：经过宏观世界的物竞天择，有机体可以成功地表达遗传法则的不断复制、互动和选择肌理，而标志生命开端的真核细胞和原核细胞作为"生命复制器"，在被纳入人类心智或遗传法则范畴后，便成了生命有机体制造的可遗传信息符码。冯诺伊曼受此启发提出了"通用汇编程序"（universal assembler）概念，认为它能够按照程序指令收集各种要素，然后把它们组合起来并进行控制。

在过去 60 多年中，随着控制论、信息科技和分子生物学的不断发展，"现代科学的物质主义一元论突然变成了心智一元论，如果说心智只能与自然相伴生的话，那是因为自然已被解释为如同心智的产物"②。这实际上把自然本身看成了"心智的创造"或"人工的自然"，因此接下来的技术问题，就是以人类心智接

---

① Jean-Pierre Dupuy and Alexei Grinbaum, "Living with Uncertainty: Toward the On-going Normative Assessment of Nanotechnology", *Techné*, Vol. 8, No. 2, 2004, p. 6.

② Jean-Pierre Dupuy, *The Philosophical Foundations of Nanoethics*, March 2 – 5, 2005, p. 17（http：//www.ejure.nl/mode = disp lay/downloads/dossier_ id = 246/id = 179/NanoEthics_ SC1. pdf）.

管自然，以便更为巧妙、有效地实现其创造任务，而通过人类心智设计出相关纳米系统则是进入这一创造程序的关键技术途径。布罗德瑞克（Damien Broderick）曾提出这样一个问题："人类心智设计的纳米系统是否能够超越达尔文式的生命进化徘徊，从而直接跃迁到设计的成功呢？"[①] 这种提问方式，似乎采取一种史诗式叙事方法，超越目前的公共教育，通过纳米技术纲领，以"智能设计"（intelligent design）回到创世论的设计范式。这种创世论想象与传统创世论的唯一不同是，人取代造物主角色，或说人成为造物主。

有趣的是，德莱克斯勒作为一位未来学家，不属于任何纳米技术共同体。20 世纪 70 年代，他在麻省理工学院空间系统实验室接受大学教育时，热心追随空间科学家奈尔（Gerard K. O'Neill）的空间旅行设想和未来学家闵斯基（Marvin Minsky）的未来人工智能研究。与此同时，他还追踪当时分子生物学和遗传工程的激烈变革历程，开始提出他的思想，就是通过人工操作生物分子，实现他的导师的空间探索和人工智能之梦。在这种学术背景下，德莱克斯勒的分子制造设想，便不能不受到控制论思想的深刻影响。事实上，德莱克斯勒于 1981 年使用"纳米技术"这一概念，正是基于生物机器（如细胞、核糖体、病毒等），在设想微型纳米机器时，直接借用冯诺伊曼的"通用汇编程序"概念，说明其依靠"复制器"推动的"装配器"，是用来按照某种通用程序指令移动原子并置于正确位置。可以说，纳米技术正是沿着控制论的形而上学逻辑，逐步形成了一场试图进入微型世界造物的科技运动。其中，德莱克斯勒扮演了最为重要的公共普及角色。

上述控制论背景，也使德莱克斯勒去关注未来的技术设想。1986 年，他与他的妻子及志同道合的朋友，一起来到美国旧金山

---

① Damien Broderick, *The Spike*, New York: Forge, 2001, p. 118.

附近的城市帕洛阿尔托（Palo Alto），创建了"远见研究院"（Foresight Institute），致力于对纳米技术引起的激烈变革进行预测和规划。这时，他还与这一地区的其他未来学家建立了私人之间的智力联系。其中，《全球概览》（1974年创刊）杂志创刊者布兰德（Steward Braund）推动了德莱克斯勒的计划合法化发展，为他开始填补纳米技术这一空白提供了一种未来学模式。当然，这一未来主义传统，一直可以追溯到英国科幻作家威尔斯（H. G. Wells）；法国科幻作家维尼（Jules Verne）；火箭专家和空间科学家布劳恩（Werner von Braun）和英国科幻作家、发明家和未来学家克拉克（Arthur C. Clarke）。这些前辈给纳米技术打上了深深的印迹。无论是德莱克斯勒的支持者还是他的批评者，任何一个纳米科学家都必须要认真对待他的这一未来主义传统。因为正是这一传统，使他在控制论的逻辑意义上，发挥着一种非现世主义的技术决定论思想。

德莱克斯勒设想纳米机器的形而上学前提，显然是把自然界（尤其是生命有机体）想象为一种"人工制品"。也就是说，如果能够在人工制品意义上界定自然和生命（心智自然化），那么纳米技术就可以接管自然和生命的运行机制（自然机械化），进而在纳米尺度上控制世界（心智机械化）。这是一种"微型世界控制神话"，是"理性控制"传统的当代技术表现形式。进步主义曾推动了对实验控制的开放性理解，使知识生产或因果关系的世界概念表征本身蕴涵了技术控制逻辑。有关技术的控制逻辑，韦伯曾以路面电车为例指出[1]：

> 坐在路面电车上的人们如果不是物理学家，就不会知道它会自己运动。当然不同人也无需知道那么多。我们满足于"倚

---

① M. Weber, *Wissenschaft als Beruf, Gesammlte Aufsaetze zur Wissenschaftslehre*, Tubingen：J. C. B. Mohr, 1988（1922），p. 593.

望"路面电车的行为，根据自己的愿望来确定自己的行动方向，但我们对如何生产路面电车使其跑起来一无所知。野蛮人十分了解自己的工具……知道为了吃饭应该做什么和以何种制度服务于这一追求。但目前不断增强的智力化及合理化并不表明人们生活条件的普遍知识的逐步增多，而是意味着别的事情，那就是这样一种知识或信仰：仅当需要时，就能随时获得。所以这要表明的是，并不存在什么不可计算的秘密力量。从原理上讲，人能够通过计算控制万事万物。这要表明的是，世界是祛魅的。为了控制和祈求诸种精气神，人不再像相信魔力的野蛮人那样需要什么魔力。各种技术手段和计算方法，完全可以扮演这种角色，它们就是智力化的全部意味。

在韦伯看来，智力化及合理化的日益普遍，使技术控制不再需要因果关系表征，人类只要需要就可以通过计算对事物进行控制。尽管人们据此参照费曼的预言，认为纳米技术是基于量子力学展示理性化的控制力量，但德莱克斯勒和库尔齐维尔发展的"人工主义的自然观"显然表明，人类干预世界的技术控制似乎可以从根本上脱离因果关系表征。因为从理论观点来看，原子和分子均是科学现象，借助量子力学理论诚然可以塑造某种微观世界图像，但这种微观世界图像只能停留在"科学想象"范围，却无法传递绝对纳米尺度的实在情形，因此纳米技术干预世界，也许只能在未知或不可知的背景下进行操作。

在以上技术控制意义上，诺德曼（Alfred Nordmann）认为纳米技术与以往技术的不同在于，它使人类控制自然的前提，"不再是如同古老农业那样的'自然呈现技术特征'（Technisierung der Natur），而是'技术呈现自然特征'（Naturalisierung der Technik）"[①]。

---

　　① Alfred Nordmann, "Noumenal Technology: Reflections on the Incredible Tininess of Nano", *Techné*, Vol. 8, No. 3, 2005, p. 6.

"自然呈现技术特征" （或称"自然技术化"），是罗波尔（G. Ropohl）提出的一个技术哲学概念①。在这里，自然是按照机器或类机器概念加以理解的，以便将自然纳入文化以及知识和控制领域。与此不同，诺德曼使用"自然呈现技术特征"（或称"技术自然化"和"自然化技术"）这一概念，则是把自然看作一位工程师，以便把技术看作是自然的产物。以这一概念表征纳米技术是说，人类技术似乎能够达到高度的自然化，工程师可以超越自然本身，以一种科学无法接近的方式展现技术强大的控制力量。回到认知科学的控制论意义上来，"心智自然化"就是"技术自然化"，其学科体现的是"人工智能"，即通过"机械化"实现"自然化"。这种情形源自如下世界观：把自然界看作一架巨型计算机。按照这一世界观，人不过是另一种机器。在这种人工主义的自然观下，人的意志和选择能力便陷入机械化深渊。试图将心智还原为机械化自然，这实际上就是把心智排斥在自然界之外。法国社会学家杜曼特（Louis Dumont）指出了这一悖论②：

> ［现代个体主义源于］现代人工主义的普遍模式，它将外在的强迫性价值，系统地运用于世界的万事万物。这种价值不是来自人对世界的拥有，不是来自世界的和谐和人与世界的和谐。它只是源于与世界相关的异质性要求，上帝的意志变成了人的意志（笛卡尔：人使自己变成主人和自然的拥有者）。因此人的意志应用于世界，这种意志的终结追求、动机和巨大冲动，完全变成了异己的东西。换言之，它们成了外在于世界的东西，这种外在世界的东西现在聚焦到个体意志中。

---

① G. Ropohl, *Technologische Aufklärung*：*Beiträge zur Technikphilosophie*, Frankfurt：Suhrkamp, 1991, p. 70.

② Louis Dumont, *Essais Sur l'individualisme*, Paris：Seuil, 1983, p. 37.

上述引证表明，人类的行为规模与其结果的延伸规模之间，正在展现出一种巨大差异：人类一方面对未来前景有着无法完整想象的完美预测，但另一方面又出现了大量可以想象的技术失范或威胁。如果按照传统观点，认为人类属于自然的一部分，那么纳米技术显现的"技术呈现自然特征"，便意味着人能制造"自然化主人"。因为"心智机械化"借助"自然机械化"要实现的"心智自然化"，实际上是"把心智提升为'半人半神'（demigod）"①。维柯（Jean-Baptiste Vico）曾就"新科学"做过一个推论，那就是"真实与人工的互换"（verum ef factum convertuntur）。在现代科学刚刚诞生时，这一原则意味着人类只能拥有自身生产或活动的理性知识，却无从知道自然本身的造物主知识。这一原理很快就成为与不断强化的现代主体主义一致的积极指向，就是从理性上（在归纳和演绎意义上）理解人工造物。从这种意义看，在各个知识分支中，按照精确程度从大到小排列，数学排在最前面，依次为道德和政治科学，然后才是自然科学。正如阿伦特（Hannah Arendt）认为，这实际上是维柯和霍布斯（Hobbes）提出的人工主义政治观："从自然科学到历史的转变"，使历史科学成为"人们获得特定知识的唯一领域"，因为它是"人类活动的产物"。② 在阿伦特看来，当代自然科学的首要原则是：科学只能知道人工知识，不知道自然制造知识。由于人的理解会受到限制，所以科学家"从一开始就只能以造物主的立场逼近于它［自然］"，理解物理过程的存在方式而非物的存在本身，"实验用于知识目的不过是人工造就理解的信仰结果，按照这种信仰，并不能真正认识那些不能通过计算和模仿

---

① Dupuy, Jean-Pierre, The Philosophical Foundations of Nanoethics, http：//www. ejure. nl/mode = disp lay/downloads/dossier_ id = 246/id = 179/NanoEthics_ SC1. pdf. March 2 – 5, 2005, pp. 20 – 21.

② H. Arendt, *The Human Condition*, Chicago：The University of Chicago Press, 1958, p. 298.

其形成过程加以制造的事物"。①

　　但是，纳米技术作为"真实和人工的互换"的知识顶峰，不再仅仅是实验和模型制造，而是应该知道如何使自然人工化并再造自然。也就是说，自然本身不再是人类认识的自然，而是人类制造的自然。因此那种人类包含于自然的传统自然观念似乎已经过时，认识与制造以及科学与工程之间的巨大分野似乎已经失去意义。尤其是纳米机器作为人类的创造物成了"有生命的假人"（golem），它彻底打破了人类在物理领域和生物领域的主体目标之间的清晰边界，因为要达到一个一个原子地制造出纳米制品的技术水平，就必然意味着纳米技术拥有了"生命自组织"特征。但自我复制是一种典型的生命现象，如果要把这种现象用于纳米制品制造过程，就必须要考虑自我复制的安全问题。当前伦理学家在解读纳米技术时，始终无法摆脱的一个困扰是可能失控的复制器问题或者"灰色黏稠物"问题。德莱克斯勒自己也曾指出，分子制造只能在微小范围进行，为了取得宏观效果就需要启动大量制造单元，而这就要求纳米装配器具备自我复制特征。每个纳米装配器除了能够自我复制和完成制造任务之外，还应当能解决自身的定向运动问题，以便从环境中取得自主运动的资源或能源。德莱克斯勒的担忧在于，如果这类机器依靠自我复制呈现指数增长，那么最终会消耗全部地球资源，其结果是整个环境变成一种充满"纳米幼虫"及其废弃物的"灰色黏稠物"，因此"有生命的假人"反过来成了控制人自身的"自然化主人"。从冯诺伊曼到德莱克斯勒的机械控制，目前已表现出某种对医疗、材料制造的启发式活力。但这种趋势毕竟忽视了生命有机体和技术系统之间不同的内在动力，它强调的生命机械化在伦理意义上必然意味着生命的工具化和自然控制。这不仅存在着对人和其他一切

---

　　① H. Arendt, *The Human Condition*, Chicago：The University of Chicago Press, 1958, p. 295.

生命的贬抑或轻蔑倾向，也包含了非现世主义的技术决定论的灰色未来图像。这里已经把我们带到了伦理学领域，不过在进入伦理学领域前，首先要考察围绕德莱克斯勒的纳米机器的可行性存在的技术争论。

第五节 现世主义的非决定论路径

德莱克斯勒及其追随者，在非现世主义的技术决定论下，使"纳米技术"这一概念在公众领域流行起来，并在当前纳米技术运动中享有广泛影响。但这绝不是这一领域的唯一声音，有许多科学家对德莱克斯勒的非现世主义的技术决定论提出了挑战。至迟自美国国家纳米技术计划制定以来，德莱克斯勒的纳米技术哲学不断面临着其他利益相关者的各种挑战。这些利益相关者试图将纳米技术与其未来主义或非现世主义景观分离开来，推动纳米技术成为连贯的、较多资助的、政策支持的学科领域，最终落实到当下操作的技术水平上来。为了使各自的纳米研究成为学科主流，大批纳米科学家开始把纳米技术与德莱克斯勒的机械论模式分离开来，试图从制度上将德莱克斯勒的机械论模式排除在外。德莱克斯勒与其批评者之间的争论焦点，显然在于非现世主义的技术决定论推断。有些批评者认为，克莱克斯勒将人工纳米机器比作"生物机器"根本是不可信的，其分子装配器已有 30 亿多年历史的论证更是不能令人满意。进一步说，纳米技术并不会遵循复杂纳米机器制造路径向前发展，由此想象的纳米技术变革也不能令人信服。

在以上各种争论中，尤以诺贝尔奖获得者、化学家史莫莱的"肥指粘指"问题最为有名。正如前面已经指出，对于化学家来说，分子制造一直是化学这一学科长期追求的目标。例如，化学家们从生命组织获得灵感，创立了超分子化学这一新兴分支学科，主要致力于通过模仿生物过程取得对分子制造的认识和理解。当然，材料化学家们主要并不关注遗传程序和遗传工程，而是生命有机体构成的原材料，其目的是认识生物材料的独特结构和动力，进而展示适合操作的新型材料制造。应该说，材料科学家和工程师与德莱克斯勒一样，也形成了自身的"人工主义的自然观"。但与德莱克斯勒等人的不同在于，他们假定自然是不可超越的工程师，认为自然是以自身规律进行游戏的机敏设计者。在这里，自然界以原子精度设计制造原材料这一陈述表明，生物材料并非同质结构而是一种多重功能的化合结构，因此生物学向化学家提供的启示是异质成分的化合艺术。正是以此为出发点，史莫莱作为化学家从可探测和可控制效果主张，在原子尺度上操作材料总要涉及诸多实在的化学细节（如化学键的强或弱等），所以德莱克斯勒的分子装配器显然不能以其"分子手指"准确地摄取和放置原子（"肥指"问题），却可能使其黏附目的原子无法安置到相应位置（"黏指"问题），从而不可能在机械论意义上取得对纳米现象的精确控制。这种"手指"隐喻，看上去似乎并不属于纳米尺度，但它实际上是德莱克斯勒的机械论归谬，从而表明德莱克斯勒的纳米机器根本无法实现。

如前所述，对德莱克斯勒来说，纳米装配器必须要以原子精度对分子进行机械安置，这样就能知道复杂结构的化学合成。但对史莫莱来说，这要求"纳米幼虫"具备"操作手臂"。由于"纳米幼虫"手臂的"指头"自身必须由原子构成，所以在纳米尺度上并没有足够的空间，足以对精确的原子安置进行控制。为了进行完整的化学控制，就需要多个"手臂"或"手指"。"由于操作手臂的指头本身必须由原子构成，它们具有不可缩小的尺度。在纳米尺度的反应区域，没有足够空间容纳完整的化学控制必需的全部操作手指。"① 与这种"肥指"问题相关，"黏指"问

---

①　R. Smalley, "Of Chemistry, Love and Nanobots", *Scientific American*, Vol. 285, September 2001, p. 77.

题，是指构成操作"手臂"的原子会以意想不到的方式与要操作的原子发生相互作用，从而很难实现德莱克斯勒的原子安置精确控制。"在假想的自我复制的纳米幼虫上的操作手指……具有一定的黏性，构成操作手臂的原子将黏附到需要移动的原子，所以常常无法精确地将微小的基本构件放置到正确位置上。"[1] 鉴于这两个问题，史莫莱认为德莱克斯勒的分子装配器存在着根本缺陷。

围绕"肥指黏指"问题，德莱克斯勒指出其装配器只是操作反应分子而已，并不需要对个别原子加以操作。对于这一回应，史莫莱将其原先的"肥指黏指"批评扩大到反应分子："我过去表明微细手指安置原子是不可行的，这种论证同样也可用于较大的更为复杂的基本部件安置。由于在反应期间引入的每个'反应分子'作为基本部件，均需要对多个原子进行控制，所以甚至需要更多的手指保证这些原子不会误入歧途。计算机控制的手指过于肥胖和黏结，以致无法达到必要的控制要求。"[2] 在他看来，对"反应分子"的精确控制，要求更多的"手指"控制更多原子操作，其困难程度更高。但是，德莱克斯勒拒绝这种"手指"讨论，因为在纳米尺度上根本就不存在简单的"手指"问题："正如酶与核糖体一样，装配器并不拥有或并不需要'史莫莱手指'，反应分子的摆置任务并不简单地要求这种手指。"[3] 其实，史莫莱和德莱克斯勒在这里均不赞同存在这种"手指"，只是他们处于不同意愿：史莫莱拒绝这种"手指"是因为它属于德莱克斯勒的机械论方法的还原结果，德莱克斯勒否定这种"手指"是因为这是应对史莫莱批评的重要手段。可以看出，史莫莱的批评不仅是

---

① R. Smalley, "Of Chemistry, Love and Nanobots", *Scientific American*, Vol. 285, September 2001, p. 77.

② R. Smalley, "Smalley Responds", *Chemical & Engineering News*, Vol. 81, 2003, p. 39.

③ E. Drexler, "Open Letter to Richard Smalley", *Chemical & Engineering News*, Vol. 81, 2003, p. 38.

针对德莱克斯勒的机械论观点，而且也是针对其分子装配器操作下的化学过程。这样就使纳米技术争论从机械领域转向化学领域，转向分子机器作用下的控制化学反应的可行性问题。一旦在纳米尺度上不赞同存在所谓"手指"，史莫莱就需要提出新的挑战。如果分子装配器在安置反应分子过程中，可以使用相应的酶与核糖体的话，那么问题就成为，它应如何从细胞中提取出酶蛋白分子？如何确保它以适当方式与装配区域连接起来？当这种酶蛋白分子被破坏而需要取代时，纳米装配器又如何做到辨别和纠正这种错误？不解决这些问题，就无法在化学原理上制造出德莱克斯勒设想的分子装配器，从而产生了所谓"史莫莱困境"[①]：

> 这样就纳米幼虫的自我装配器来说，我看到的中心问题主要是化学问题。如果纳米幼虫局限于以水为基础的生命形式，这是其分子装配工具工作的唯一方式，那么其能做的事情就存在一长系列的弱点和限制。如果它不是以水为基础的生命形式，那么这就意味着存在一个数个世纪以来尚未纳入人类视野的广阔的化学领域。

在这里，纳米技术的化学问题包含两个方面：其一，如果德莱克斯勒的分子装配器使用类似酶蛋白与核糖体之类的东西，那么它就是一种"水基实体"，其限制在于它并不能制造出在水溶液下化学不稳定的东西（如钢、铜、铝和钛等）；其二，如果它不是一种"水基实体"，那么这在化学上，直到目前还没有十足的把握。有趣的是，对这一困境，德莱克斯勒并未给予直接回应，而是从化学领域转向机械领域。在他看来，费曼在 1959 年设想其纳米技术时，虽然受到生物学启示，但基本上是机械论的。沿着

---

① R. Smalley, "Smalley Responds", *Chemical & Engineering News*, Vol. 81, 2003, p. 40.

费曼的线索，德莱克斯勒拒绝讨论分子制造的化学过程细节问题[①]：

> 纳米工厂并不包含酶、活细胞、游动的蜂窝、复制的纳米幼虫，而是使用进行精确数字控制的计算机、进行部件传输的输送机、各种尺寸的安置设备，以便把较小部件装配成较大部件，最终制造出宏观产品。其中，最小设备可用于安置分子部件，通过"机械纳米合成"（mechanosynthesis）——"机器相"化学，装配分子结构系统。

德莱克斯勒强调的是分子制造的机械特征，借此来缓和"史莫莱困境"。但是，这种机械论与史莫莱对分子装配器的化学理解相距甚远。对于史莫莱来说，回到机械论观点并不能达到对反应分子的精确控制水平。他为此主张一种分子装配器的化学观点，即从催化剂、反应物和酶等来理解分子装配器。使用"催化剂"可以控制原子，以复杂的、铰链式的三维方式安排大原子团，以便"激活基片和引入反应物"，"使两者相互摩擦，直到反应物恰巧以预期的方式发生反应"，当然这里不可或缺的是"类酶物"[②]。

德莱克斯勒—史莫莱之争表现出的两种不同观点，尽管存在着较大的不可通约性，但它却表明，围绕纳米技术发展可以有不同的技术范式选择。如果说德莱克斯勒代表的是一种非现世主义的技术决定论的机械方法的话，那么史莫莱则代表了现世主义的非技术决定论的化学方法或生物模拟方法。这里的关键问题是，这种争论使纳米技术从单纯的"自底向上"方法走向了"自顶向

---

① E. Drexler, "Drexler Counter", *Chemical & Engineering News*, Vol. 81, 2003, p. 41.

② R. Smalley, "Smalley Concludes", *Chemical & Engineering News*, Vol. 81, 2003, p. 41.

下"方法或两种方法的相互结合，从而使纳米技术从非现世主义走向了现世主义，也使纳米技术从决定论的单向度走向非决定论的多向度。这令人想到古希腊人的"技艺"（techne）概念。正如本索德·文森特（Bensaude-Vincent）认为，纳米技术的任何设想并未超越古代希腊人对自然的技术操作这一向度[①]：

> 从批判层面看，回到古代希腊的"技艺"概念上是有益的。众所周知，亚里士多德虽然将技艺界定为对自然的模仿，但他毫不犹豫诉诸于艺术的比较，将自然看作一个匠人的与机械操作相关的独特创造展示。目前有关自然的人工化，其实并未有什么新奇。古代已经有了两种不同的，有时甚至是相互矛盾的技术观念：一方面，诸种艺术或技巧被认为是对抗自然的劳作，是自然而然的。在这里"违反自然"这一术语的意义就在于，它为不断地谴责机械学和炼金术奠定了基础。另一方面，其他技艺领域（特别是农业、烹饪和医学等）则被认为是借助自然的"动力"或力量，对自然的辅助甚至改善。就前一方面来说，工匠们，就如同柏拉图的宇宙创造者德谟革（Demiurgos）一样，通过将自己的统治和理性施加于被动的物料，建造一个世界。这里技术是一件控制的事情。就后一方面来看，工匠们更像是领航员。他们操作或指引自然提供的力量和过程，从而展现内在于物料自身的力量。毫无疑问，纳米技术的机械操作模式正属于造物主传统，是一种控制和操纵自然的技术。

上述引证表明，目前有关自然的人工主义观点，不过是古希腊人早就拥有的两种不同有时还相互冲突的技术观念。纳米技术的机

---

① Bernadette Bensaude-Vincent, "Two Cultures of Nanotechnology", *HYLE*, Vol. 10, No. 2, 2004, p. 76.

械论范式无疑属于柏拉图的"造物主"传统，分子机器无论是掌握在人类手中还是"半机械人"（cyborg）手中，都不过是从"普罗米修斯"到"浮士德"、"弗兰肯斯坦"①的神话之延伸而已。纳米技术的生物模拟方法作为另类选择，虽然也如机械方法那样要打破生命与物质界限，但它毕竟不再诉诸标准主客体关系的还原论，因此似乎更接近于传统农业和医学，倡导要像驯化动植物一样驯养分离的原子或分子。

怀特塞德（George Whiteside）曾使用"艺术"一词，表明生物模拟方法的分子驯养方法。他认为纳米制造作为"艺术"，在亚里士多德的"技艺"概念意义上，首先是一种具有特定目的的设计，其次才是在技能意义上从生物世界中获得发明灵感②。早在德莱克斯勒甚至费曼之前，航空、建筑和纺织等技术领域的许多科学家和工程师，就从生命世界获得启示，试图在技术意义上模拟生命有机体。在这种背景下，生物模拟方法远不是一种偶然由生物激发的灵感发明，而已经成为一种技术研究纲领。在冯诺伊曼的同时代，动物学家汤普森（Darcy Thompson）把数学用于生命构型研究和把物理学用于生命发育研究，提出有机体的不同要素可以形成最优构型这一观点，成为生物学家和工程师合作研究生命有机体的主要理论来源。神经生理学家马库洛赫更是引入"生物拟态"（biomimesis）一词，并将其分为控制论和仿生学两个学科加以研究。在他看来，控制论涉及功能控制（如调节机制和反馈机制），不是机械控制机理，因此他并没有走向从冯诺伊曼到德莱克斯勒的纳米技术机械方法。至于仿生学则试图有效地理解自然界用以解决自身问题的诀窍，以使人能够将这种诀窍转

---

① 普罗米修斯（Prometheus），是指古希腊的造火神；浮士德（Faust），是指欧洲中世纪传说中为获得知识和权力向魔鬼出卖自己灵魂的人；弗兰肯斯坦（Flanken-stein），是指作法自毙之人或毁灭创造者自身的怪物。

② G. Whitesides, "Nanotechnology：Art of the Possible Technology", *MIT Magazine of Innovation*, Nov. -Dec. 1998, pp. 8 – 13.

化为技术制造，从而为史莫莱的纳米技术生物模拟方法奠定了基础。马库洛赫倡导创建一种科学研究组织，意在理解生命有机体，进而探索工程和生物学相结合的合理知识：逻辑学致力于研究生物运动的逻辑机理，数学用来理解生命有机体的复杂组织，热力学研究开放系统如何从其内部产生有序等。仿生学显然是强调生命有机体的整体论结构，如生物学家弗伊斯特（Heinz bon Foerster）曾提出"生物—逻辑"（bio-logic）概念，认为生命的基本原则不是自我复制而是"并合"（coalition）。所谓并合就是使各种要素聚集起来产生集体行动，以取得单个要素从来不能取得的宏观效果，其特征是整体大于部分之和的"超加非线性化合"（superadditive nonlinear composition）。马库洛赫也进一步辨别出生物拟态的第三种趋势，这就是人工设计出可以进化和学习的有机体。这种设想流行于近几十年的材料科学和材料工程中，材料科学家们也是由此把自然看作多重功能和自我修复的最优结构的伟大设计者。应该说，这种生物模拟方法论，就是以史莫莱、怀特塞德等为代表的化学家批评德莱克斯勒的哲学基础。

从机械方法和生物模拟方法比较来看，如果科学家和工程师选择史莫莱等人的生物模拟方法，如同农民驯化动植物和航海员依靠风向导航那样发展纳米技术，就会使未来产生较之机械方法更少的悲剧。这里只是强调一种范式转换，即从单纯的决定论范式转换到非决定论范式上。但是，这绝不意味着生物模拟方法不产生任何危险。正如本索德·文森特指出①：

　　航海员知道整个航行都充满了风险，他们的工作包含了诸多不确定性，因此需要同大自然协商采取各种预防措施。

----

① Bernadette Bensaude-Vincent, "Two Cultures of Nanotechnology", *HYLE*, Vol. 10, No. 2，2004，p. 79.

显然，生物模拟方法只是反衬出机械方法的非现世主义的技术决定论的灰色未来图像，进而向人们提示出，纳米技术必须要选择一种现世主义的非决定论路径。墨狄（C. C. M. Mody）使用"纳米在场"（nano presence）这一概念，主要强调纳米工具的设计或建造（如隧道扫描显微镜、纳米操作器等），在哲学意义上要求从现世经验世界出发赋予纳米制品以亲近性、确切性甚至人性，使其成为可以与人进行日常交流的对象客体①。海德格尔在讨论现代技术的本质时，曾把技术人工制品分为两种情形进行了现象学描述：一是人只能将其作为客体来经验的东西，或人即使没有实际使用它仍能从思想上加以把握的缺场之物；二是人只有使用才能经验到的东西，或离开了人的积极参与就不能给予把握的在场之物。如果说缺场之物很容易形成技术的"座架"本质的话，那么在场之物显然有着可选择的非决定论弹性。因此要求纳米在场，实际上有利于避免机械方法包含的决定论单向度机械社会出现，从而为人类在纳米技术发展中提供表达责任感的道德机会。

第六节　纳米技术伦理的独立意义

纳米技术无论采取什么样的发展路径，均是基于人工主义的自然观，即以技术来呈现自然特征。在这种观点之下，按照德莱克斯勒及其追随者的机械方法，人们从其非现世主义的技术决定论设想中担心的是，如果机械论控制话语形式在科学研究、材料制造、医疗设备研制等领域得以普遍流行，就有可能在未来形成韦伯式的合理化"铁笼"或海德格尔式的技术"座

① C. C. M. Mody, "How Probe Microscopists Became Nanotechnologists", in D. Baird, A. Nordmann & J. Schumeer (eds.), *Discovering the Nanoscale*, Amsterdam: IOS Press, 2004, p. 120.

架"本质。这是一种对未来社会的"控制恐惧",其经验基础源自以往围绕技术形成的知识—资本—权力逻辑的巨大影响。与此同时,按照史莫莱等人的化学方法或生物模拟方法,人们又可以从其现世主义的非决定论发展路径看到纳米技术的范式转换,从天上落到地上来考虑具体的技术选择。就纳米技术选择来说,还需要进一步追问如下问题:纳米技术是否从一开始就不是从理性出发规划人类的决定论命运,而是在理性体系与人类行为、自然的人与人的自然之间做出某种不同选择?围绕这一问题,如果超越纯粹技术范畴,显然可以将伦理关怀作为纳米技术发展的一种选择。

一般来说,"纳米技术革命"或"纳米革命",是为纳米技术发展预设了其经济、社会、文化和政治的积极意义或正价值。但纳米技术的意义还应当包含其消极意义、负效应或负价值,这意味着纳米技术与伦理存在着广泛联系。事实上,随着纳米技术越来越受到各国政府、科学和工程共同体以及企业精英层的广泛关注,已有不少学者和研究机构把纳米技术列入伦理学范畴。对纳米技术的伦理关联问题,人们至少以两种明显不同的术语模式展开讨论:一是"纳米技术的……意义"模式,以此来考察纳米技术发展的广泛意义,包括经济、环境、卫生、社会、文化、政治、伦理等各个方面,它主要适合于技术决策实践;二是"纳米……伦理学",如"纳米伦理学"、"纳米科学伦理学"、"纳米技术伦理学"、"纳米工程伦理学"、"纳米科技伦理学",以此对纳米技术的广泛意义进行形而上学追问、逻辑分析、技术批判和社会学分析等,它主要限于学术探讨。为了消除这种政策实践—学术理论分立,我们使用"纳米技术伦理"概念来涵盖如下内容:一是对纳米技术的具体行动和活动做出正确还是错误、允许还是禁止的价值判断及其原因分析,每一判断取决于该行动或活动的结果增强还是减弱或使相关群体福利陷入困境;二是对纳米技术的伦理判断以正义为标准,强调纳米技术的各种潜在结果是否为相关个人或社会群体的应得后果，即在纳米技术的决策过程、研发、应用等方面的伦理责任、价值承担是否获得公正分配。当然纳米技术伦理的最终目标，是以纳米技术发展的负价值最小化实现约束其正价值最大化实现，确保公众不受纳米技术危害。有关这些内容后面章节还将给予详细讨论，这里主要就"纳米技术伦理"回答如下三个问题：纳米技术伦理是否必要？如果纳米技术伦理有其存在的必要，那么是否需要确立一个独立的伦理学领域？即使它可以作为独立的伦理学分支而存在，那么是进行规范分析，还是采用实用主义方法进行预测呢？

第一个问题，显然来自人们一贯采取的技术中立态度，也同目前人们对纳米技术潜在发展的乐观预测有关。长期以来，人们已经习惯于把技术开发当作一种与伦理无涉的自由事业，即使技术发展引起了某些道德问题，那也只是个技术应用问题，与技术本身无关。纳米技术毕竟正处于襁褓之中，尚需要来自社会各种力量的支持和保护。如果现在就给予某种伦理评价，那就必然会阻碍纳米技术的自主发展。这种观点代表了一种拒绝伦理学介入技术发展的政治策略，正是这一策略使人类整个历史上的技术变革呈现出一种脱离道德评价的加速发展趋势：以农业取代狩猎导致人口巨大增长，印刷术发明成了文艺复兴、宗教改革和科学革命的重要因素，原子物理学和量子力学直接为第二次世界大战期间的曼哈顿计划（原子弹研制计划）奠定了基础，前苏联人造地球卫星计划激发了美国人的高级防御研究计划并最终促进了今天广泛使用的互联网的发展，DNA 发现则触发了克隆技术的突破。这种情形使技术伦理评价明显滞后于技术快速创新的步伐，也使人们认为自主的技术发展总是好的，伦理学最多只能对其应用的负价值起到某种修补作用。但从历史经验看，这种情况绝不意味着伦理学不能为早期阶段的技术创新提供某种导向。尤其是对于纳米技术来说，人们不能等到相应产品进入市场而出现问题后才进行伦理反思。只要相信纳米技术能够带来一场革命——预期纳米技术将触及一切行业领域和人类生活各个方面，就必须要对其哲学伦理意义进行评价和研究。

关于第二个问题，在科学家和工程师共同体中普遍流行一种观点："纳米技术是新奇的技术，但伦理问题却是新瓶装旧酒。"[①]格鲁恩瓦尔德（Armin Grunwald）就此否定独立的纳米技术伦理学，因为"就纳米技术提出的诸多伦理问题，均来自其他伦理反思领域，诸如可持续性、风险评价、人和生物与技术界面这些问题本身，在技术伦理学、生物伦理学、医学伦理学或技术哲学理论中已经提出"，因此"无需把'纳米伦理学'看作新的应用伦理学分支"。[②] 他的论证说明了纳米技术伦理学与其他应用伦理学分支的相通之处，但却不能说明纳米技术伦理学不具有独立存在的价值。的确，纳米技术涉及物理学、化学、生物学、计算机科学和工程科学等多个领域，只要围绕纳米技术的界定没有达成一致意见，就很难明确纳米技术伦理学的独特意义。例如，如果相信纳米技术是应用化学，那么纳米技术伦理学至多就是一种化学伦理学。这种多学科性说明了以往有关技术发展的诸多伦理反思，均可以在纳米技术伦理学中得到体现，但这绝不意味着要否定纳米技术伦理学的独立学术性。正如莫尔（James Moor）和维克特（John Weckert）认为，纳米技术伦理学虽然不能如医学伦理学、立法伦理学、工程伦理学、建筑伦理学等那样，在职业范围显现其意义，但却可以采取生物伦理学模式，针对"新的或不是新的却是不同含义的问题"，讨论"纳米技术和纳米科学活动和结果的伦理意义"，成为"即使不能从一开始就可以提供满意答案也能随着纳米技术发展，持续对其提出的伦理问题做出研

---

① C. MacDonald, "Nanotech is Novel, the Ethical Issues Are Not", *The Scientist*, Vol. 18, No. 8, 2004, p. 8.

② Armin Grunwald, "Nanotechnology: a New Field of Ethical Inquiry", *Science and Engineering Ethics*, No. 11, 2005, p. 198.

究"的"特定学术领域"。① 这表明纳米技术伦理学因纳米技术尚未成为一种现实的职业门类而无法发挥其职业规范作用，但却可以与生物伦理学领域一样，成为一个跟踪纳米技术发展进行动态伦理探索的相对独立的学术领域。

如果把纳米技术伦理学确定为一个应用伦理学分支，那么第三个问题就是运用何种方法对纳米技术做出评价？目前人们立足合理的风险管理，往往把对纳米技术的伦理评价理解为一种"审慎行事"（prudence）。纳米技术发展，现在一般被认为是经济繁荣和国家安全的战略技术基础，但它无论在短期内还是从中长期看，均会带来一定的环境、卫生、安全、隐私等风险。试想在已知必要的投资成本情况下，一个国家、行业或一家企业要从纳米技术投资中获得收益，就必须要预测其产品引起的经济风险和社会反应。这种衡量的实质，是把伦理学还原为一种经济计算，进而通过成本—收益分析来处理一切伦理问题。这种方法可以说是一种实用主义方法，其出发点是审慎行事，但却不是伦理反思。为了说明审慎行事与伦理反思的差异，康德曾举过两个做事认真的修鞋匠作为例证。一位修鞋匠出于自我尊重，按照道德律令为其顾客尽自己的职责或义务；另一位修鞋匠则出于某种担心，认为如果从一开始就欺骗顾客，终有一天会毁坏名声和失去顾客。前者显然属于道德行为，后者则只是审慎行事。纳米技术目前尚未成为一种经济运行的经验现象，还处于科学概念化阶段，最多只是一种未来可能的潜在力量。所以从目前占据主流地位的纳米技术话语形式出发，在形而上学意义上，提供一种审视纳米技术同人的未来关系的规范伦理评价。

在以上铺陈基础上，纳米技术伦理关怀作为相对独立的纳米技术选择评价方式包含如下三个命题：一是纳米技术虽然是一种

---

① James Moor and John Weckert, "Nanoethics: Assessing the Nanoscale from an Ethical Point of View", in D. Baird, A. Nordmann & J. Schummer (eds.), *Discovering the Nanoscale*, Amsterdam: IOS Press, 2004, pp. 304 – 306.

潜在力量，但必须要在现实意义上进行伦理评价；二是必须要把纳米技术看作一种强社会与境技术，进而才能表明其伦理或道德评价依赖；三是只有把纳米技术看作一种现象学—解释学活动，才能引导其健康发展。第一个命题表明，纳米技术虽然最初以非现世主义的技术决定论面目出现，其机械方法表现为一种典型的"自底向上"方法，但随后的理论进展，特别是化学方法或生物模拟方法兴起，则使纳米技术进入到"自顶向下"的现世主义的非决定论路径，从而使伦理道德评价有了现实的技术基础。前面有关论述，实际上详细地阐明了这一命题。至于第三个命题，下一章将给予讨论。作为与后面有关章节的过渡，这里主要就第二个命题展开来加以论述。

众所周知，大多数经典工程科学和技术类型命名均是参照具体物质的对象、性质和过程以及特定的功能和应用领域，虽然经常卷入交通、基础设施和建筑等领域，但直到今天还很少直接包含空间或背景隐喻。在经典技术那里，一般会把空间看作一个"恒量"，从而不参照空间，而仅仅以功能来理解核心技术。这就助长了技术功能的普遍化及其去背景应用，从而忽视了技术开发、应用和扩散的社会冲击。德莱克斯勒及其追随者的机械隐喻，恰恰延续了经典技术的这种去背景传统。美国国家科学基金会倡导的 NBIC 汇聚技术计划，也因其去背景的还原论基础而陷入某种循环论证：如果认为信息科学家能控制认知科学家思维的纳米制品，那么也可以认为信息科学家可以控制认知科学家。这种人工主义的自然观显现的自主技术逻辑，不过是试图创建无所不能的演绎体系的"拉普拉斯妖"或"麦克斯韦妖"。这种逻辑为了强调其自洽性，往往将技术影响排除在特定背景之外。目前纳米科学家和纳米工程师，虽然也使用了"纳米世界"或"纳米空间"这类背景相关隐喻，表明微细尺度的"宇宙"或世界物质操作，但其命名直接参照的则是抽象客体（原子或分子）尺寸或规模。正如斯密特（Jan C. Schmidt）认为，这实际上仍然是把纳米技术看作一种背景独立的建构活动①：

> 一方面是纳米技术的抽象微观世界或"纳米世界"，另一方面是我们的日常生活世界的"中观世界"。这两者之间有着根本不同。从现象学来看，我们无法以自身的感官接近"纳米世界"，因此有必要借助技术手段和实验设备。在这方面，纳米技术的空间尺度表明了我们的空间限制及其克服。所以纳米技术包含了某种隐性的人类学关联：在各种宇宙尺度中，人的地位或作用是连接中观世界与纳米世界的惟一点。但我们并不与自身的中观世界相隔离，也甚少有认识论的约束。我们可以接近"纳米世界"，它也许会成为我们"生活"于其中的最佳世界。"纳米世界"的抽象实在——纳米技术空想主义者提议的微细世界——似乎类似于，但好过我们的中观世界的日常现实。中观世界的有限条件（包括能量减少、熵值增大、信息存储不足、时间无多等），将会得到改变并最终被克服。只要以纳米世界接管和实现今天受到中观世界限制的若干功能，我们将会赢得更多的行动空间和自由。

在斯密特看来，这种抽象空间参照其实还缺乏某些语义说明，尤其是忽视人在纳米技术操作中的空间约束和背景依赖。回到现世的经验在场世界，纳米技术绝不是一个如德莱克斯勒和库尔齐维尔设想的与背景无关的单一机械世界，而是呈现为一个涉及民用、电子、机械、材料、医疗等工程领域乃至社会的背景相关世界。正是人在纳米技术操作中的空间约束和背景依赖，决定了它的学科构成的异质性、多样性和多元性。纳米技术意欲处理

---

① Jan C. Schmidt, "Unbounded Technologies: Working through the Technological Reductionism of Nanotechnology", in D. Baird, A. Nordmann and J. Schummer (eds.), *Discovering the Nanoscale*, Amsterdam: IOS Press, 2004, p. 36.

的对象客体，主要集中于物理学、化学、分子生物学和工程科学之间的跨学科边界，其科学意图是通过量子力学、固体物理学、无机化学和分子生物学的跨学科合作，理解纳米尺度的空间效应。费曼作为纳米技术的最早倡导者，正是在"底下空间还大得很"的空间隐喻下，试图结合化学工程、机械制造、信息处理、数据存储、电气工程、电光学等学科，以分子制造、分子制作、机械合成或化学合成为标识，推动"中观世界"的实在和产品制造的微型化发展进程。纳米技术首先不是工程师提出而是物理学家费曼提出，这一事实绝不单纯是一个巧合。实际上，在费曼那个时代，许多高能粒子和原子核物理学家们，均试图在纳米尺度上"制备自然"。这种日常实验技术意识，当然会促使费曼从量子力学和固体物理学角度，预期纳米技术的全球成功。但是，自然科学家（德莱克斯勒、史莫莱等也都是科学家，而非工程师）倡导推动纳米技术这一事实，又意味着他们言说的纳米技术不能仅仅把它看作一个超验的纯粹科学问题，必须要考虑到它是科学、技术、工程和社会的多学科"杂交体"，因此必然体现出科学、技术、社会和政治的多元性。

　　如果承认纳米技术是一个异质性复杂系统，那么进一步的问题是从多种角度看待纳米技术的社会意义。这种社会意义是对新技术可能产生的环境变化所做的反映或应对，它会因接近资源和权力控制的竞争意识而得到塑造，因此均来自相互竞争的利益群体、社会力量和概念意义之间的协商或合作。无论是在个体意义上还是在社会群体意义上，科学家和工程师、政府官员和消费者，均是从纳米技术发展中寻找或塑造某种社会意义，或者说是社会和个人在纳米技术概念化阶段进行各种科学或社会意义交流和协商。目前纳米技术研究和开发基本上还处于基础科学阶段，追求新的知识获得。必须要认识到追求知识并不是一项道德中立的科学事业，而是通过计划、想象、欲望和梦想嵌入到对意义的永恒探索中，涉及人的意志、欲望、命运、目的、生存和信仰等各个方面。单就工具或技艺本身来说，人们不会自觉地达成与纳米技术的道德责任关系，因为来自自由市场、经济竞争和新物质占有的效用性影响，纳米技术往往兴起于对其缺乏反思的被动性社会接受。这时社会成员往往渴望新技术对改善生活质量的排他性承诺，从而屈就于新技术进步和发展。但对人类社会来说，只要对纳米技术的象征性理解还没有明晰起来，它就不会以一种清晰的决定论的默许方式得到发展。这就是马尔库塞（Herbert Marcuse）所说的"技术面纱"，或是拉图尔（Bruno Latour）所说的"技术黑箱"。其实，在所有技术创新空间中，只要揭开它的面纱或打开它的黑箱，就可以发现里面到处都充满了社会、文化和政治的选择。以往任何软硬件和大工艺系统创造都不只是一个发明和应用问题，而是在相关社会群体中有着复杂的利益协商甚至激烈的利益冲突，因为技术设计渗透了诸多财富和权力选择导向。从这种意义上看，纳米技术并不是一个必然进化过程，它的发展方向也取决于人们对它的人性理解，因此存在着某种道德文化选择，纳米技术伦理学的参与就是要为此提供一些道德评价或指引。

一旦将纳米技术开放给广泛的社会意义协商和对话，纳米技术伦理学就要回到倡导道德责任感的人文立场上来，启用"技术评估"工具。从社会意义上建构技术来看，技术评估无疑取得了较大成效。但是，技术评估毕竟与技术创新存在着"同步进化效应"，无法避免目前主流地位的目标、语言、想象和隐喻或者"单一思想和抽象概念"主导纳米技术未来的"实在建构或构成"，且"纳米技术既包括物质和过程因素，又包含社会、象征和人类学因素"，对它的"想象也许会建构现在和将来的实在"，因此"技术评估不应局限于评价技术制品和程序以及最终的社会扩散"，还要包括"想象评价"（Vision Assessment），[1] 以便在伦

---

① Jan C. Schmidt, "Unbounded Technologies: Working through the Technological Reductionism of Nanotechnology", in D. Baird, A. Nordmann and J. Schummer (eds.), *Discovering the Nanoscale*, Amsterdam: IOS Press, 2004, pp. 47–48.

理意义上真正能够指引尚处于襁褓期的纳米技术发展。也就是说，目前推动伦理导向的纳米技术发展，在很大程度上就是要以识别和考察当下纳米技术发展中的意义塑造、想象、神话、隐喻和信仰作用为基础，坚持"我是谁？"和"我们应该做什么？"这两个伦理学主题，发挥伦理学对纳米技术的符号世界的形而上学批判意识作用，把参与纳米技术意义塑造的各种要素、倡导者、反对者、研究者、决策者和相关社会群体引导到人本方向上，始终把人的自由本质体现到纳米技术的社会建构中，使纳米技术的世界建构真正有利于丰富和支持人的全面发展。

第 四 章

无形世界的人—技关系

　　人们无法重复地想象纳米之微细，这种情形起码表明某些技术设想的隐象特征。这类"自由持存"的纳米技术，被认为能在直观和责任的知觉之下发挥作用，混合了不适合理性计算的憎恶、敬畏和恐惧。我们最为古老，也许是最为深度的恐惧之一，是对残忍的、非理性的自然的恐惧。这种自然还未经开化、合理化、驯服和教化。如果技术控制进展产生一种技术，它能脱离人的知觉的直观和责任，那么这种技术是退化的，它将把我们抛回自然状态中。我们无法相信一种隐象技术。为了赢得我们的信任，各种不同的纳米技术将不得不超越难以置信的微细纳米尺度，与人类经验可信地结合起来。

　　　　　　　　——阿尔弗雷德·诺德曼：《隐象技术》，2005

第一节　隐象技术的伦理学悖论

　　如果不盲从于围绕纳米技术形成的知识—权力—资本关系逻辑，那么纳米技术伦理学的确有着重要的抉择意义。这种抉择的强社会与境特征要求社会的参与，即要把纳米世界描述置于具体的背景或情形中，对纳米世界进行直观把握。但问题在于，对纳米世界的主体直观，在很大程度上是一种社会和语言建构的文化现象。由于直观主体具有对事物、时间、空间、向度和方向的先验知识，所以可以从直观意义过渡到语言意义，从行为过渡到主题化或课题化。梅洛-庞蒂（Merleau-Ponty）曾提出一种"肉身哲学"，认为可以感知世界的身体或肉身是感觉和明理之物，是内部世界与外部世界之间的间隔、介入和投射。他不再如笛卡尔那样把直觉置于身体之内或把身体置于世界之内，而是强调直观思维主题是一种对内部世界与外部世界之中介的复杂解释。也就是说，人的自我与外部世界没有界限，实在不是物而是事件、能量场、爱神和大力神、性欲、流动、强度以及肉身差异等。在谈到直觉的这种间隔、介入和投射时，梅洛-庞蒂指出①：

> 这样，可见的能填充我，能吸引我，只是因为看它的我不是从虚无的深处看它的，而是在它本身之中看它的，因为看者的我本身也是可见的；产生各种声音、各种感觉组织、现时和世界的重量、厚度、质地的，正在于把握这些东西的人感到自己是通过某种与这些东西完全同质的缠绕和重复而从它们那里涌现出来的；他感到自己就是回到自身的可感的东西，反过来说，可感的东西在他眼里则好像是其复本或其肉体的眼神。

从以上引证来看，梅洛-庞蒂倾向于强调，对自然、历史、世界和存在的意义解读，必须要诉诸人的直观的总体性接触。但是，纳米科学家和工程师对纳米技术所作的微型化预想，其本质是将人的直观接触与纳米世界分离开来，从而使人对纳米技术的伦理关注受到限制。为了应对这一伦理学挑战，应该提供一种能

①　［法］莫里斯·梅洛-庞蒂：《可见的与不可见的》，罗国祥译，商务印书馆2008年版，第141页。

够包容伦理学的现象学方法，对纳米技术革命预设的广泛前景给予现象学考察。

从胡塞尔（Husserl）、海德格尔到梅洛-庞蒂等思想家，构成了一种现象学哲学传统。这一传统有关自然和人类的本质与人的行为限制的现象学思想，有助于人们对纳米技术与人类关系做出阐释。但是，在围绕纳米技术革命的意义预设问题所进行的评价中，目前尚不存在一种统一的现象学—伦理学方法。一般来说，"现象学"一词是指一系列具有某些共同特征但又不完全相同的哲学方法，并且既使用于理解一般技术也仅仅局限于不同的案例或侧面。目前纳米科学家试图在胡塞尔式的"不预设的科学"的意义上，基于实验观察解释各种显微物理参数的意义或价值关联，主要涉及纳米世界的结构关系分析；哲学家们则试图在胡塞尔的"生活世界"或梅洛-庞蒂的"直觉"的意义上，通过技术本身呈现纳米世界，他们重视的是人与纳米世界的关系分析。但这两者之间并非不可通约，前者意味着纳米技术具有较大的可解释余地，实际上表明了纳米技术的可选择性；后者显然需要以前者为基础，特别是目前正通过技术图像化解释战略，进入与前者的技术哲学联盟中，且显示出重要的伦理学意义。有关这一点，后面还要详述，这里首先从现象学角度考察纳米技术的基本特点。

在现象学意义上，纳米技术涌现于目前已经存在的对待世界的"先验技术态度"中，即：以技术指引自身的人类将微型化操作作为在技术上解决问题的经济、政治命令或要求。纳米技术作为人看待"纳米世界"及其与人自身关联的理性方式，它的重大突破将不仅使纳米世界及其性质向人显现，而且也使人通过纳米技术功能或目的，确保自身在纳米世界中的存在或生存。但是，纳米技术毕竟不同于以往对待工业技术、信息技术和生物技术那样的宏观手段，因为纳米现象乃是一种特殊的和潜在的微型事实或事件。如果说农牧时代是在"英尺尺度"上用自然物质资源生产物质产品，工业时代是在"毫米尺度"上用自然力量进行大规模制造，信息时代是在"微米尺度"上用信息资源和信息工具实现人类交往的话，那么在未来的纳米时代则是在"纳米尺度"上以微细物质能量为载体来变革自然。也就是说，与人类在以往一切时代使用的技术主要限于宏观的庞大物质能量载体不同，纳米技术要求对纳米世界进行微型化操作。这种微型化操作，已经远远超越了人的直觉范围，近似于一种"超象"或"隐象"。

"隐象"（noumenon）源自希腊语"$\nu o o \acute{\nu} \mu \varepsilon \nu o \nu$"——"$\nu o \acute{\varepsilon} \omega$"（noein）的现在分词，意为"我思我谓"（mind）。在经典意义上，它是指人类探索、理解或认知的假想对象，其本身独立于感知。与此相对，"现象"（phenomenon）是指感知的对象或其呈现，是通过感知可以直观的东西。"隐象"与客体性相近，也许是有形的，但并不是现象的直观或反映，仅仅依靠想象才能获知的客体或事件。一般来说，"隐象"与如下两个概念有区别但也有相同之处：一是"自在之物"（thing in itself），它是指独立于观察者的实际客体及其性质；二是"绝对之物"（the Absolute），它是指诸物的总体，无论诸物是否被发现。在现代意义上，康德将"隐象"引入哲学中，并使其等同于"自在之物"（Ding an sich/things in themselves）。在他看来，"自在之物"不同于"现象"（phenomena），现象是指可观察事件或能被人类五官感知到的物理显现。人类能够通过各种方式理解现象，但从来不能直接理解自在之物，因为自在之物不过是经验上无法显现的自然："我们关于作为自在之物本身的任何对象不可能有什么知识，而只有当它是感性直观的对象也就是作为现象时，才能有知识"，"即使我们有可能通过纯粹知性对于自在之物本身综合地说出点什么（虽然这是不可能的），然而这毕竟根本不会有可能与现象发生任何关系，这些现象并不表象自在之物本身"[①]。隐象或自在之物的这种不可知性限制了对自然的理论

---

① ［德］康德：《纯粹理性批判》，邓晓芒译，人民出版社 2004 年版，第 20、246 页。

理解，它相对于可经验的、能获得数学化和智力控制的文明化的现象之物，代表着回推未开垦的、不可触摸的自然实在的"他者"的现代性努力。

现在从"隐象"或"自在之物"的哲学概念探讨，转向对原子、分子之类的物质的进一步考察。人无疑并不能直接经验原子和分子，但并不能由此将原子和分子看成隐象或自在之物。由于目前围绕原子和分子在实验基础上已经构造出各种相应的科学理论，所以原子和分子实际上构成了人的经验的现象世界。按照康德的哲学观点，原子和分子已全部成为知识对象，并以时间、空间形式表征现象，成为因果关系的主题环节。就科学来说，原子和分子确实算不上是尚未经人类心智构建的隐象或自在之物，它们作为知识对象是科学理论表征的重要组成部分。但就技术操作来说，当科学理解与技术控制之间的联系被打破时，原子和分子便成为隐象或自在之物。不管出于何种技术目的，原子和分子仍然是处于"如其所然"的未知自然状态。特别是纳米技术操作，仍然保持着某种不可接近性。围绕纳米尺度，即使有各种科学理论，纳米世界也仍然不为人们所知。诺德曼以"纳米吉他"[①] 为例指出[②]：

> 通过纳米吉他或转基因食品，环境智能，纳米微粒传感器，还有许多普遍流行的大技术系统，可以提出这样一个问题：技术控制是否可以甚至从根本上脱离人们普通的表征？按照这些技术应用情形，也许无助于从书本上查阅相应的技术操作，因为这个世界上的所有解释和说明均不具有明晰

---

① 大约1998年，美国康奈尔大学研究人员制造出世界上最小的"纳米吉他"（大约红血细胞那么大）。这表明，可以运用最初用来制备微电子电路的技术方法制备出微型机械设备的可能性。随着这种技术的不断改进，到2003年研究人员已经能使用这种吉他"演奏"出不同曲调。

② Alfred Nordmann，"Noumenal Technology：Reflections on the Incredible Tininess of Nano"，*Techne*，Vol. 8，No. 3，Spring 2005，p. 2.

性。确实，当我们被要求想象超越感知范围的无法想象的精致工作机理时，这些技术似乎都变得深不可测。另外，就这些技术来说，所谓使用或用户及其相应控制这类观念，对应招进入其技术网络的无数非用户不再有任何意义。如同纳米吉他这种情形一样，我们根本不知道其中的技术介入或操作。因此技术介入不再成为经验对象——这种非经验对象的东西保持着非表征状态，也不再推动其工作机制的观念形象生成。在缺乏对我们的行动和生活背景进行考虑或概念化的情况下，这些技术颇像是野性的和不可理解的自然——我们并不了解它们，只是听说过它们。它们海市蜃楼般的出场和潜在的功效，似乎并不是我们的自由或意志的延伸，而似乎仅仅成为一种约束，也许甚至成为一种威胁。当技术和智力控制破碎时，人类发展的技术工作机制不再预示着自然控制，而是呈现出自然本身的特征。

胡塞尔曾认为，科学始于对人的周遭世界或"生活世界"的解释，即对各种颜色、声音和触觉经验的解释。但现代科学却转向描述远离"生活世界"的无形数学形式，逐步以"数学化世界"取代"生活世界"①。当然，这种无形数学世界探索也导致现实的有形结果，这就是对人的生活的感观世界进行最大化控制，其结果是数学与可控实验为控制自然提供了诸多精致的技术方式。然而，纳米技术显然倾向于被遮蔽于人的触摸、直观与控制范围，进而预设了其不可触摸的"他者"特征。在这种意义上，诺德曼将纳米技术称为"隐象技术"（noumenal technology），其所涉及的纳米世界，当然也成为尚未被人理解、经验和控制的"自在之物"，并就此提出一个现象学—伦理学悖论："随着隐象

---

① ［德］埃德蒙德·胡塞尔：《欧洲科学危机和超验现象学》，张庆熊译，上海译文出版社1988年版，第32、35、55、58页。

技术出现，表征与控制之间的联系便被打破，即虽然我们成功地创造了人工制品，且为其设立了技术代理，但它们的出场和行动对我们却不可预测，实际上很难与自然过程的出场和行动区分开来，而自然过程是我们生活的毋庸考虑的背景和框架。"① 也就是说，隐象技术从一开始就存在着与现象表征的不可通约，其本质特征在于它不能完全进入现象表征。

在一般意义上讲，上述有关隐象技术的现象学—伦理学悖论命题表现为如下两方面含义：一是人类行动尺度与其影响展开尺度之间的不可通约或绝对不成比例，即一方面是可能的技术失范和人类行动的可能威胁，另一方面是完全不可想象的人类终结；二是科学与技术、会意与行动之间的相互依存已被打破，技术不再是针对人在世界中的深思熟虑的行动工具或经验在场，不是科学知识的工具应用或以自然的可计算效应为目标的科学理论演绎，而是退居为自然的不可思议的"他者"，从而阻碍着自身成为经验和知识对象。科学包含知识和经验对象，人借助科学的"眼镜"看待自然。正如康德所认为的，在这种人与自然的关系中，人是自然的立法者，并在自然与人的因果关系和结构背景中看待一切现象。本来这对纳米科学及其纳米现象理解也应如此。但是，纳米技术试图要实现的那些隐象人工制品（纳米扬声器或纳米吉他等一切纳米机器），即使被科学家和工程师所发现、控制和解释，也无法立即进入科学对象范畴。这种自然化的技术作为行动的媒介深入微观世界如此之深，以至于超越了人类目前的技术或智力控制范围。在这里，如果技术人工制品没有构成经验对象，那么世界的科技合理化和自然的祛魅，就只好让位给神话或诗意般的叙事，包括纳米技术的现象学分析。

---

① Alfred Nordmann, "Noumenal Technology: Reflections on the Incredible Tininess of Nano", *Techne*, Vol. 8, No. 3, Spring 2005, p. 4.

第二节　超越直观的纳米世界

在胡塞尔和梅洛-庞蒂的现象学中，一个中心的课题是"世界建构"问题，即：在意识中建构世界概念，使世界呈现给人自身。就纳米技术而言，这意味着微细的纳米世界建构，从一开始就成为必须要加以考虑的现象学描述主题。结合现象学理论，所谓纳米世界至少包含三层含义：一是作为自在之物的纳米世界（"纳米世界1"），即人无法把捉和控制的客观性纳米世界，包括原子、分子、原子结合、分子结合以及纳米制品等；二是可以进入人类视野的纳米世界（"纳米世界2"），即能为人所感知的直观性纳米世界，如数据表、技术图像等；三是只能从理性上把握的纳米世界（"纳米世界3"），即以数学模型等方式存在的理性纳米科学世界。

在上述三个纳米世界中，前者属于本体论层面的无形世界，后两者均属于经验和认识论层面的有形世界。就它们与人的关系来说，存在三类纳米世界的认知和建构方式：一是对"纳米世界1"的可能直觉方式，它构成了对经验的超验限制，其主客体关系模糊，有待经验解决；二是通过传感赋予"纳米世界1"以有形特征，由此形成属于经验范畴的"纳米世界2"，其主客体关系得到澄清，现象环境因经验而获得富集；三是按照主客体之间的限制性关系（如概念抽象、实验控制等），以理论实在对"纳米世界1"进行重构或模拟，由此形成并非属于现象客体范畴的"纳米世界3"，它往往受到假定的结构和性质限制，只是一种规范性经验，较之"纳米世界2"更加缺乏现象的意向性，但允许人对"纳米世界1"做出"最大化把握"。尽管从理论上可以设想由"纳米世界1"到"纳米世界2"或"纳米世界3"的科学与技术进步，但目前人们仍然无法对"纳米世界1"加以明确界定。

从技术上看，纳米制品（纳米微粒、纳米结构和纳米系统）的基本特点是微型化，以致无法想象其大小及其外貌特征。康德曾认为，经验对象建构不仅以时空和因果关系框架表现出来，而且还包括大小和数量等特征描述。就"无穷小"实体来说，人类并不能理解其尺寸和大小，只能以其强度和效应的连续体加以表征，由此"充实"人与世界的意向性关系①。在这种意义上讲，独立于微积分学想象"无穷小"便显得非常荒唐。维特根斯坦（Weitgenstein）在《哲学研究》中大大发展了康德的"无穷小"命题，如果认为一个东西长度为 1 米长，那只是巴黎标准米制单位，并不表明要将异常的性质归于物自身，它仅仅是在测量的语言游戏中以米制单位标识出物的特殊作用而已②。在这里问 1 米是多长与问"是"是什么一样，动词"是"不过是服从谓项的目的，"米"甚至"纳米"也不过是属于测量的"文法"，即在现有度量衡制度下，确立一种公度或标度。因此把握纳米的长度，其实与把握米的长度没有太多分别。显然，如果不是从文法上而是从实在意义上把握"纳米世界1"，那就不仅不可能，而且也是一个错误。但与以往通过技术将有形世界转换为无形世界（数学化）不同，为了实现纳米世界的微型化操作，纳米科学家和工程师试图要将宏观上操作的有形技术设备，转换为微观上操作的无形或微型人工制品。这要显现的是一个纳米世界，但按照人的意志控制原子或分子对于公众来说简直不可想象。

1989 年，IBM 公司的科学家艾格勒（Don Eigler）在扫描隧道电子显微镜下，使用 35 个氙原子拼出"IBM"字眼，整个空间跨度不到 3 纳米。尽管对于纳米科学家和工程师来说，想象纳米的长度并不是一个重要问题，但纳米世界尺度的确超越了人类的

① ［德］康德：《纯粹理性批判》，邓晓芒译，人民出版社 2004 年版，第 168 页。

② ［德］维特根斯坦：《哲学研究》，李步楼译，商务印书馆 1996 年版，第 37 页。

直观想象。2004 年 12 月 7 日，在阿姆斯特丹召开的"科学影像"大会上，艾格勒围绕纳米空间的直观想象指出："如果你能够想象得到十亿分之一的任何别的事物的话，那么你就会胜出我的水平。"[1] 他这里要说的是，尽管通过科学智力和技术控制能够想象纳米世界，但却不能或无需想象纳米的真正长度。就科学来说，想象纳米长度并不重要，甚至是荒谬的。但从技术上看，正如美国技术哲学家皮特（Joseph Pitt）认为，仍然需要追问如下问题[2]：

> 扫描隧道电子显微镜产生的纳米结构图像，究竟在多大程度上是对纳米结构的精确表征呢？……可以认为，这种图像为了成就某种表征，就必须要传递信息。由于我们并不能直接接近其意欲表征的域，所以问题就成了理解图像所传达的东西。这里的问题倒不在于我们不知道如何解释图像向我们表征的东西，而在于在没能知道扫描隧道电子显微镜及其随行计算机程序产生的结果是否为真实的精确图像条件下，就提前担当了表征的创造角色。

在当前纳米技术领域中，正是由于"纳米世界 1"和"纳米世界 3"较之宏观世界更加远离人的感知范围，所以正如微观世界和宇观世界的科学前沿一样，"必须要做出实际的想象努力，将这些新的前沿同日常世界联系起来"[3]，以便通过技术手段使纳米世界进入生活世界，使之变得可以比较或取得视觉化效果。如

---

① D. Eigler, "Presentation at the Conference 'Images of Science'", *Amsterdam*, December 7, 2004.

② Joseph Pitt, "When is an Image not an Image", *Techné*, Vol. 8, No. 3, 2005, p. 31.

③ K. W. Ford, "The Large and the Small", in Timothy Ferris (ed.), *The World Treasury of Physics, Astronomy and Mathematics*, Boston, MA: Little, Brown and Company, 1991, p. 18.

果认为纳米世界中的原子和分子属于"现象"范畴，那么就可以借助科学概念和技术工具建构出纳米空间的自在之物图像，帮助人们对"纳米世界1"进行想象。人类并不能想象出铀和钚的原子核大小，但原子弹和核反应堆却是生活世界的宏观组成部分；人类并不能想象出硅和镓等半导体材料中运动的电子的大小和尺寸，但计算机即使越来越微型化也仍然是经验世界的可视工具。对于这些技术，人们也许用不着对其中大部分"黑箱化"的物理知识进行了解，但仍可借助科学的操作加以描述，通过开关、按钮、鼠标和键盘按键来加以操作，从输入设备和显示器进入计算机的人—机互动界面。但与以往这些技术不同，目前纳米技术进展代表着一种新型的无形化趋势。这一趋势不在于其进一步的数学化或电子化，而在于纳米世界操作的无形化。按照德莱克斯勒设想的纳米机器设想，科学家们围绕纳米扬声器或纳米吉他取得了重大技术进展。这些进展被认为是在纳米世界中对物质进行的微观操作和控制，其特征就在于其适合纳米世界大小的微型化或无形化处理。与目前一切看得见的宏观机械设备不同，它们完全处于远离人类直观的"隐象"状态。人类长期以来一直就对物质世界进行加工和操作，诸如把炭和金加工成为各种不同产品。如果采用纳米技术，并不是要对炭和金进行宏观加工，而是要把炭变成金或把金变成炭，其基本要求是较之目前技术更加微型化。

在胡塞尔的现象学中，现代科学危机乃是有形世界（生活世界）与无形世界（自在之物）分割的文明后果。如果这一现象学判断是正确的话，那么由于纳米技术的"隐象"状态或无形化趋势，那么人们从伦理学上就纳米技术发展提出各种问题也就不奇怪了。摄像机一直属于有形之物，存在于人的直观范围，但纳米技术表明摄像机完全可以做到在微观世界的隐蔽，而这直接涉及人的隐私侵犯问题。以纳米无线通信设想建造一种自我复制的自动机，把它置入显微空间中收集信息，但却远离人的肉身感知。肉身的听觉功能变得不再有用，隐形的纳米机器为人类建造了一种福柯式的"圆形监狱"。人们设想生物分子发动机由无机金属镍螺旋辊构成，受 ATP 基酶推动，由此建造的纳米微粒运送器能够跨越血脑障碍，对脑瘤进行化学治疗。它虽然保留有自然生命的具体感知，但如果通过微细的"纳米幼虫"监控疾病的生化过程，那么诊断和驱除疾病（心脏病和癌症等）便会成为一个无形的自然控制领域。这样，如果无法在有形世界意义上把握这种自然控制的多重意向或影响，那么贝克（Ulrich Beck）和吉登斯（J. R. Giddens）断言的"风险社会"将更加深刻而严峻。因此在现象学意义上，纳米技术的伦理挑战应对，一个基本要求是尽可能将"纳米世界1"从无形转换为有形，以便科学家、工程师、政策制定者甚至一般公众，能在直观世界中提出与讨论纳米技术的社会伦理问题。

第三节 从无形到有形的世界转换

按照胡塞尔和梅洛-庞蒂的现象学，直观包含视觉、听觉、味觉、触觉等。其中的视觉化处理，在科学技术发展中尤为重要。尽管纳米世界使主体在空间上的"去远"、"脱微"、"切近"等直观的知识和技术仍然面临诸多问题，就纳米世界来说人们对海德格尔式的"存在—在—世界—中"也还茫然无所知，但这并未妨碍纳米科学家和纳米工程师们推动纳米空间视觉化的影像战略发展。2004 年，围绕纳米技术图像问题召开过三次研讨会。除该年 12 月的阿姆斯特丹会议之外，还有 3 月的南卡罗莱纳大学"纳米科学与纳米工程影像与想象"会议和 12 月的柏林"科学影像"专题研讨会。2005 年 5 月，比勒菲尔德跨学科研究中心组织专题研讨会，集中讨论"纳米空间影像"问题。其实，纳米技术实践从一开始就与视觉化的工具和技巧密切相关。这就是前面已经提到的，采用扫描隧道电子显微镜对原子进行操作，以艾格勒等人命名的"起点"（IBM 纳米字样），将纳米世界"清晰地"展示出来。纳米技术正是借助图像进入公众视野，纳米技术图像当然也成为该领域的重要技术目标。

以上纳米技术影像战略，围绕"技术图像"这一核心概念进行，通过系统的符码化，将"纳米世界 1"或"纳米世界 3"变成可视的"纳米世界 2"。斯塔莱（Thomas W. Staley）区分出三种显著的"技术图像"类型①：一是工具图像（"图像 1"），即通过机器介入手段，编码和记录客体性质的可视"现象痕迹"；二是模式和图形图像（"图像 2"），即目标客体或对象的显著特征表象；三是虚拟现实或模拟图像（"图像 3"），即主体在客体环境中的现象渗透表征。这三种技术图像的区别在于，它们以信息富集、现象富集两种技术进路进入纳米世界的工具界面不同。工具图像按照人类目前观察、理解和控制原子的技术能力，沿着单一现象"隧道"进行图式化操作；模式与图形图像则采取与"存在—在—纳米尺度—上"相应的主体透视方法，具有多条"隧道"。纳米空间探索的典型工具——扫描隧道电子显微镜，就是通过单向的现象符码图式（如 IBM 纳米字样）向工具使用者显现出可视的纳米世界。纳米世界地图则包含了陆地海拔、海洋深度、人口中心和区域面积等多重符码，因此较之单向"隧道"传递出更为丰富的信息内容。与工具图像和图形图像比较，虚拟现实图像表现主体与现象的接近。它将观察者置于互动传感环境中，试图消除图像与观察环境之间的界限。这样可以诉诸可供选择的可视经验，确保对"纳米技术—在—世界—中"的定性理解，以便获得丰富的纳米世界现象。与这种意向不同，通过工具和图形获得的技术图像仅仅是观察者的部分环境，且这里观察者的意向感受能力在经验上并不与设备融为一体。无论如何，这三

---

① Thomas W. Staley, "The Coding of Technical Images of Nanospace: Analogy, Disanalogy, and the Asymmetry of Worlds", *Techné*, Vol. 12, No. 1, 2008, pp. 5 – 6.

种纳米技术图像均能着眼于某些特定的实用目的，来达到其他图像（如人的肉眼直观）无法达到的接近"隐象"并取得丰富信息的技术水平。其优势在于，借助系统性差异与相似性比较的符码化程序，把技术图像上的纳米现象描述翻译为人的经验，从而被纳入人的直观经验架构内。

　　纳米技术图像无疑具有一般符号语义特征，能以视觉隐喻获得解释。"图像3"由象征系统构成，赋予人与纳米世界以互动能力，由此可以了解纳米世界与中观世界。但对人来说，只有通过"图像1"和"图像2"，才能确认纳米世界的实体存在。"图像1"，属于纳米世界与中观世界之间的"性质传送"媒介。这里的纳米世界，不过是人通过隐喻来理解的"目标域"，中观世界则是人取得隐喻的"来源域"。通过对技术图像的隐喻解释，可以把对纳米世界的经验纳入胡塞尔式的"生活世界"或"经验格式塔"范畴。美国纳米科学、工程和技术跨机构工作小组提供了一幅"原子风景图"，其技术构造是在铁表面上以大量铬原子堆积成一个山貌地形[①]。该纳米图像的地形学内容是经颜色、形状等符码预先有效确定的，它因山峰和生态等现象而设，代表技术图像的各种突出特征，属于严格的符码化信息（"图像3"），先于特定图像（"图像1"）而定。这种安排预先采用了公认的颜色（如绿色和褐色）直观编码方法，从而通过解释可以轻易地辨识出其地理形态。但由于纳米世界模型与人类常规经验之间毕竟还存在着某种非对称性，所以纳米技术图像本身并不必然等同于纳米世界的"自在之物"的信息和现象。纳米现象只是在隐喻意义上才可观察或在直观上才可接近，因为按照理解客体的常规方式，纳米世界实体（"纳米世界1"）在时空上并不稳定，其通过技术呈现出来的图像结果也不一定是人们熟悉的那种固体或组织

---

　　① Interagency Working Group on Nanoscience, Engineering and Technology, *Nanotechnology Shaping the World Atom by Atom*, National Science and Technology Council. 1999, p. 8.

特征，通过扩增性的传感直观也很难解释令人惊异的非线性物理结构与静电力学性质和作用。因此纳米世界作为技术图像的目标或对象，与人类直观的中观世界之间必然存在着某种不一致之处。例如，纳米微粒的"核/壳结构模型"便存在所谓"交换偏差"，这恰恰反映出纳米世界内在结构的复杂性；在实验中将其变成可视的中观世界必然包含着诸多"不对称性"[①]。

　　基于以上分析，斯塔莱认为纳米技术发展实际上存在三种选择[②]：一是坚持人接近纳米世界存在着现象学限制，纳米世界与中观世界差距太大以致不可能桥接起来，从而无法做到虚拟原子经验；二是将对纳米世界的较少功能性经验同颇富创造力的现象学想象结合起来，建立适当的纳米空间模型，力争做到对纳米世界的客观描述；三是从现象上接近纳米世界是可能的，只是包含了与常规经验不同的内容，从而造成两者的不可通约性或不对称性。也许第一种选择是正确的，但却只能无所作为。试以"量子围栏"（在金属铜表面使用铁原子围成一个圆圈）为例，对第二种选择做出评价，进而表明第三种选择的良好发展方向。艾格勒和布罗德本特（Brodbent）分别以"橙色围栏"和"蓝色围栏"，展示其不同的技术图像构造能力。这两幅技术图像的技术内容几乎相同，但它们有着超越技术本身的意向或意义。艾格勒设计的"橙色围栏"是针对显而易见的图像观念，配以自己的选择、个人交往欲望和主体接触经验，试图描述单隧道的视觉图像。但是，这一技术图像如同"拉普拉斯妖"或"麦克斯韦妖"一样，更接近于一种决定论的科学假设或技术解释，而非实体的纳米世界现象接触。相比之下，布罗德本特的"蓝色围栏"更契合虚拟

---

①　òscar Iglesias, Amlcar Labarta and Xavier Batlle, "Exchange Bias Phenomenology and Models of Core/Shell Nanoparticles", *Journal of Nanoscience and Nanotechnology*, Vol. 8, 2008, pp. 2761 – 2780.

②　Thomas W. Staley, "The Coding of Technical Images of Nanospace: Analogy, Disanalogy, and the Asymmetry of Worlds", *Techné*, Vol. 12, No. 1, 2008, p. 16.

现实图像，其编码的色彩程序完全超越现有的黑白图形表征。这种色彩重叠有助于人眼的方向定位，达到了色彩强调的原初图像效果。当然，艾格勒和布罗德本特为了宣传各自的科研成就，均有以强制的错觉取代丰富的图像描述之嫌。这里不应将纳米世界的现象接近与同其生动的表象混淆起来，不应以图像操作的美学方法为由忽视技术限制的效应问题。即使艾格勒试图以观察者身份来亲身接触纳米世界（第二种选择），那也不是直接对原子现象的具体观察，而是一种经验的参与纳米世界。"拉普拉斯妖"或"麦克斯韦妖"在纳米空间中表现出的力量再强大，也不过是人参与纳米世界操作的经验"化身"而已。因此与其过于宣传亲身接触纳米世界，毋宁说是对纳米世界进行的现实虚拟（第三种选择）。

　　目前纳米技术图像化战略，其实不过是通过科学艺术修饰，向人们显现神奇的纳米世界。前面谈到的"量子围栏"图像之所以进入公众视野，就是因为通过弗兰克尔（Felice Flankel）于2005年为《美国科学家》撰写"目击物"专栏，通过美学方法介绍了艾格勒和布罗德本特两位科学家的研究成果。弗兰克尔的成功之处就在于，他以生动的图像唤起人们对纳米世界的亲近和熟悉。2007年，受到弗兰克尔工作的鼓励，意大利优秀摄影师科维（Lucia Covi）为意大利热那亚科学节进行图像包装，以"放大"（Blow-Up）为主题，展出了许多纳米科学家的研究成果（技术图像）①。这些技术图像属于诸如原子力显微镜、扫描隧道显微镜下的快照，它们看起来的确有"真实"和"另类世界"之感。但它们并不是通常的照片，它们已经完全不同于其科学来源的纳米世界。它们描述的世界只有500纳米那么小，相比之下婴儿头发直径都有25000纳米。因此这些图像必定要经过放大，且在尺

---

　　① 这些科学家均与意大利设在摩德纳的国家纳米结构和生物系统中心相关，该机构由莫利纳里（Elisa Molinari）领导。

度上具有均质化特征，其大小只是一种粗略尺度；它们必须要在精致的纸上打印出来，整体设计要求非常整洁和可接近。所有这些策略表明，所谓纳米技术图像表征只是艺术，并无意地将观众与真实的客体分离开来。剩下来的就只是对混沌的艺术鉴赏了："金尖堆"不过是一座数字式的"巴别通天塔"，也像一个婚礼蛋糕，也许还像是一个蠕虫的嘴巴；喷有氩离子的"玻璃面"，如同蓝色的沙浪，兴许还能从中寻找出赫伯特（Frank Herbert）的科幻作品《沙丘》中的沙漠之王"夏胡露"（Shai-Hulud）（对沙虫的尊称）。在这里似乎物质与精神、认知与想象得以结合，图像传达的形式质感在艺术、叙事与科学之间得以贯通。

以上以"放大"为主题的纳米科学展，令人想起意大利电影大师安东尼奥尼（Michelangelo Antonioni）1966 年拍摄的同名电影《放大》（1967 年获康城影展金棕榈奖）。《放大》是一部存在主义的惊险影片，它叙述的是一位对生命麻木不仁的时尚摄影师托马斯（Thomas）卷入一起谋杀案之谜中。这位摄影师以惊人的顺序放大了一对恋人在荒芜公园的快照，通过放大的粒状（卤化银晶体）看到一个男人和一把枪。在这部电影中，安东尼奥尼巧妙地提出一个问题："什么才是真实？"事实上，电影向观众呈现出至少三个不同世界，而这三个世界各自阐述了三种不同的"真实"：

第一个世界，摄影师身处 20 世纪 60 年代的英国。这本应是最为"真实"的现实世界，但就电影的描绘看，这一世界充满了浮夸色彩：衣饰大红大紫，人们的脸上满是高傲和矫饰，过着不问世事、享乐至上的嬉皮士生活，仿佛活在一个个面具背后，反而表现出一种虚浮不实的感觉。其实，年轻、善变、享乐至上和性态度开放的托马斯代表着 20 世纪 60 年代摇摆英伦疯潮的精髓，该电影也不过是对当时英国那种享乐主义和逃避现实态度的讽刺。作为一位成功的摄影师，托马斯是当时的潮流指标（女生们送上门找他拍照），但电影让我们看见，在一切时髦玩意儿的背后，在那种社会风气中的人其实是无助和迷失，分不清真假，在世界里找不到自己的定位。

第二个世界，照片所记录的世界（托马斯在公园拍摄的照片）。这个黑白的世界似乎记载了事物最确切朴实的一面，但这个从镜头窥看的世界，却往往存在着错觉和含糊之处。托马斯把照片放大（Blow-Up），试图在这个镜头所捕捉的世界中寻找到客观的"真实"，但最终仍是不得要领。这一点可以视为电影对摄影（甚或推展至录像和电复印件身）的暗喻。托马斯一向以身为摄影师为傲，对拍摄对象作出各种独裁的控制（如开场时托马斯骑着女模近摄的经典场面），但这几幅含糊不清的照片却坦白地暴露出他手中相机的无能。人们常常理所当然地以为镜头所拍摄的东西是真实的，却往往忽略当中可能出现的误差及其根本的主观性。此外，电影亦展示出摄影这一媒体背后把活人物象化的恐怖性。托马斯对模特非常冷漠，根本不把她们当成人看待；镜头拍摄的人物，再经过多次放大，也失去了原有的人性；摄影师作为一位旁观者，与拍摄对象也必然隔了一重障碍。有趣的是，英语中的"射杀"与"拍照"，其实都用同一个动词"shoot"表达。这也许暗示着用枪射人会夺去别人的生命，用照相机拍人则会夺去别人的灵魂，把别人变成相纸上的死物。也就是说，摄影和录像，只是要教我们从"死"的东西中认识"生"的人物。

第三个世界，托马斯的内心世界，它代表着人类对外界的主观理解。即使真能把客观事实放在眼前，每个人也可能有不同的主观演绎，因而得出不同视角的"真实"。此外，到底人的感官有多可靠？托马斯的一切经历只是一场好梦吗？电影段与段之间的不协调和不合逻辑，都是源于托马斯的错觉吗？在电影结尾，有一幕颇为有趣。一班哑剧演员打网球，请求托马斯检回一个根本不存在的网球，而托马斯竟然也真的装作把球抛回网球场内，接着更为诡异地传来打网球的声音。电影在此巧妙地暗示出，所谓的"真实"其实很可能只是集体思想（或迷思）的产物，个人的观感往往受群体影响：当身边的人都以为真有人在打网球，孤身一人的托马斯便只得顺从他们装作真有其事，最终连自己原来的观感也迷失了。电影还运用许多远镜拍摄，表达出人物在大世界中的孤独和迷惘。在这种镜像之下，观众从远处看着戏中人的一举一动，仿佛也有一种疏离而物象化的效果。

《放大》作为一部杰出艺术作品，通过对真实、个人存在价值以至摄影录像的探讨，刻意把以上三个世界互相交融地展现在电影里，到最后观众根本分不清谁是谁非和孰真孰假。观众也许可以对故事作出一些猜想和推断，但也只是基于个人理解而生成的另一种"主观事实"而已。以"放大"为主题的纳米世界图像展览，尽管以巨大的复制品放大，试图呈现实际物质的清晰图像，但即使对于一位铁杆的现实主义者（或实在论者）来说，所谓"图像"、"展现"和"真实"这类词语也显得非常模糊。也许并不能将前面讨论的三个纳米世界与电影《开放》中的三个世界加以类比，但借助纳米技术图像可以做出如下比较：一是"纳米世界1"缺乏影片中的第一个世界的直观性，它作为自在之物比纳米技术图像显现的要复杂的多得多；二是"纳米世界2"即使在工具图像下，也不完全是影片中的照片影像世界，它作为生活世界相对于照片影像世界更为"不真实"。但是，正如海德格尔就原子物理学指出："即使当理论像在现代原子物理学中那样出于本质原因而必然是非直观性的，它也依赖于原子对感性直观的可显示性，即使这种基本粒子的显示是通过一条非常间接的以及在技术有杂多中介的途径而完成的。"[1] 也就是说，纳米技术构造的纳米世界并不是真实的纳米世界，但它却能通过纳米技术图像，表征人们对纳米世界的丰富的经验特征。

---

[1] ［德］马丁·海德格尔：《科学与沉思》（1953），《海德格尔选集》下卷，孙周兴等译，三联书店1996年版，第970—971页。

第四节　人与世界的工具关系

如前所述，目前所有纳米技术图像化处理，虽然不是要展示一个真实的纳米世界，但它却能将纳米技术纳入人类经验范畴，反映人、技术与世界的经验关系。按照现象学学者伊德（Don Ihde）的看法，这种关系包括如下四种类型[①]：

第一种关系，是"［人—技术］—世界关系"（身体关系）。在这种关系中，技术属于人体［肉身］的感知延伸而得到操作。它的存在虽然在熟练的操作中经常被人"忘却"，但它作为非中立的手段则能引起人的经验和直觉变化。

第二种关系，是"人—［技术—世界］"关系（解释学关系）。在这种关系中，技术属于可作解释的语言、模型、数据表和图像（坐标曲线、仿真照片等）。人通过"阅读"这种"去背景化"的世界表征符码或"文本"理解和描述世界，因此技术实际上成了被分析的"对象"或"他者"。人们通过解读技术的表征符码或文本，有利于确立技术的意义或目标，从而建构相应的技术方向。

第三种关系，是"人—［技术］—世界"关系（背景关系）。在这种关系中，人的经验不是直接来自技术的使用，而是间接来自技术化环境。也就是说，人创造了人工环境（世界），并实际上生活在"技术茧"中。

第四种关系，是"人—技术—［世界］"关系（他异性关系）。在这种关系中，世界被隐入背景中。技术作为一种经验性的存在或人参与其中的焦点物（如机器人、火炉、神庙等）而兴

[①] Don Ihde, *Technology and the Lifeworld：From Garden to Earth*, Bloomington, Ind.：Indiana University Press, 1990, pp. 72 – 112.

起，它虽然不同于人自身，但却是人的意向、意义或价值的赋予结果。

从这一人—技术—世界关系框架看，我们可以对现象学传统作进一步梳理。胡塞尔是通过区分客观世界、生活世界和科学世界，指出了人类文明危机在于人制造的科学世界远离了生活世界直观，在这种分离中技术也许能起到某种填补作用。梅洛-庞蒂在胡塞尔分析的基础上，强调技术人工制品作为图像拓宽了人的经验环境，从而使技术处于人与世界的媒介状态。在这一总体框架下，海德格尔不过是从解释学关系出发，对现代技术进行批判，认为它作为一种实体性的"座驾"控制着人的普遍性背景关系。在这种批判基础上，他主张一种"让存在者存在"的技术人文态度，即一种技术与人合一的身体关系。沿着海德格尔的现象学哲学批判和建构线索，德雷福斯（Hubert Dreyfus）、鲍格曼（Albert Borgman）和伊德主张一种以技术集聚生活经验的他异性关系，即返回到意义的地平线上使技术显现为适应人的多样需求的经验存在或焦点物（人工制品）。从总体上说，这种技术现象学对伦理学的意义就在于：一是技术不是在工具论意义上指适合人操作世界之目的的人工制品，也不是在社会建构论意义上指与社会同构的实践活动，而是一种技术态度、技术意志或技术情绪，它使人工制品首先以意义和符码表现出来，然后超越自身的唯一在场，将世界订造为资源；二是伦理学的任务，不是在工具论意义上按照既有或新的道德理论分析技术对社会的影响或冲击，以便为纠正具体技术应用偏差提供适当的指南或政策，也不是在社会建构论意义上对技术设计、实现与使用包含的设想、意向、价值和利益进行揭示，以便打开技术创新的"黑箱"，形成某种社会政治伦理关注，而是回到使具体技术显现为意义和符码的态度和情绪上来，通过质疑技术态度、技术情绪，就人与技术的世界关系提出问题，进而重新思考本真或本质的人性方向问题。

回到纳米世界上来，可以将上述四重关系与梅耶（Martin Meyer）等人的多种纳米技术范式加以比较。梅耶等人按照时间（现在与未来）和技术（具体技术与目标），把纳米技术发展分为从现实技术到未来技术、从现实技术到未来目标和从未来目标到未来技术、从未来技术到未来目标、从现实目标到未来技术和从现实目标到未来目标六种进路[①]。其中，"进路6"表明当一个人或一个组织在取得一个目标之后考虑实现另一类似目标，但这一进路的问题在于，现实目标与未来目标之间的类似性仅仅缘于人工制品用户的需求解释（其他进路的类似性解释，要么仅仅来自技术专家，要么来自用户与专家的合作），往往缺乏技术基础，因此甚少取得成功。例如，20世纪50年代早期，商业用户利用原子弹技术，预设了核裂变能发电的商用技术并取得成功。基于这种解释，后来许多商业用户借助氢弹技术，预设核聚变能发电的商用技术，但核聚变能发电技术研究开发进程并不如核裂变能发电那样顺利，其主要原因是为了产生聚变能所需的极高温高压很难在技术上加以克服。其余五种发展的进路作为纳米技术的具体开展，可以相应地纳入到现象学的四种人—技术—世界关系中："进路1"被纳入工具关系，"进路2"和"进路3"被纳入解释学关系，"进路4"被纳入背景关系，"进路5"则被纳入他异性关系（见表格4—1）。它们基本上反映了纳米技术发展进程。这里被纳入工具关系、解释学关系和他异性关系的"进路1"、"进路2"、"进路5"均有相对良好的技术基础，属于现世主义范畴；分别被纳入解释学关系、背景关系的"进路3"和"进路4"，均属于非现世主义，两者的不同在于，前者可以通过对现有技术做出解释并设定未来技术目标，后者基本上属于科学幻想范畴。同时，较之"进路4"，"进路3"更接近于现世主义。从德

① Martin Meyer & Osmo Kuusi, "Nanotechnology: Generalizations in an Interdesciplinary Field of Science and Technology", *HYLE*, Vol. 10, No. 2, 2004, p. 157.

莱克斯勒—史莫莱之争看,"进路4"和"进路5"实际上是两种可选择的纳米技术范式。以下将按照纳米技术的整个发展进路,进一步从人与纳米世界的经验关系,对纳米技术范式选择作进一步分析。

表4—1　　　　人—技术—世界关系与纳米技术发展进路

人—技术—世界关系	纳米技术发展进路（技术与目标）
工具关系： ［人—技术］—世界	从现实技术到未来技术（进路1）：进一步改善现有工具,赋予现有工具以新的功能。通过增量开发,原子力显微镜有望成为改善化学反应及合成方法的未来分析工具,扫描隧道显微镜等则有望成为物理学、化学和生物学领域发现新现象的未来分析工具。人们之所以越来越将这些显微技术看作"工具"而非"探测器",是因为可以使用它们在纳米尺度上改造物质表面和剪裁物质结构,并有望达到操作个别原子的技术水平。它们最终将有利于大规模的纳米尺度操作
解释学关系： 人—［技术—世界］	从现实技术到未来目标（进路2）：随着对纳米科学的主题理解,人们借助现有技术正在开发出大量纳米材料。这尽管并不是直接控制个别原子,但大批量操作必然会满足各种纳米尺度的性质要求。胶体科学主要涉及亚微范围的分散胶体颗粒（如金胶、胶硅、氧化铝粉等）,包括小于100纳米的纳米微粒。这些胶体微粒尺度较小,呈现出布朗运动特征。它们由于具有较大的表面积,所以其液相状态下的胶体微粒之间的分子作用取决于表面力,如范德华吸引力和电荷排斥力。这样胶体较容易聚集形成聚合体、网状和凝胶。控制胶体集聚过程,必然成为胶体科学发展的重要方向。 从未来目标到未来技术（进路3）：尽管现实技术对纳米尺度控制起到一定作用,但未来产品开发要求甚至更为精致的工具和技术发展,即以目标来决定技术方向。这里未来目标还不可能,但它们基于现有工具和技术取得的进步,

续表

人—技术—世界关系	纳米技术发展进路（技术与目标）
	可以推测新产品和新工艺性质，从而要求进一步改造现有工具。例如，设计超薄层包含诸多目标，如薄层原子精度图形、量子化潜在分布、薄层固定毛孔分布、超薄分隔和保护层以及通过多分子层构造改善薄层功能等。这些目标反过来受到许多技术应用激励并与它们相关，包括信息存储层、量子效应薄膜、光学层、半导体激光器和 X 射线光学化合物用的多分子层堆、显示、检测计层、摩擦学薄膜、生物适应薄膜、光电薄膜、膜薄膜和化学活性表面等。它们只是着眼未来目标，达到未来相应技术水平的技术起点
背景关系： 人—［技术］—世界	从未来技术到未来目标（进路 4）：直接控制原子并重新安置原子，以便形成能导致新材料产生的新结构。这一进路以现有技术为基础，设想把原子力显微镜和扫描隧道显微镜开发成为更为复杂的工具。这种复杂工具超越测量和观察，能够有效地在纳米尺度上操作原子和分子。现有纳米材料制造着眼于大容积化学反应不同，这种设想致力于原子控制。但为了原子控制，必然会出现微型世界的人工化景观
他异性关系： 人—技术—［世界］	从现实目标到未来技术（进路 5）：生物模拟技术是模拟自然，以便通过自组织开发出带有新奇性质的材料。该种方法作为获得新奇材料的路径，借助自我装配技能制备出有机模板，以使无机结构按照这种模板生成。尽管自组织基本原理已为人所知，但还需要将不同技术结合起来，取得自我装配的可控目标。在生物模拟过程中，人们借助自组织能创造某种结构，不过目前技术手段仍然不能完全实现这一技术目标。只是鉴于现实技术意识到技术的可行性，即追求这一发展路径仍然还只是一种合理推测

德莱克斯勒的纳米机器设想是"进路4"的典型代表,史莫莱的化学方法或生物模拟方法则是"进路5"的典型代表。在科学意义上,这两种典型属于根本不同的分子装配方法,具有不可通约性。德莱克斯勒的机械概念虽然是以工程原型为基础,但却从机械论观点和纯粹理论上探索分子装配器的可能方式,其本质是建构一种不违背相关物理原理的理论模型。进一步说,德莱克斯勒提供的仅仅是理论性人工制品,而非物理性人工制品。这完全是一种理论应用的科学筹划,其目标不是提供实验结果或生产物理设备,而仅仅是通过理论分析展示一系列"不可实现的"机械设备的可能性,仅仅是通过解释物理理论(如量子力学)提供某些有关纳米世界构造的理论结果。相比之下,史莫莱的化学方法或生物模拟方法则是基于可探测或可控制效应,强调实际的化学结构细节适应,由此来挑战德莱克斯勒的机械概念的可行性。史莫莱认为,德莱克斯勒方法的核心问题是以原子精度定位反应分子,包括精确地控制每个反应分子所处的位置和分子反应方式,但要在化学和工程意义上达到这些要求都显得非常困难。由此不难看出,德莱克斯勒—史莫莱之争的不可通约性主要表现在如下三个方面:一是认知上的不可通约性,缺乏共同标准评价双方分别采用的力学理论和化学理论,因此很难确定分子装配的充分性;二是概念上的不可通约性,缺乏共同标准评价双方围绕分子装配器分别形成的机械概念和化学概念,因此很难就这两套概念体系进行统一说明;三是方法上的不可通约性,缺乏共同标准评价双方分别使用的力学筹划方法和化学基础方法,因此很难在技术上判断分子装配器的可能性。

德莱克斯勒—史莫莱之争的不可通约性表明,缺乏共同评价标准只是说无法以其中一种方法设定的标准评判另一方法的适当性或充分性。但是,这并不意味着不能比较双方涉及的理论、概念和方法乃至工具要求。如果由此进入到科学或技术实践中来,那么就可以将德莱克斯勒—史莫莱之争置于"进路1"或"进路

2"所蕴涵的工具关系中加以看待。目标层面是指特定科技共同体拥有的目的或价值，包括科学研究的评价和构造方式，如围绕可能的实验概念蓝图进行可检验的信息丰富的理论探索和经验评价。方法层面涉及理论建构及其评价手段以及特定的实验策略，用来产生、控制和稳定相关现象。理论层面包括特定科技共同体采用的各种理论及其假定，用来解释和预测科学或技术现象。尽管（科学）工具有时与这三个层面具有一致之处，但不能简单地将工具等同于其中任何一个层面。工具制造和操作固然需要借助某些理论，不过较之理论，工具包含更多内容。工具在技术实践中扮演着特殊角色，如借助工具使实验成为可能，科学家借助工具探测某些人无法直接观察的物理世界细节。工具使用固然需要某些技巧、方法和规则，不过工具操作技能远远超越一般方法和规则，它的特殊要求和能力包括校准仪器、信息辨别等。工具实践的目标和价值不同于理论建构目标和价值，前者涉及后者无需关注的仪器或设备细节。回到德莱克斯勒—史莫莱之争上来，尽管双方在目标、方法和理论上不同，前者侧重于理论性人工制品建构（目标）、机械设备可能性的理论探索（方法）和力学理论（理论），后者侧重于可探测和可控制的现象建构（目标）、实验室现象的真正实现（方法）和化学或生化理论（理论）。但两者有着共同的工具要求，亦即使用相应显微设备是实现纳米现象、建造分子装配器、呈现纳米世界的关键或必要工具因素。显然只有借助显微设备，纳米技术共同体才能在直观下对纳米现象进行控制，才能制造出分子装配器。在这种装配器要求的纳米尺度范围，没有适当的工具做媒介，要控制这种装配器是根本无法想象的。正是在工具意义上，德莱克斯勒和史莫莱之间可以达成一种"最小化通约"，这就是纳米现象的产生、稳定和控制必须要诉诸工具：对于德莱克斯勒来说，如果在其纯粹理论方法中不考虑工具要求，就等于忽略掉分子装配器适应纳米空间的关键问题；对于史莫莱来说，坚持制备可控制和可探测设备实际上就是强调适当的工具要求。布尤诺（Otávio Bueno）正是以工具关系为基础，对德莱克斯勒—史莫莱之争做了如下评论[1]：

> 这样我们就会看到，史莫莱最终为自己辩护的途径，是无需质疑德莱克斯勒，只要诉诸其［工具］要求就行了。双方毕竟拥有共同的承诺，即适当的工具对控制纳米现象的不可或缺。不过，史莫莱显然进一步清楚地指明了这一承诺，并引入这样一种要求：应该获得可探测结果，以便部分地确定分子装配器的可能性。工具参与对于制造这种装配器是不可缺少的，因此确定分子装配器是否可能，至少在原理上，取决于是否能够获得可探测结果。这样一来，较德莱克斯勒，史莫莱主张的整个建议似乎更有胜算。

以上引证并不意味着史莫莱的整体方案是完全可行的，但强调工具要求或工具关系，毕竟需要将有关纳米技术的各种争论纳入到现世主义中加以评价，以便展示各种方法在建构纳米技术过程中的作用及其选择。在这里可以从两个方面表明这种工具关系的重要作用：一是既要在理论上借助工具认识物质的原子和分子现象，又要在实验中借助工具建构纳米世界图像、促进纳米制品稳定化和创建纳米世界模型，以有利于科学的想象；二是如果实验工具显示的纳米世界并非自在之物的绝对尺度，那么工具关系表明的纳米世界图像就只能成为纳米技术的隐象参与评价基础。这种评价，如果不是仅仅局限于具体的纳米技术发展，那就可以在"进路1"和"进路2"的发展基础上，进入"进路3"的解释学关系中。

---

[1] Otávio Bueno，"The Drexler-Smalley Debate on Nanotechnology: Incommensurability at Work"，*HYLE*，Vol. 10，No. 2，2004，p. 95.

第五节 进入现象学—解释学活动

仅就科学理解目的来看，人们并不需要关注表征物的空间操作尺度。自然科学基本上是在理论理解范围进行探索和实验，也不会将对新颖和奇异性质的日常经验意识纳入其解释范围。但是，一旦进入人类的有意识行动范畴，我们就不得不对这种行动进行表征性理解，并将它看作一种伦理学要求。由于人类的有意识行动肇始于黑箱化背景或环境，所以无论是作为应用科学的技术（生产技术或工程），还是作为应用技术的科学（实验科学），技术始终是一种有目的的世界干预活动。在这种意义上，围绕技术方式发展一种表征性理解，会将人们带入现象学—解释学活动中。

为了说明上述指向，需要探讨现象学本身的解释学含义。胡塞尔把自然界的无限性称为"充盈"（fulle）——指由复杂的感官品质（包括相互交织的色彩、声音、温暖、重量、空间组织和时间延续等）构成的人的整体直观形式。在经验世界中，充盈原本不是混沌而是呈现为有序。也就是说，存在物之间彼此相依，生息不停，在世界中栖居，变数很多。胡塞尔把这种和谐称为"不变样式"（invariant style）[①]：

> 我们可以在反省中和在对这种可能性的自由变更中清楚地意识到这种样式。我们以这种方式使可被直观的世界在整个经验之流中所保持的不变的普遍的样式成为我们的研究课题。我们以这种方式清楚地看到，事物和它们的事件，普遍

---

① ［德］埃德蒙德·胡塞尔：《欧洲科学危机和超验现象学》，张庆熊译，上海译文出版社 1988 年版，第 37 页。

地讲，并不是任意地出现和流失的，而是通过这种样式，即通过这种可被直观的世界的不变形式，先天地结合在一起的。换句话说，一切在这个世界中所共同地存有的东西，都是通过一条普遍的因果律，直接或间接地互相依存的。由于这种样式，世界不仅是一个万有的总体（Allheit），而且是一个万有的统一体（Alleinheit），即一个整体（尽管它是无限的）。

以上引证表明，世界万物通过一种普遍的因果关系规则而自成一体，世界的充盈和一体性呈现于人的全部直观中。但是，当我们通过现代科学，将充盈进行切割，进而将其品质作为"知觉数据"，赋予特定感官（如视觉刺激之于眼睛、声波之于耳朵等）时，这种感官品质之网就会遭到破坏，形成另外一种直观的充盈景观。数学试图建构一种类似于充盈的理念形式系统，试图以此来完全涵盖自然的充盈。不过充盈的各个定性方面，诸如温暖与冰冷、粗糙与光滑、光明与黑暗等构成特定现象风格的关键元素，很难被量化或获得精确测量。也就是说，自然的充盈并不能为各门基于数学的科学把握。同样的，纳米技术视觉化科学策略也是要试图弥补这一缺点，但普遍化的技术进步对自然的充盈毕竟担当了破坏者的角色。

为了把握世界的总体性，胡塞尔发展了一种考察生活世界的现象学方法：以世界自身的充盈和相互关系，考察存在的相对不变结构（例如，空间性、时间性、表象或化身、意向性、物性等），并将它们显现给人的意识。为此，胡塞尔把自己看作一位批判的笛卡尔主义者。他坚持笛卡尔的人拥有的唯一确定性就是自身的思的确定性这一见解，但同时又认为人的意识结构及其世界经验，远比笛卡尔想象的复杂和精致得多。在他看来，"悬置"（epoche）作为批判的"中止判断"，是一种在文化上渗透于人的思维习惯并能带来奇妙的意识变化的精神自由。悬置保留了"经

验的活动、思想的活动、估价的活动等的整个活动的生活"，把
在这种生活中呈现到眼前的"作为世界、作为对于我来讲存有的
和有效的东西"，仅仅当作"现象"加以考察，从而在哲学上代
表着"朝向现象学前进的方向"①。在这里，世界必须是人的经
验、理解和行动直接面对的普遍领域，考察这种世界充盈的意义
结构，并使其向人的反思呈现，便成为现象学的哲学任务。

胡塞尔曾经把超越客观的、外在的世界考察，看作一种"内
在知觉"（Innenbetrachtung）：将世界构造作为特定现象的自我呈
现加以反思。在胡塞尔那里，现象学作为一种"内在知觉"，必
然要求一种激进的思维习惯转变②：

> 对世界的一切客观性考虑均是"外部"的考虑，仅仅是
> 从"外表"把握客观的实存。对世界的激进性沉思，是在外
> 部被赋予"外形"的主体性的系统的和纯粹的内在考虑。就
> 生命有机体的统一性来说，尽管我们可以从外部考虑和解剖
> 它，但对它的理解，必须要回到其隐藏的根源，并随着它的
> 产生和奋斗历程从其一切成就中系统地追踪造就生活的
> 力量。

在以上引文中，所谓"造就生活的力量"实际上是一种隐喻，它
直接指向的是人及其意识生活。这种意识生活以其广泛的世界质
疑，对生命有机体的内在存有及其外部表征问题进行质疑。胡塞
尔把人类意识及其世界构造质疑，置于现象学考察的中心："意
识生活是一种进行造就的生活，它（不论正确还是错误）造就了
存有的意义。这既包括造就被感性地直观到的存有的意义，也包

① ［德］埃德蒙德·胡塞尔：《欧洲科学危机和超验现象学》，张庆熊译，上海
译文出版社 1988 年版，第 92、83 页。
② Husserl, E., *Die Krisis der Europäischen Wissenschaften und die Transzendentale
Phänomenologie* (Vol. 2), Haag: Martinus Nijhoff, 1954, s. 116.

括造就科学的存有的意义。"① 在这里，如果说在存在的意义上，世界本身来自人类的意识生活的话，那么科学就是一种造就世界的理性行为。正是这样，胡塞尔实际上颠覆了人们已经习惯的科学客观主义，而试图诉诸现象学，对科学构造的理性世界进行质疑和沉思。一旦进入到这种沉思层面上来，对科学世界的解释就不能仅仅限于客观性本身，而是要脱离唯我论的"孤独"，面向整个自然的充盈或实存意义。

纳米技术的基本承诺是，在纳米尺度上模仿自然过程进行原子和分子操作，以便在现实意义上实现和利用这一尺度显现出来的特殊物性。按照胡塞尔的现象学界定，纳米技术不过是世界构造的"意识生活"，即人工地制造自然的"充盈"。我们也许不能从科学上排除这种人工世界的有效性，但需要对其中包含的控制概念和意向性主张做出某种"内在知觉"。人类通过纳米技术是要有意识地在微型的物理世界留下人的控制痕迹，即：通过原子和分子的人工操作，对未开化的、无法预测的自然物结构进行重构，制造出人工性纳米结构或系统。目前工具关系范畴的纳米技术发展带有明显的科学实验特征，这就是它试图要排斥所有变量和一切非标准化因素，在实验范围内将纳米世界还原为可操作的工程设计的"经验"。但是，正如费伊（Thomas Fay）指出："这里的'经验'一词是在源自实验的经验意义上加以理解的，意指一种被控制的经验……控制显然是其本质所在，相应的存在物本身只能以某种严格的预定的方式呈现出来。"② 在这种实验控制下，人工纳米结构如其所然地被赋予客观性、实验室控制和设计操作的符码和意义。这样，纳米技术以其可靠的、可信的绝对方式，提供了对自在之物的根本控制的诱人视角。纳米科学家和工

---

① ［德］埃德蒙德·胡塞尔，《欧洲科学危机和超验现象学》，张庆熊译，上海译文出版社1988年，第108页。

② Thomas A. Fay, "Heidegger: The Origin and Development of Symbolic Logic", *Kant Studies*, Vol. 69, 1978, p. 453.

程师，在实验室中尽可能地消除自在之物的偶然性或随机性（如不稳定的自然力量），其最终目标是对环境、自然进行更为广泛的技术控制。但是，纳米技术本身并不完全致力于解决环境、自然问题，其主要旨趣在于取得发现优先权和知识产权，或者以纳米材料生产或销售权换取科研经费支持。在这里，纳米结构作为纳米世界构造的"软件"具有重要意义，纳米技术按照这一"软件"进行人工构造。这种人工构造并不像自然进化那样要展示一个有序的星球体系或绿色地球家园，而是仅仅为了满足工业化的微型化控制需求。纳米技术发展的整个前景，如果是以前面讲到的以"进路4"（从未来技术到未来目标）取代"进路2"（从现实技术到未来目标），那么纳米技术不受限制的自由意志，就在于推动直接控制原子或微型化原子操作的机械化发展，或者将整个工业化发展置于微型化机械操作的水平上。也就是说，从自然进化的有形充盈到人工化的无形人工操作，这一转变标志着工业和农业的话语变化以及自然乃至生命的本体论变化。

围绕本体论涉及的物自身或存在问题，海德格尔发展了胡塞尔的现象学，提出了"解释的现象学"（Hermeneutic Phenomenology）方法。为了消解主客二元分立问题和走出从外部理解世界的哲学困境，胡塞尔不再诉诸现代形而上学（如笛卡尔主义）界定物或自然。其结果是，现象学的"现象"是就其自身显示自身者或公开者。客体或物作为现象，对观察者来说是确定的，但在无限的和绝对的感觉意义上，却是暂定的和异常的。按照海德格尔的"解释的现象学"方法，现象学运动实际上并不要求确定实体的绝对地位或本质，其在"方法上的意义就是解释"[①]。如果实体不是被赋予绝对的地位而是解释的性质，那么实体本身必须包含某些非客观主义特征。这恰恰是海德格尔要着力论证的现象学

---

① ［德］马丁·海德格尔，《存在与时间（导论）》（1927年），《海德格尔选集》上卷，孙周兴等译，上海三联书店1996年版，第72页。

主题。在他看来，西方智力史上发生的一场决定性运动，是从前苏格拉底的无蔽或解蔽的真理概念转向柏拉图的与真实一致的符合论真理概念。这一真理观改造意味着存在（自然）变成了客观主义的在场，而不是无蔽或展现活动。在与真实一致或符合的真理概念下，地球被想象为无生命的客体，自然成为一系列可确定的力量，人也成为世界的无可复归的主体和异客。与此不同，在前苏格拉底那里，真理是从被遮蔽的生命世界地平线上，呈现或展现为一种可解释的、临时的和相互关联的一系列事件。

必须要强调，无蔽或解蔽的反运动是遮蔽或回复。实体能被展现出来，实体也能被遮蔽起来。换言之，展现与遮蔽，两者均隐含于真理运动中。事实上，遮蔽或隐含与展现或显露，是如此紧密地交织在一起，因此"无蔽者必然是从一种遮蔽状态中被夺得的，在某种意义上讲，也就是从一种遮蔽状态中被掠夺来的"①。当然，遮蔽状态作为一种自行遮蔽并不从实体中消失，它保留着与否定常态或充分展现的不确定性情形。因此对海德格尔来说，所谓原初的真理代表着实体的展现运动，同时这种真理运动又包含着内在的、潜在的遮蔽运动。进一步说，从本质上讲，真理具有展现和遮蔽的双重性。这样，现象学就是要认识真理的原初根源，包括完全展现的东西和不完全展现的东西。

如果说现象学的真理意味着物的展现或自然（physis）的展现的话，那么亚里士多德对自然的论述便适合于现象学方法。因为亚里士多德描述的正是物的自我呈现方式："一切自然物都明显地在自身内有一个运动和静止（有的是空间方面的，有的是量的增减方面的，有的是性质变化方面的）的根源。"② 按照这种界定，一切存在物均有自我生成的内在倾向，因此生理过程、适应

---

① ［德］海德格尔：《柏拉图的真理学说》（1931/1932，1940），《路标》，孙周兴译，商务印书馆2001年版，第257页。

② ［古希腊］亚里士多德：《物理学》，张竹明译，商务印书馆2004年版，第43页。

环境和其他一切似乎包含目标的行为方式，均可以被解释成为非物质力量。例如，生物学的物种秩序表明，一种有机体的目的（telos），在于追求自我实现（橡子奋力达到的目的就是成为橡树）。自然界的每种事物，均是通过达到其特定目的成就自身，获得自身特性。亚里士多德认为，一个存在物为了能够达到自身的目的，必须要在其范围和生存状态方面受到限制。但不能将物的这种限制理解为一种消极原则，而应把它理解为一种积极原则。存在物带有边界，是以其所然为条件或界限：A 的边界是 B 是说，A 以不能与 B 交流为限。正如海德格尔认为，一种限制实际上是一个存在物的生成，因为它在实体与其自身对立面之间启动了某种边界①：

> 产生和消逝的东西，在希腊人看来，就是那种一会儿在场一会儿不在场的东西，而且是没有界限的；但界限在希腊哲学上看，并不是外部边缘意义上的界限，并不是某物终止之所。界限一向是限定者、规定者、赋予支持和持存者，是某物由之并且于其中得以开端和存在的那个东西。无限地在场和不在场的东西从自身而来不具有任何在场化，并且归于无持存状态。

从上面引证可以看出，限制或界限赋予实体以边界和形式。由于它针对的是存在物的否定性形成，所以也允许一种存在物按其内在特性产生并形成持存状态。任何产生并形成内在持存的东西，均以限制为必要条件，因为存在物的产生和持存就是达到自我限制或为自己生成界限。与亚里士多德一样，海德格尔通过物的识别来防止其退化为非存在物，为物的内部保护寻找边界。显

---

① ［德］海德格尔：《论自然的本质和概念》亚里士多德《物理学》第二卷第一章，（1939 年），《路标》，孙周兴译，商务印书馆 2001 年版，第 312 页。

然，物的边界赋予实体以特性和持存特征，以维系其唯一性。因此限制或边界不是存在物的缺点，而是一物产生并形成持存状态的开端。在这种意义上讲，有可能违背物的如其所然的有机边界而滥用或误用存在物。在这里，不明智地利用各种存在物（包括模仿存在物形成机制），就是通过改造将存在物变成控制状态下的单一功能。这种误用或滥用，有时因支持外部的技术操作而改变实体构造的根源和持存状态，这时存在物运动的根源和秩序不再源自其内部而是来自边界之外的技术力量。一旦突破存在物的内在边界，存在物的在场就会"自行委身于单一者的无蔽域"，或者"转变为单纯的'看起来就像'"①。这种对抗状态，从本质上撕破了物的显现，打破了存在物的稳定及其独有特性。

毫无疑问，在科学实验和技术控制中，"抽象"乃是关键问题所在，因为实体能够被抽象出来就意味着它的内在边界被扭曲。物从其超越的界限退回来，其最终的对抗被挤入狭窄范围，结果是实体按其目的论的、宿命论的特性激发出来。海德格尔举出的最极端例证莫过于核反应：核反应也许是边界破坏的最显著代表，原子弹则是物的边界突破。纳米技术虽然与以往技术（包括化学、物理学、生物学实验技术等）不同，尤其是其纳米制品或设备及其操作更具有"非直观性"（隐象），但它最终也是通过纳米结构对感性直观的可显示性表征出来。历史上涉及原子或分子处理的一切技术追求的是一种对自然的原初控制，仍然赋予自然以一种较高的存在物地位，最多只是局部控制。但是，纳米技术通过重新装配自然的存在本质，追求一种对自然的微型化总体控制，将自然神圣的自我呈现形式变成人工的无形性外部生成。这种技术剥夺了自然复归的特性和遮蔽状态，它通过自然物的固有边界的功能化代表了自然的彻底终结。纳米技术的整个进路，

---

① ［德］海德格尔：《论自然的本质和概念》亚里士多德《物理学》第二卷第一章，（1939 年），《路标》，孙周兴译，商务印书馆 2001 年版，第 313 页。

暗含了亚里士多德的自然物作为自我包含和自我划界的边界的突破。依此下来，无论是无机物还是有机物，均可以作为原子或分子的胶合体而得到装配。纳米技术似乎被赋予了生命，只要能想象得到，任何纳米结构或系统均可以在外化的电子技术图像下进行设计、制作和修补。这样，纳米技术便成为一种超级控制，任何纳米结构均成为知识产权。这种纳米结构，由于仿照自然的实体构成，所以自然实体不再作为物自身对人保持神圣。

　　正是鉴于以上对纳米技术的现象学—解释学思考，就人与纳米世界的工具关系来说，必须要以"切近"的途径来达成人与世界的和谐。这种切近不纯粹是物理学的、化学的和生物学的空间障碍克服，更是一种安顿人作为纳米世界的"他者"的自我显现的伦理学需要。纳米技术图像既是一种"表征"，是人捕捉客体、景观、事物状态和思想理念等突出特征的特定产物，其描述纳米世界突出特征的东西也就成为人构造纳米技术图像的功能或意向所在。因此无论是费曼提出的"底下空间［纳米世界］还大得很"，还是德莱克斯勒的自动化纳米机器，抑或是艾格勒的扫描隧道电子显微镜下的原子操作，均不应是一种独立于人的工具性微型空间探索和改造，而应看作是一种人—技术—世界关系的深入推进。就此而言，与其说在实证论、客观论、还原论和机械论意义上，强调认识和控制纳米世界，毋宁说是对纳米技术采取一种"结构与性质的功能主义"态度进行"功效"显现①，或者说是采取整体论隐喻方法，围绕纳米世界实在从各种视角加以整合，以确保自然还是自然和人仍为人的明确边界。进一步说，纳米技术发展已经进入到解释学阶段，将人的经验肉身直观尺度转换为纳米尺度，激发人们对超越技术事业本身，全面把握理性、责任和控制各个方面，就纳米技术方法进行广泛的社会政治伦理

---

　　① Thomas W. Staley, "The Coding of Technical Images of Nanospace: Analogy, Dis-analogy, and the Asymmetry of Worlds", *Techné*, Vol. 12, No. 1, 2008, p. 22.

想象。进一步说，纳米技术建构将不单纯是一种对微细物理空间的客观性描述或操作，更应是一种美学、社会学、伦理学乃至政治学行动，其整个指向是避免以单一的微型化机械论决定人类的未来前景。

第六节　纳米技术的意识形态关联

对纳米技术的现象学—解释学考虑，实际上涉及的是人—技术—世界关系中显现出来人的技术意识、技术意向、技术态度或技术情绪。在一般意义上，柯尼希（Wolfgang König）按照人与技术的相互关系，把这种技术意识或技术意向分为三种类型[①]：一是对待技术的社会兴趣，它是指人们在特定背景下对具体技术（如技术产品、程序和系统）的社会行为；二是对待技术的态度，即人们对待整个技术系统的评论；三是技术扮演的意识形态角色，或说技术受到意识形态引导。第一种技术意识依据的是一种不证自明的成本—收益评估方式，它既源于技术产品质量，又源于特定社会背景。由于社会背景不同，人们对同一技术的评价，往往会产生不同甚至相反的评价结论，因此很难寻找到人们对待和处理具体技术的简单评估规则。与第一种技术意识相比，第二种技术意识作为对整体技术系统的态度更加难以评估。也许在较低层次的社会意识和较高层次的意识形态研究之间，寻求中间层次的技术态度评价是一条可行的学术途径。但就纳米技术发展阶段来说，我们不得不首先从意识形态角度分析整体的技术态度。

2004 年，美国国家科学基金委员会纳米技术高级顾问罗柯（Mihail C. Roco），为"纳米革命"设计了如下四代纳米制品发

---

① ［德］柯尼希：《西方世界对技术的态度：从工业革命到现在》，王国豫、刘则渊主编：《科学技术伦理的跨文化对话》，科学出版社 2009 年版，第 26—28 页。

展的时间表①：第一阶段（2001 年），被动纳米结构发展阶段，包括涂料、聚合体、陶瓷等；第二阶段（从 2001 年到 2005 年），主动纳米结构发展，包括晶体管、目标药物、制动器、感应器等；第三阶段（从 2005 到 2010 年），纳米系统发展，包括机器人技术、3D、网络、制导装配器或汇编程序等；第四阶段（从 2010 年到 2020 年），分子纳米系统发展，包括设计的分子、可进化的纳米系统等。这一时间表在发展进程上显得有些"冒进"，但它的确与前面讨论过的纳米技术发展最终方向相一致。这就是，在方法论上，纳米技术最终是以"自底向上"为旨归。第一代纳米技术产品具有固定功能，如抗抓的纳米涂料等；第二代纳米技术产品的功能性会因外部刺激而变化，如感应器能够探测环境条件变化并作出反应；第三代纳米技术产品属于由主动亚系统构成的综合性纳米系统，如纳米尺度制造的人工器官和进化性纳米生物系统等；第四代纳米技术产品的技术基础不再是"自顶向下"的装配制造方法，而是"自底向上"的异质分子系统制造方法，如自我装配的纳米基因和分子设计等。

为了方便，可以将四代纳米技术产品分成第一代纳米技术产品和其余代纳米技术产品两个框架。在这里，如果说前一框架主要参照的还是"自顶向下"方法的话，那么后一框架则以"自底向上"方法为发展方向。从目前发展情况来看，从第一代纳米技术产品过渡到第二代纳米技术产品已经出现某些迹象。我们知道，目前第一代纳米技术研究主要集中于纳米材料领域，诸如纳米微粒、碳纳米管、量子点、富勒烯、聚合物等。与此同时，类似"主动纳米结构"这类复杂概念的技术操作也有所发展。自 2005 年以来，主动纳米结构研究出现明显增长，其突出表现是相关出版物和资助大量增加。主动纳米结构研究活动反映出的方法

---

① Mihail C. Roco, "National Nanotechnology Initiative: Planning for the Next Five Years", *Presentation at the National Nanotechnology Initiative 2004 Conference*, National Science Foundation, Apr. 1, 2004.

论方向与前面讨论相一致，这就是"自底向上"方法。这可以从以下五个方面内容看出：

第一，远程或遥感致动的主动纳米结构。它包括磁、电、光和无线标记的纳米技术，利用设备的电磁光谱进行活化、感知和通信，适合于生物医疗、环境、农业和监控等领域应用。利用氧化锡纳米微粒和接插天线制成的感应器，可用于无线探测过熟水果释放的乙烯气体。远程致动的灯能与天线结合起来实现类似植物和微生物的光合作用，可应用于太阳能转换。基于光电现象和室温光激发光现象，纳米技术取得持续进步，包括感应器、催化剂和太阳能电池等。光电子学发展提供了电信、信息处理和雷达用材料，电浆子光学成为基于光谱识别和光数据传输的感应器应用学科，应用富勒烯和碳纳米管制成的高频振动器则是制作纳米天线的活跃领域。

第二，环境感应的主动纳米结构。它包括环境感应器、光制动分子汽车、药物传送机、环境感应制动器等。其中环境感应器是主动纳米结构研究的最杰出领域，主要包括电磁感应器、声学感应器、光学感应器、机械感应器等。最近有一种感应器研究，主要是用来探测因被分析物存在而产生的感应界面性质变化。例如，使用磁致弹性材料制成的一种生物感应器，可用来探测将细菌与噬菌体绑定情况。这种原理也可用于感应器不同组件组合情况，如探测纳米线和碳纳米管组合形成的感应设备的电界面情况。同样的，这种探测也能用于其他标准，如带有"酶感应槽"分子标记的聚合物类似于生物学中的酶—衬底相互作用。当然环境感应器探测基于结构和化学识别，接近于某种分子尺度探测。环境感应器有利于改善原子或分子操作工具，能为显微镜压缩电阻悬桁结构提供感应探针。

第三，杂交体的主动纳米结构。这种研究涉及有机材料与无机材料结合，如生命体—非生命体杂交和硅—有机体杂交的纳米结构。硅—有机体杂交的纳米技术是将硅芯片技术与纳米尺度的有机体组件（如薄膜等）耦合，其使用材料包括碳和碳纳米管、碳和硅纳米线、有机聚合物和超分子等。生命体—非生命体的杂交体设备是将诸如 DNA、蛋白质、薄膜、薄膜隧道毛孔和光合体系等生物纳米组件与非生命环境下的酶结合起来，实现积极功能，如使固定酶压缩和使动力蛋白产生线性和圆周运动等。这种技术的新颖性在于，杂交体设备能够提高纳米产品的自我装配和自我复制能力。

第四，微型化的主动纳米结构。这种技术来自模拟技术和"自底向上"方法，包括功能分子装配。尽管诸如氧化还原、异构化作用、旋光现象等作为天然的分子装配现象并不稀奇，但如果将纳米技术用于纳米机器制造，就需要在结构制造上模仿这些现象，制造出诸如逻辑门、单电子晶体管、分子汽车等。例如，人工合成的分子汽车是基于超分子结构模拟，因为诸如环糊精、环蕃、轮烷、准轮烷、索烃等超分子，似乎均具有某种机械结构和功能。

第五，改造性的主动纳米结构。这种纳米结构变化在其生命周期中具有不可逆性，要求在变化前、变化中和变化后考虑其风险，因为它在发挥其修补作用后会失效。例如，自我复原材料有金属和塑胶涂料等，它们能够修补腐蚀性破坏和机械性破坏，主要用于被动—主动层的复合结构和被动母体—主动（修补）化合物结合的纳米容器等。这里的修补是从刺激触发开始的，这种刺激触发包括裂缝或变形、光线和酸碱度变化等。

从以上技术内容描述来看，纳米技术的确存在着按照罗柯设定的时间表发展的必然趋势。尽管从第一代纳米技术产品过渡到第二代纳米技术产品还存在诸多困难，但主动纳米结构研究在近期内的应用和商业化并非不可能。回到前面几章的讨论上来，这一发展趋势背后乃是一种传统实证主义哲学。这种实证主义哲学传统前面已经讨论过，这里将它概括为如下两个层次的技术态度：一是就纳米技术地位说，主要是采取还原主义或还原论态度，将人类一切科学和技术还原为"纳米技术"，把纳米技术看作人类智力汇聚的中心或核心，此即 NBIC 汇聚技术；二是就纳米技术未来展望说，采取一种实体认识论，坚信人类一定能够深入到纳米尺度认识物质世界，并以"自底向上"方法操纵或控制世界。这两个层次的技术态度无疑已经吸引着人们形成各种具体技术意识，包括客观（普遍）主义、机械主义、进步（进化）主义、乌托邦（未来）主义等。从现象学意义看，沿着这些技术态度和意识，纳米科学家和工程师聚焦于如下信念：纳米技术图像解释一定能够揭示出纳米世界的真理和实在，由此不仅能够认识纳米世界，而且能够改造纳米世界。毫无疑问，纳米技术共同体和相关技术决策者正在强化着这一信念，但正如斯密特指出[1]：

> 还原主义的"自底向上"的方法论，对于诸如超导和某些量子计算等的特殊材料、工具、性质和过程发展是必将成功的，但这绝不是普遍的。有许多人怀疑各种具体纳米技术幻想的整体命题：自然可以逐个原子地加以建构。物理学和化学有着苛刻的限制条件。在这里，我要特别提出如下辩论线索：如果各种具体纳米技术幻想把动力系统理论，包括非线性动力学、混沌理论和自组织理论，当作其基本理论之一（它们有时的确主张采取这种做法），那么它们就应该意识到整个还原主义策略的限制条件，从而意识到技术操作的认识论限度。所以我要奉劝的是，各种具体纳米幻想需要识别并从物理学的限制条件中获得教益。

以上引证表明，纳米技术共同体目前流行的技术态度并不能构成纳米技术发展和决策的唯一意向。当代非线性物理学和混沌

---

[1] Jan C. Schmidt, "Unbounded Technologies: Working through the Technological Reductionism of Nanotechnology", in D. Baird, A. Nordmann and J. Schummer (eds.), *Discovering the Nanoscale*, Amsterdam: IOS Press, 2004, p. 45.

理论，源于对经典现代物理学及其本体论和认识论的还原主义的主流范式批判。这种新物理学对今天整个数学和工程学科的重要启示在于，非线性和不稳定性在自然界和技术设备中扮演着根本角色。如果自然和技术客体受制于非线性，那么它们在结构学和动力学上便处于不稳定状态。这种非线性和不稳定性表明，伴随着初始条件的微小扰动，必然产生动力学上的巨大效应，如弹子点、分形、混沌等现象，此即"蝴蝶效应"。自然客体的不稳定性挑战着纳米技术的"自底向上"策略：它不仅限制着对微细客体的技术控制，而且也限制着从纳米世界到宏观世界的连续技术操作路径。客体越小，客体行为越不稳定，纳米效应也越容易放大为不受控制的中观效应。进一步说，按照物理学规律，纳米技术的微型化操作的关键问题是：技术设备的随机热振动或波动会产生"杂音层"，"杂音层"下面的实际信号很难获得辨识。显然按照当代非线性物理学和混沌理论，对实验可重复性以及相应实验和技术制备方法的经典理解，对技术接近纳米世界及其未来前景的计算和预测，纳米技术的数学建模及其实验检验，所有这些方面均存在疑问或面临挑战。因此目前流行的纳米技术态度的问题就在于，它强调知识、行动和控制的因果依赖关系，对纳米世界做了"无所不能"的技术夸张，完全无视纳米技术的复杂性、非线性、不确定性、不稳定性和不可预测性。正是鉴于纳米世界的这些特征，纳米技术并不能原原本本地建构出所谓客观的纳米世界现实。在这种情形下，所谓实证主义哲学便只是并非唯一意向选择。所以必须要围绕纳米技术图像，立足人—技术—世界关系，就其各种意向、功能、价值和意义，展开广泛的社会政治伦理对话。这种对话需要集中各种哲学传统，深入到意识形态层面进行协商和辩护，其目的是防止单一的技术态度成为主导或支配纳米技术决策和发展的主流意识形态。

就目前整个技术来说，将技术与一般意识形态联系在一起并不奇怪。在当代社会中，人与技术已经密不可分，不仅没有人就没有技术，而且没有技术人就无法确证自己存在。与此同时，技术已经成为一种占据主导地位的强大力量，它作为非中立因素强烈地影响着经济、文化、社会和政治结构，成了质量、效率、文明和进步的表征或象征。正是这种象征包含了各种各样的意识形态评论，这些意识形态反过来也对包括纳米技术在内的新技术起着塑造作用。前面就纳米技术已经涉及的乌托邦主义与敌托邦主义、科学主义与人文主义、决定论与非决定论、机械论与非机械论之争，实际上就是不同意识形态围绕纳米技术伸张其不同的意义和意向。这就是胡塞尔所称的"意义的沉积"，这种意义的沉淀作为意识形态，引导着纳米技术的图像、想象和话语生成。在这里，现象学—解释学方法具有双重任务：一是揭示当前纳米技术中的文化沉积和隐含动机；二是探索纳米结构显现于人类经验时，确保存在物的"充盈"、完满与和谐。这一过程，既是文化或意识形态批判，又是经验建构；既是怀疑的解释学，又是确证或建构的解释学。鉴于这种批判—建构方法，以下将前面已经涉及的所有技术争论或文化争论开放给与纳米技术治理相关的政治哲学范畴，将它们归结为意识形态立场和利益诉求差异。

毫无疑问，与实证主义哲学传统及其主导范式（如强调客观、普遍、确定、进步、乌托邦等）的政治诉求（如追求新颖知识、开辟新领域、以客观性取代人文考虑等）相一致，经济发展和社会治理过程中既有的自由主义和功利主义，正在成为纳米技术决策的潜在主流意识形态。自由主义立足市场经济框架，主要强调知识产权平等保护。其对纳米技术的现实意义就在于，纳米科学家、工程师和企业法人，在自由市场经济中发挥自己的产权作用，通过获得、转移和修正知识产权，推动纳米技术发展及其应用。在这里，政府的角色或功能，只能限于知识产权保护，包括防止知识产权抢夺、盗窃、欺诈、违约等。与自由主义思想相关，功利主义作为支配目前纳米技术发展的另一意识形态，则主张如下观点：只要能增加总体福利，任何社会安排均被视为是公平的。这不仅包括自由主义强调的知识产权规则制定，还包括政府支持纳米技术研发。由于科技研发的社会效益往往远高于通过产权系统为发明者个人和法人带来的私人利益，所以会出现"市场失灵"，因为私人企业的研发投资并不足以达到社会总体福利水平。目前世界各国纷纷制定纳米技术研发计划并设定具体投资项目，很大程度上来自这种意识形态主张的政策渗透。因为它主张国家或政府必须要借助税收来激励多于市场引导的科技研发，以便产生更为广泛的社会福利。在这种意识形态主导下，人们透过纳米技术，不仅把对人的物理和精神限制的技术超越当作必然趋势和道德律令，而且还将它作为经济增长的推动器和实现全球经济系统变革的重要力量。

按照自由主义和功利主义，纳米技术研发、生产和销售，主要是以市场交易决定技术开发和使用，包括在世贸组织框架下的知识产权规则的全球扩张，无需关心其对人类健康、自然环境等的广泛影响。这种市场话语，虽然考虑到城市工业经济系统的不可持续性，但却认为纳米技术会带来一种新的可持续发展方式：纳米技术使高标准的可持续城市文化成为可能，带来新的可持续能源系统和分散的低污染制造工艺。但是，从激进观点看，各种新技术应对目前城市工业经济系统的可持续发展面临着各种困难，其中纳米技术还可能产生不可预料的社会后果。

于是，人们基于对自由主义和功利主义的政策批判，开始诉诸契约主义和社群主义设想新的技术方式，以便取代或至少是对市场基础的技术发展方式起到某种平等主义补充。罗尔斯较早提出了契约主义思想[①]：公平取决于理性的个体拥有自由裁量权，只要契约协商起点足够丰富（"无知之幕"）就能确保契约公平，即使在"无知之幕"下不知道自己的最初立场，也不会赞同功利

---

① ［美］约翰·罗尔斯：《正义论》，何怀宏等译，中国社会科学出版社1988年版，第50—57页。

主义的道德原则，因为功利主义虽然指向的是总体福利增长，但其结果是弱势群体福利减少；站在弱势群体立场上，所谓"正义即公平"就是确保弱势群体获得相应利益，使强势群体和弱势群体得到同等对待。如果将"正义即公平"概念并入纳米技术发展，那么就无需在目标上进行激进变革，只是要求在鼓励商业活动把"饼"做大的同时，确保通过致力于公共产品的科技项目实施有意识地推动弱势群体利益最大化。这就是所谓"包容型功利主义"，即纳米技术从一开始就着眼于"美好生活"或"事先平等"实践。这种模型主要包括市场交易、市场导向的公共资金激励和意在帮助弱势群体的公共研究计划三个分配机制。这些分配机制虽然各自采取不同工具，但与自由主义和功利主义一样，仍然无法改善不断增长的不平等情形。中国作为发展中国家，虽然长期致力于消除绝对贫困，但却带来了贫富差距和城乡差距，尤其是城乡贫困社区更代表着不平等的危险经验。这里的问题在于，人们目前推动纳米技术发展，能否减少这种不平等？社群主义也许是应对这一问题的重要意识形态途径，因为按照这一思想，一个行动只要能强化社区生活，就在道德上被认为是正义的，其重要指向是尊重人的权利（保障个人自由）和承担社会责任（确保广泛的社会价值实现）。鉴于"技术密集区域的不平等似乎与社区建设格格不入"，所以需要"对社区建设采取与对经济增长一样的严肃态度"①。当然，社群主义并不试图确定普遍的正义标准，它不过是针对财富极化的现实情形，建构另类的道德规范。在这种意义上讲，无论是在集权体制下还是在民主社会中，一个重要的政治命令是以人、技术与世界之间的和谐为主题，推动纳米技术创新、经济增长和社会共同繁荣相结合。

通过以上意识形态考察，对待纳米技术的整体意识、态度、

①　Susan E. Cozzens, "Distributive Justice in Science and Technology Policy", *Science and Public Policy*, Vol. 34, No. 2, March 2007, p. 91.

意向或情绪，在批判和建构意义上应该包含如下三个特点：其一，它是实践的，即提醒人们，任何与纳米技术相关的社会群体（包括科学共同体、决策者、技术潜在使用者等）均要关注未来，促进他们始终将未来意识贯穿于工作和生活中；其二，它是动态的，即它预设或涵盖的研究项目、公众协商等一切活动，都将付诸实现并不断完善；其三，它是批判的，即以负价值最小化作为目标承诺，由此来涵盖正价值最大化实现。关于这一特征化，还需要进一步从特定的意识形态辩护加以辨识。

第 五 章

纳米利维坦风险治理

在失去国王的统治后，有许多民族扬鞭挥舞，金戈
铁马。但是，这并未使古埃及希克索斯王朝，比美国印
第安奥吉布瓦族和北美五大湖的铜器祖先更为文明。因
此，金戈铁马只有丢进利维坦的军械库后，才能变成生
产的力量，才能变成文明的技术。

——佛莱迪·帕尔曼：《反历史，反利维坦》，1983

第一节　纳米技术的辩护与抗辩

纳米技术决策必然渗透着不同意识形态，围绕纳米技术发展
也必然存在各种意识形态争论。这种争论的主题，目前主要集中
在"纳米技术的社会意义"上。2003 年 4 月 9 日，美国众议院科
学委员会，为了制定当年纳米技术研究开发法案，就这一议题向
如下四位专家咨询意见：人工智能先驱库尔奇维尔、预测研究所
主任佩特森（Christine Peterson）、从事纳米材料行为研究的赖斯
大学教授考尔文（Vicki Colvin）和纽约特洛伊伦斯勒理工学院政
治学教授兰登·温纳。该委员会咨询的问题主要包括：一是关于
纳米技术的既有和潜在应用，应主要关注哪些方面？二是预测纳
米技术发展的后果如何可能？三是如何将有关社会伦理问题的研

究和争论纳入研究开发过程，特别是联邦政府资助的公共研发项目？四位专家围绕这些问题，从不同角度提供各自的辩词。从意识形态立场看，可以将这些辩词分为三种类型：

第一种类型不过是一种自由主义或新自由主义，它主张纳米技术发展具有必然性，任何放弃纳米技术的企图或观点，都只是"釜底抽薪"。库尔奇维尔就此提出了四条理由[①]：一是纳米技术及其相关的先进技术正在深度地融入社会并在多个前沿领域推进，纳米技术的诸多意义必将在近二三十年显露出来；二是纳米技术加速报酬增长规律的经济命令，包括技术微型化加速的指数增长受经济需要推动，同时对经济增长起到渗透性影响；三是纳米技术的希望与冒险并存，只要采取相应战略就可以做到获取收益和改善风险的两全之美，放弃纳米技术发展无异乎"釜底抽薪"，并使当前危险更加恶化。

在上述理由中，前两者明显属于自由主义陈述，坚持一种纳米技术的进步主义。按照第一个理由，许多前沿领域的纳米技术进步由数百个步骤构成，以纳米尺度衡量技术发展具有必然性。正如技术历史特别是信息相关技术的指数增长一样，电子技术和机械技术将以产品线性尺寸每 10 年降低 5.6 倍的速度（双倍指数率）在空间上压缩，因此到 2020 年多数技术都将变成"纳米技术"。例如，朱瑞安·鲍姆（Julian Baum）演示的"纳米幼虫"，作为一种微型机器人只有人体血细胞那样大小（0.1 毫米），因此可以在血管中游动。这是纳米技术的重要医学应用，可以用来清除血管堵塞物，防止动脉硬化。这一微型化理念并不是什么未来主义思想，因为目前医学界正在利用这一理念进行成功的动物实验，围绕包括血管堵塞物清理设备在内的生物学微型电子机器系统也曾召开过多次研讨会。类似"纳米幼虫"这类设

---

① Ray Kurzwei, "Testimony on the Societal Implications of Nanotechnology", *Presentation at the Committee on Science*, *U. S. House of Representatives*, April 9, 2003.

想还有很多，它们均反映出人类技术微型化的整体意向。这尽管还有许多困难需要加以克服，但人类拥有一种进步主义的道德律令，就是不断追求知识和先进技术发展。

就第二个理由看，主要是强调在经济竞争下遵循技术推进的持续经济增长律令，包括微型化技术经济发展。市场竞争的经济律令正在推动着技术进步，为报酬加速增长规律注入动力。反过来说，报酬加速增长规律也改变着经济关系，成为技术发展的主要推动力。纳米机器或作为微型化的智能机器，有着自身的巨大经济价值或合理性。不管近期商业循环需要多长时间的实践，也不管其他经济因素出现何种变数，企业界和政府对高技术的经济支持不断增长，特别是计算、存储、通信、生物技术和微型化技术研发的价格—绩效均以双倍指数率增长。在这里，纳米技术的关键意义在于，它将使软件技术向硬件技术转变的经济发展，其重要表现是目前纳米技术领域的知识产权数量的迅猛增长和纳米材料领域的经济财富集中。

当然，库尔奇维尔也承认纳米技术是一把双刃剑，但他同时认为就此放弃纳米技术绝不是办法。人类没有别的选择，只能发展符合人类目的的纳米技术。因此作为第三个理由，他坚持认为如果不发展纳米技术，人类将面临更大风险。正如历史上的一切技术一样，随着生物技术、纳米技术和人工智能的发展，人类也将经历双刃剑的潜在效应：一方面人类将由此获得巨大创造效益，另一方面也伴随着诸多新的危险。例如，按照纳米技术的数量规模要求，"纳米幼虫"必须能够像生物世界那样能够自我复制，但如果这种自我复制一旦出现错误，那么就会成为"非生物学癌瘤"，最终使整个物理世界和生物世界遭到灾难性破坏。不过，库尔奇维尔认为，这并不构成放弃纳米技术发展的根本理由。相反，他相信通过开发特定的防卫技术，可以最终解决这类问题。在他看来，放弃纳米技术不仅不是人们希望的结果，而且也不可行。抱持放弃纳米技术这一见解，忽视了这样一种历史情形，即：人类早期曾经受过许多痛苦（包括各种疾病、饥饿和自然灾害等），只是通过持续的技术进步才减缓了这些痛苦。纳米技术尽管离一切技术的微型化终结发展目标还非常遥远，但可以通过适合不同目标的项目或计划不断追求或推动纳米技术的进步，接近于其终结目标。因此放弃纳米技术发展是一种阻碍技术进步的不负责任的意识形态主张，唯一负责任的做法只能是采取细致的预防或防护策略，或者做出免疫性反应。当计算机病毒出现以后，没有人主张抛弃计算机技术。相反，人们通过开发免疫性杀毒系统取得了较好的防护效果。纳米机器的自我复制机制，虽然有可能产生"灰色黏稠物"（不受限制的"纳米幼虫"复制），但我们可以通过开发"蓝色黏稠物"或"绿色黏稠物"（它们作为特殊的"纳米幼虫"，如同警察一样，专门用来对付出错的"纳米幼虫"复制）。

第二种类型接近于功利主义或契约主义，它承认纳米技术发展具有必然性，但必须要重视风险减少。这种风险包括技术性风险和非技术性风险。佩特森关注前一种风险[1]，考尔文重视后一种风险[2]。佩特森认为不断改进对物理世界的技术控制内在于人类的种群本性，坚信纳米技术的国际经济合作和军事需要必将推动人类最终达到纳米技术目标（从原子水平上取得对物质结构的完全控制）。他区分出近期纳米技术（小于微米技术的任何技术，如纳米微粒制备等）与高级纳米技术（个别原子的广泛技术控制）两类。其中，高级纳米技术就是分子制造。这种分子制造将超越纳米材料制备，进入复杂分子机器系统生产，赋予制造大客体以原子操作能力。它的广泛意义，包括重新安排人体内分子结构（以保持健康状态）、生产零化学污染产品、实现高质产品的

---

① Christine Peterson, "Testimony on the Societal Implications of Nanotechnology", *Presentation at the Committee on Science*, *U. S. House of Representatives*, April 9, 2003.

② Vicki Colvin, "Testimony on the Societal Implications of Nanotechnology", *Presentation at the Committee on Science*, *U. S. House of Representatives*, April 9, 2003.

低成本和清洁生产、制造太空探索用的轻型材料等。正如库尔奇维尔一样，佩特森也注意到分子制造的负面效应。但与库尔奇维尔的不同在于，他认为鉴于国际竞争和军事需要，风险主要不在于分子制造的负面效应（这些负面效应均可以在技术上加以解决），而在于技术的可行性，因为复杂系统工程计划的技术挑战是开发出新的工具。因此为了寻找一种减少分子制造风险的最佳出路，决策者应该终止任何争论，回到新的工具制造上来，给予强有力的实质性公共经费资助。

与佩特森强调分子制造的工具研发不同，考尔文指出必须要将纳米技术的环境和卫生意义研究提到议事日程上来，其紧迫性和有限性表现为它将直接影响到整个纳米技术研发的投资方向。关键问题是，如果承认纳米技术发展的必然趋势，就必须要制订一个战略计划。按照这种计划，需要设计一些明显边界条件，以区分出不同的研发需求，由此确立起诸如纳米材料的环境影响预测模型等的更佳目标。这种有组织的目标有助于人们避免不确定性环境，从风险怀疑转向对纳米技术的普遍信任，从而为纳米技术创新提供一种开放性渠道。可以看到，佩特森具有库尔奇维尔的自由主义倾向，但更接近于功利主义。至于考尔文有功利主义倾向，但他又考虑到各种社会群体（包括一般公众）的利益要求，从而又包含某种契约主义态度。

第三种类型属于社群主义，它反对纳米技术的必然性陈述，主张以广泛的政治伦理意向建构纳米技术。从上面叙述可以看到，无论是库尔奇维尔还是佩特森和考尔文，也无论他们采取自由主义和功利主义立场还是采取契约主义立场，其着眼点均是纳米技术的正价值最大化。与此不同，温纳则采取社群主义立场，着眼于纳米技术的负价值最小化实现提供辩词①。在他看来，存

---

① Langdon Winner, "Testimony on the Societal Implications of Nanotechnology", Presentation at the Committee on Science, U. S. House of Representatives, April 9, 2003.

在两种命运完全不同的技术态度：其一，技术支持者经常采取一种策略，预言新技术推动将带来广泛的实际收益，包括各种新产品、新服务、新效率和新改进，以及社会更美好和人更富有、更聪明、更民主和更强大，声称这种变革不受任何力量引导或不因任何人而改变，因此具有必然趋势或不可避免，从而成为首先发出的最高的主流声音或标准主题；其二，那些关注技术如何发展及其最终结果的人们，思考着技术变革后的预定世界前景，同时着手从社会、经济、政治和环境后果就其收益与缺陷提出问题，力争围绕新兴技术应用地点、如何应用和应用程度等问题为决策发出另一种声音，这种声音属于后发意见且较为迟疑，常常被指责为非理性、缺乏科学知识甚至反技术或反进步。温纳认为，前一种技术态度预设的"必然趋势"，意味着后一技术态度没有存在的必要或缺乏合法地位。在前一种技术态度下，没有人会面对这种"必然趋势"提出另类建议。同时，由于按照"必然趋势"的合法逻辑发展特定技术，往往会产生与预定目标相左的社会后果，所以并不能将技术变革看作历史的必然趋势，而应将它看作是一种社会选择。这种选择取决于是否通过广泛的社会背景、政治背景和文化背景考察，围绕技术变革形成广泛的社会协商。

　　基于以上技术态度辨别，温纳就纳米技术的社会和伦理意义提出三个问题：一是应该持续长期努力征服和统治自然，还是追求与自然结构和过程和谐相处？二是是否应该积极促进使技术手段变成塑造社会目标的驱动力这一发展路径？三是就可能产生不可逆转效应的技术应用进行实验是否明智？在他看来，纳米技术的热衷者们，将征服和统治自然的未来前景还原为最终的原子和分子操作领域，使物质世界操作的纳米尺度成为中产阶级追逐权力和财富的特殊价值实现空间；他们致力于忽视当前社会基本需求或目标，将手段作为目的或目标，按照机会主义的手段—目的逻辑，通过原子和分子操作的技术手段遴选，以便为寻找机会争取公共资助和私人投资提供合理性证明。经过这种逻辑线索考虑，判断某项技术的优越性或优先性，其前提必定是该项技术应用的后果是可逆的。但是，当将纳米技术的社会后果预测指向自然环境和生物物种时，我们会从以往征服和统治自然的历史经验中，看到其不可逆转的自然退化效应趋势。这里一个普遍的政治问题是，纳米技术研发的发展路径是否具有打开"潘多拉魔盒"的技术风险呢？纳税人有必要被其代言人（政府）要求资助对自然王国的可能冲击的技术项目吗？有关科技政策有助于消除相应威胁吗？就这些问题而言，追求与自然和谐相处，应该成为科技战略更有前景的技术方案和经济方案。纳米技术是什么？纳米技术究竟意味着什么？温纳认为，回答这些问题并不能排除相关的社会群体和利益集团在场。温纳为纳米技术的社会意义提供的辩词，已经把我们带到政治学和公共治理的领域。

第二节 多重社会伦理问题鉴别

"纳米技术的社会意义"，无疑已经引起科技界、社科界、各国政界乃至国际社会的广泛重视。但是，它显然是一个非常宽泛的议题。我们在前面已经放弃了"纳米科学、技术、工程"、"纳米科学技术"、"纳米科学与纳米技术"等术语在探索、研究、开放和应用上的差异，集中使用"纳米技术"这一概念，同时也指出了"纳米技术伦理"的相对独立性。现在就纳米技术的社会意义来说，尚面临着诸如"社会与经济意义"、"社会与伦理意义（问题）"、"社会与环境意义（问题）"、"政治与伦理意义（问题）"等多重考虑。在这里我们又必须要放弃这些用语的不同倾向，仍然采用"纳米技术伦理"这一术语，从纳米技术的广泛承诺和风险中鉴别出相应的社会伦理问题。

关于纳米技术有着广泛的意义承诺，前面已经从不同角度做过讨论。这里对其做一更大范围的宏观概括，主要包括如下四个方面内容：一是在经济政治方面，新型纳米材料及相关新兴产业的经济价值凸显，投资转向纳米领域必然带来某些经济波动和与技术替代相连的产业和企业衰退，纳米医疗和诊断技术发展将使人类寿命延长成为可能，由此会导致大量健康、活跃的年长公民追求就业和积极参与政治过程；二是在科技教育方面，纳米技术作为带有总体性的跨学科领域，必然使目前科技分科教育系统转向一种科技通识教育，以便使学生能够适应纳米技术发展事业；三是在医疗、环境、空间探索和国家安全方面，纳米技术预设的各种应用领域表明它对国家乃至社会的战略意义，即它有利于改善医疗保健、环境质量、空间探索和国家安全等，这反过来要求指向公共资助的急迫政治命令；四是在社会、伦理、立法和文化方面，由于纳米技术应用及其伦理意义尚不清楚，所以诸如隐私权、纳米鸿沟、不可预测后果、大学/工业关系、潜在利益冲突、科学伦理等受到广泛关注，这要求在纳米技术占据主导地位和其潜在收益失范之前，提出这些问题并给予评估。

无论是科技决策者或基金组织，还是国际社会，都热衷于推动以上各种讨论，吸引着大学、科研机构、企业、医院乃至政府部门的科学家和工程师的群体参与。但问题在于，这类讨论一般会将纳米技术的"社会伦理问题"与其经济、国家安全、劳动力等问题分割开来。后者本来也属于纳米技术的社会伦理意义建构范畴，但将这两个方面进行分割，其最终结果必然是把社会伦理问题排斥在纳米技术的政策建构之外。无论是"自顶向下"方法还是"自底向上"方法，纳米技术研究的根本精神是追求超越实际纳米世界的技术途径。以上那种边界分割不管是有意还是无意为之，都是在这种精神追求中预设了纳米技术的经济意义不受其社会伦理评估影响的政治命令，或者说它预先设定了纳米技术一定有利于人类福祉的社会伦理价值。这与其说是出于科学自由探索考虑，毋宁说是一种权力操作，从而预先排除人类理解纳米技术的内在社会伦理意义的智力或能力。

为了避免上述边界分割，讨论纳米技术的社会伦理问题，必须要把握如下三个原则：一是新颖性和专业性原则，就是纳米技术作为一个未来发展方向，虽然能够涵盖或渗透目前一切技术领域，但它较之包括信息技术和生物技术的以往一切技术又有其新颖性和专业性，它既存在着以往一切技术曾经或正在遇到的以新的形式出现的社会伦理问题，又包含着潜在的新的或特殊的社会伦理问题；二是假设性和现实性原则，纳米技术研究及其利用涉及现实问题（如纳米微粒毒性问题）又包含假设性问题（纳米机器对生物圈的总体破坏作用），这里社会伦理意义讨论固然要涵盖问题的现实性，但不排除假设性景观判断，因为非现实的假设性景观判断毕竟与公众恐惧相关并对纳米技术的公众形象建构具有重要意义；三是社会伦理相关性原则，主要包括对纳米技术实践的"是—应该"的开放性批判态度、福利或安康等价值性判断、环境脆弱性和弱势群体关注以及社会文化背景意识。根据这些原则，可以根据目前有关的研究，鉴别出若干纳米技术的社会伦理问题（见表5—1）。

表5—1　　　　　　　　　纳米技术的社会伦理问题

角度	问题	专业性	社会伦理关注	紧迫性	新颖性
纳米鸿沟	不正义	现有国际鸿沟加深	全球性正义，文化差异的价值意义	+ +	−
生态环境	不确定性	生态安全 人类健康	生态意识 谁来承当风险	+ + +	−
知识产权	不平等	不同规制的合法性	共享和社会收益	+	−
隐私权	个体性	数据保密	个人信息控制	+	−
纳米微粒	毒性 环境效应	难以测定环境效应	风险的合法性和接受程度价值比较	+ + +	−
灰色黏稠物	生物圈破坏	科学幻想	社会关注的角色和历史	−	+

角度	问题	专业性	社会伦理关注	紧迫性	新颖性
半机械人	信息与通信技术移植	移植依赖	人—技术界面的人类学关联	+	（+）
生物芯片	遗传信息	遗传数据的获得性	遗传信息的有益性利用和相关的风险	+ +	－
人类能力增强	人体修复	干预依赖	具体医疗干预的结果	+	（+）
汇聚技术	汇聚的难度	视情况而定	程序标准修订	+	（+）
新兴技术	不可预测	伦理评价早期介入	技术的适当性	+	－
双重使用	滥用	尚不可预测	科学家的政治伦理授权立法控制	+	
技术选择	社会便利性	未知的潜力	参与技术评估的具体案例和方法论	+ +	－
纳米科学交流	公平的科学—社会关系	技术准备	来自其它技术的可预见冲突和教训	+ + +	（+）

注：相对紧迫性估计值：+ + +表示紧迫性非常明显，+ +代表紧迫性明显，+代表紧迫性模糊，－代表紧迫性缺乏；相对新颖性估计值：+代表新问题，（+）代表已知问题的新表现，－代表不属于新问题。

结合前面罗柯提出的纳米技术发展时间表，将以上表格中的有关社会伦理问题分为两大类：一是当前现实的社会伦理辨识，一是潜在的可预测性社会伦理问题辨识。第一代纳米技术产品已经或正在实现商业化，其现实的社会伦理问题主要包括如下六个方面：

第一，"纳米鸿沟"问题。这一问题，是指纳米技术的正价值和负价值的空间分配问题。纳米技术能够为生物医疗、清洁能源生产、安全和清洁交通以及环境拯救等领域提供潜在收益，这些领域均有利于发展中国家的可持续发展。但是，它们目前主要集中在富裕国家，大多数纳米技术研发和纳米材料或产品专利集中在发达国家（如美国、日本、德国、加拿大和法国）及其少数几个跨国公司（如 IBM、微米技术、高级微技术和英特尔等公司）。世界各国政府投资纳米技术部分地受到全球竞争的推动，其直接要求是保持技术领先地位。在这里，一个国家并不必然有义务与其他国家共享其技术成果。这样，围绕纳米技术的潜在力量，有可能拓宽富国与穷国、发达国家与发展中国家之间的技术差距，从而产生所谓"纳米鸿沟"。因为从整体上说，知识产权体系或专利制度只是有利于发达或富裕国家的收益安全。这一问题的基本特征是国际正义与非正义问题，涉及发展和全球化伦理治理。这虽然不是什么新问题，但却通过纳米技术应用更加突出。在国家安全和国际政治意义上，发展中国家不发展纳米技术的风险比发展纳米技术的风险更大，因此往往将纳米技术的资源分配和最终收益看作一个国际政治问题。

第二，生态环境问题。与纳米技术相关的生态环境问题，目前已经以环境安全和人类健康这一主题确立起来。不过还是有人认为这是一个技术问题，从而将其与社会伦理问题分离开来，但也有人认为鉴别环境和人类健康风险的社会过程本身应被赋予伦理意义。纳米技术的支持者倾向于认为生产产品越小其所需能源越低，但也有人认为微细纳米微粒的环境在场会引起与人体摄入相关的卫生问题。在这种意义上，纳米制造过程的环境冲击问题日益受到关注。甚至纳米技术共同体自身，也因缺乏数据而感到处理环境问题非常棘手。在复杂性和不确定性情形下，究竟谁来承当环境风险？投资者、工人还是厂商周围的社区？谁从环境友好型材料中获得收益？厂商、消费者还是环境相关群体？围绕这种风险或收益如何进行决策和由谁来决策？这种决策建构又会受到哪些因素影响？所有这些问题并非新的领域，但与以往技术的不同之处是不确定更加明显和加强。从规范评价来看，纳米技术及其相关产品应用涉及的是可持续发展问题：纳米技术的正价值和负价值积累贯穿于其整个发展的生命周期，从原材料来源、运输和加工、消费直到废物处理。当然，纳米技术目前还处于早期发展阶段，因此只能谈及其可持续的潜在力量，还不能确保这种潜在力量成为可持续发展的现实力量。但在建构性上，这种潜在力量设想毕竟与技术发展相关，因此围绕现在与未来之间的自然资源使用分配问题进行代际正义的伦理反思不能延迟，必须要伴随纳米技术发展及其应用开展。

第三，知识产权问题。正如生物技术一样，纳米技术目前还主要处于实验室阶段，但其知识产权被认为有巨大应用价值并需要受到专利保护。不同法律、规制和条约支配着公共善与专利保护之间的利益关系，它们因国家不同而各有差异。即使在同一国家，围绕专利保护程度和如何共享知识产权收益也存在分歧。中国纳米技术研究主要受到政府财政的资助，相关政策鼓励大学和科研院所申请专利保护并推动它们转移技术实现商业化，以便获得经济社会收益和政府投资回报。由此产生了许多潜在问题，诸如限制过度宣传、推迟发表和取消信息公布等。对于那些相信纳米技术属于纯粹学术研究范畴的科学家来说，这些问题会妨碍科学的自由探索。这里新的问题在于：现有法规和条例在纳米经济中还能发挥作用吗？纳米技术与基因组研究之间存在什么样的值得探讨的差异吗？企业与研究机构之间的密切联系还能协调学术研究的"公共"使命吗？所有这些问题均来自纳米技术自身的特点，这就是它处在物质与信息、硬件与软件、技术与科学之间，存在着多重模糊性。鉴于世贸组织的相关条款（包括贸易相关的知识产权协定），发展中国家必须要面对知识产权保护与科学自由探索之间的更大张力。

第四，隐私权问题。纳米技术将以计算机微型化和快捷化为目标，推动纳米处理器和存储器开发。这种计算机将使个人信息处理和编辑更为简易方便，在隐象技术意义上也更加处于遮蔽状态。目前个人隐私权法规主要限于信用企业和消费品企业保留的大型数据库管理，但如果使用微型摄像机记录店门出入情况，使用面部识别软件鉴别人口出入情况，使用公用数据库查找个人地址和数据，那么谁来控制这些信息就会成为问题。这个问题当然算不上新问题。在遗传学领域，已经引入许多法律条款确保个人信息不受侵犯，但保护医疗记录的隐私权并不完全有效。例如，如果保险公司把个人卫生情况看作隐私权问题的话，那么这对保险公司的投资者来说并不公平，因为它的商业模式基础是公平地识别和分配风险。在这里，纳米技术应用，必须要面对个人、企业、社会群体和国家的各种利益诉求平衡问题。

第五，纳米微粒问题。利用人工纳米微粒，能制造出各种带有新奇特性的纳米材料。纳米材料被看作是最具潜在市场价值的新材料领域。如果把产生新的技术功能和特性利用看作是纳米技术进步的普遍动机的话，那么就这种进步，人们会提出一个经典的伦理问题，即：纳米材料产生的各种可能的负效应，会对人类健康和生态系统造成危害。纳米材料生产和纳米产品（如带有二氧化钛纳米微粒的防晒油等）使用过程会释放出纳米微粒，纳米微粒能直接进入生态环境系统，或者通过肺、皮肤和消化道进入人体，进而如同喷雾器那样，到处传播和扩散开来。诸如富勒烯、纳米管等纳米微粒具有流动性、反应性、滞留性、肺部渗透性和水溶性等特点，其潜在的短期和长期效应实际上还不为人知。因此，纳米微粒毒性或其环境效应，就成为环境化学或毒理学的重要研究课题。近年来，前面已经提到的围绕"纳米微粒是否为无名杀手"存在的各种争议，韩国三星公司推出的纳米银洗衣机（据称纳米银可以去除衣物上全部细菌）则因其可能会给生态环境和人类健康带来潜在风险而被著名环保组织"地球之友"要求召回。这些争议虽然不属于伦理问题，但在伦理学意义上，仍然需要追问如下问题：纳米材料应用会产生何种实际效应？缺乏有关负效应的科学知识究竟意味着什么？可以启用预防原理吗？如果可以，那么预防内容是什么呢？如何评估纳米材料的机遇与风险？如果机遇是具体的而风险是预设的，那该如何权衡呢？能将纳米材料的风险与其他领域的风险进行比较吗？何种风险在伦理上是可接受的或是不允许的？这些问题隶属于环境问题，但又最为紧迫，相关评估也不能推延。这里伦理评价的意义就在于，围绕可靠知识与不确定性之间的关系问题，可以通过与其他风险或威胁比较或辨识进行价值判断，通过纳米技术的前提和意义揭示其实践结果的规范基础。由此可以开展各种纳米技术的伦理活动，诸如各种风险的公认程度及其比较评价、对风险与机遇的明智权衡、对不确定性条件进行合理性思考，等等。所有这些活动，对纳米技术发展均有着重要意义。

第六，科学交流问题。围绕这一问题，目前至少存在三种误解：一是公众理解科学的"赤字模式"，它假定公众对科技一无所知，由此将公众列为新技术的"反对者"；二是技术评估依赖于专家，将公众排除在评估范围以外；三是强调技术修补在社会问题解决中占据主导地位，因此不需要在技术创新早期考虑相关的社会伦理问题。但是，从文化和社会视角看，技术远远不是符合固定目的的手段或题解。科学—社会关系，远远不是人们通常认为的那种简单的双向互动关系，而是要复杂得多的多。由于这种复杂性，所以确立技术发展的伦理学视角是一个非常艰难的政治过程，它需要科学家们和其他相关社会群体的广泛参与，不能完全委托给少数生命或环境伦理学专家。如果说纳米技术对公众造成某种恐慌的话，那么纳米技术—社会的交流或沟通便有着特殊的寓意。一种通常情况是，当科学家们面对公众的恐惧做出抵御性反应时，便会产生更多恐惧，或者招致更多的指责和不信任。这种抵御性反应作为一种应对策略，常常将公众恐惧看作可预测的技术利益冲突，从而把很难实践的伦理对话看作科学家应对怀疑者或公众的保护伞。但是，伦理对话的目的并不是要消除公众恐惧，而是将公众恐惧看作问题本身的一个部分，以便在交流中寻求解决问题的方向和途径。可以说，任何有效的应对策略不是以假想敌人为基础，而应该围绕有争议的技术项目进行"元对话"，对早期技术创新开展系统评估，使各个利益方都能从中受益。所以不能将科技交流看作是一种简单的科普活动，而应将其看作一种道德相关的实践活动，看作一种有利于纳米技术健康发展的平等伦理对话。

以上是就纳米材料的现实可能影响识别出的社会伦理问题，无疑会随着纳米技术发展而得到强化。以下将要考虑的社会伦理问题与纳米技术的第二代产品甚至第三代和第四代产品相关，属于未来的或预测性问题范畴。

第一，灰色黏稠物问题。正如前面章节所述，德莱克斯勒最初使用"纳米技术"这一术语，实际上是倡导如下所谓的"纳米神话"：如果认为纳米技术的本质是在原子尺度上操作物质的话，那么只要在分子规模上揭示出物质的宏观效应，就能如生物有机体自组织机制那样，通过自我复制的自动控制批量地制造出人类希望的任何事物。但正如德莱克斯勒自己提醒人们的，后来为乔伊放大了的"敌托邦"情形，即：这种能够自我复制的纳米机器一旦脱离控制，就会把整个生物圈（包括人类自身甚至更大范围）变成一种混乱无序的烂泥（即由大量纳米机器及其污染物组成的"灰色黏稠物"）。前面章节已经提到，破坏性纳米机器用于战争或恐怖主义，会向人们展示一种"黑色黏稠物"图像。为了对付这种"灰色黏稠物"或"黑色黏稠物"，也许可以设想出"绿色黏稠物"或"蓝色黏稠物"。但是，它们面临着与"灰色黏稠物"或"黑色黏稠物"一样的蔓延风险。这种风险由于源于万能的纳米复制器，所以在技术上被称为"全球吞噬"。不过，这个问题往往被批评为科学的虚构，但它作为一种虚构的灾难或"敌托邦"，正在受到小说

家和评论家们的普遍关注①，并成为要求延期推进或禁止纳米
技术发展的重要理由。与此相关，一个更加可怕的假设是认为
纳米材料的超级毒性，也许会抹杀地球上的全部生命。实际上，
"灰色黏稠物"概念是科学家自身的技术恐惧症，它意味着纳
米技术将有可能带给公众以极度恐慌，形成"恐惧之恐惧"。
"灰色黏稠物"整体上属于假设或虚构，但它与已有的科幻叙
事形成共鸣，对科学—社会关系造成巨大冲击。

第二，半机械人问题。通过信息与通信技术移植以及 NBIC
汇聚技术，人体将部分地被改造成为人工制品，变成哈拉维所称
的"半机械人"②。这里的问题在于，纳米修复在多大程度上使人
变成后人类甚至非人类？人将变成人—机杂交体吗？这种超人主
义是否存在局限？这些问题实际上是对现有技术和医疗手段（移
植手术、再生医疗等）的持续想象，属于人—技术界面的人类学
伦理或人文主义伦理范畴。

第三，生物芯片问题。纳米技术有助于诸如微型阵列或生物
芯片等基因诊断工具开发，使它们通过单分子鉴别 DNA 序列和
探测变体、单核苷酸多态性或基因表达方式。目前获得性 DNA
芯片已经达到测定一个人体细胞的近 3 万个基因转录水平，未来
发展也许能够提供生物信息的技术范围包括个体基因、细胞不同
时间表达方式、人类基因组（包括非符码区域）30 亿个碱基对
的全部变体。纳米技术应用将大大提高个体遗传信息（包括 DNA
后天形成的规则或序列）的获得水平，从而会加深围绕出歧视和

---

① 例如，《侏罗纪公园》等作品的作者，科幻作家克莱顿（Michael Crichton）
于 2003 年 11 月 11 日出版的《纳米掠杀》，就是以纳米技术为主题，虚构了一位类
似纳米机器人的肉眼看不到但却拥有超级人工智能的"坏小孩"；英国查尔斯王子
于 2004 年 7 月 14 日，在《独立报》上针对纳米技术撰文指出，"我不相信什么比
病毒还小、有朝一日会疯狂增长并吞噬我们星球的自我复制的机器人，这类信仰应
该留给属于科幻的王国"。

② Dona J. Haraway, *Simians, Cyborgs, and Women: The Reinvention of Nature*, New
York: Routledge; London: Free Association Books, 1991.

个人生物缺陷保密形成的伦理困境。但是，由于每个人都成为
"变体袋"，所以大家会觉得这并没有什么危险，因为在无所不在
的变体背景下，这并不针对任何一种变体采取歧视态度。当然，
生物医学伦理争论仍然会持续下去：怎样利用基因诊断技术，才
不影响病人或潜在病人的幸福感？什么样的遗传风险诊断，会使
病人感到恐惧或使病人与健康人群体分离开来？基因诊断的潜在
滥用是什么？在何种条件下使用基因诊断信息，有助于作出医疗
决策？遗传诊断信息公开，在何种程度上会成为"遗传歧视"？
这些问题属于遗传政治伦理、正义/非正义、个人伦理范畴，它
们不属于新的问题，但会因为纳米技术而蔓延。

第四，人类能力增强问题。围绕人类直观和认知能力、记忆
和专注能力以及人体其他的精神或物理能力增强存在多种想象，
纳米技术更使这些想象丰富起来，从而推动着人们变革以往有关
疾病、常态、卫生和残疾等现象的传统理念。例如，纳米技术共
同体，将年龄老化看作一种类似于天花或其他传染疾病的可以根
除的"疾病"。但是，如果认为年老属于疾病范畴的话，那么如
何设定年老的年龄范围，就成为一个重要的伦理问题。另外，人
类能力增强是相对于"正常人"而言的，两者之间的模糊性具有
潜在的歧视之嫌。这一问题属于生物伦理的经典问题，它既与残
疾人的具体医学伦理相关，又涉及人体重新设计的高级科幻话语
（超人主义）。

第五，NBIC 汇聚技术问题。NBIC 汇聚技术表明，纳米技术
本质上是一种赋能技术，具有强大的汇聚潜力。按照这一设想，
纳米技术无疑将成为具有"技术帝国霸权"倾向的基本技术，因
为纳米尺度恰恰成为四种重要技术的汇聚所在：不同技术汇聚的
基础在于纳米尺度的物质统一和源于纳米尺度的技术综合，一切
科学的物质建构从根本上都要在纳米尺度上汇聚。但这种汇聚技
术设想，至少存在两个问题：一是在技术操作中，科学家们无法
准确地把握纳米空间可能会发生的各种"怪异作用"；二是以往

任何技术显现出来的伦理意义，均会通过纳米技术获得强化和延伸。例如，新材料或新药理化合物的风险评估是必须要进行的法定程序，但当纳米材料与其他生物、信息和认知技术发生联系时，就意味着修改现有程序标准。汇聚技术并未附加任何伦理问题，但会产生新的定性问题，需要视发展情况进行全面研究。

第六，新兴技术问题。毫无疑问，纳米科学还处于早期发展阶段，纳米技术在其不同应用背景也还只是刚刚兴起。这一事实对伦理学提出的一个特殊困难是，各个应用领域预测非常模糊并具有高度不确定性。例如，环境感应的药物传输系统如果实现在体应用，就必须要考虑这种体内系统对人体健康的影响问题。由于体内温度和酸碱度等处于不断变化中，应用药物传输系统必须要确保意想不到的作用不会发生。在这里，必须要启动纳米毒理学研究范式，使用生物兼容性概念进行评价。但在目前纳米技术发展中，尚未就这方面开展评价。这意味着有些纳米技术研究，即使在应用上是非现实的，也应该进行相应的超越技术功能的伦理评价。这为科学伦理或技术伦理提供了一次涉及褪褓期的纳米科学和纳米技术的伦理讨论机遇，这一机遇本身就有风险，因为讨论某一"错误的"技术设想也许本身就是错误的。这里需要不断转换切入具体问题的角度，关键是要使最为迫切的社会需求成为适当技术发展的激励因素。

第七，双重利用问题。利用大量新式而便宜的由感应器构成的信息系统和信息处理技术，通过对敌方生化物质释放的早期探测和普遍监控，有望提供新的防务能力。但是，正如许多防务技术的现实情形一样，这类技术也能用于攻击目的，即被那些从失控中获得收益的人群或为控制公民的国家所滥用。通过控制使用纳米技术的生化物质代理商，必然会形成难以探测和对抗的新型威胁。按照"双面效应"的伦理学传统或"邪恶"的伦理学理论，这一问题在新石器时代的工具那里就已存在，但它通过纳米技术将重新得到关注。也就是说，伦理学必须要直接关注、培育和平利用纳米技术的经济、社会和政治背景，以防纳米技术的有害应用。

第八，具体技术选择问题。科学发展并不独立于社会需求，但何种解决方案算作适当并被广泛接受则取决于其他社会选择机制。在当代社会中，最强有力的选择机制源于市场经济。不过，市场有自身的运行标准，它与其背后的社会需求仅仅存在一种间接关系。按照市场标准，良好的技术方案是一种由科学或社会标准决定的高水平次优方案。一个产品能够卖给顾客就算是"良好的方案"，但从贸易和工业角度还有很大改进空间。例如，无油汽车在战略上无疑是一种超优改进方案，但从自组织科学和科技创新角度看，并不存在一种社会收益最优的技术应用自动化的社会选择机制。因此所谓技术评估，仅仅是使技术选择更为合理和对社会现实需求更加负责，其总体指向是公民或需求导向的政治开放。就纳米技术来说，很大程度上是要实现其对能源和环境技术改进的巨大潜在意义。这里的问题在于，如何公正地评价这种潜在意义？这一问题属于技术发展符合社会现实需求的技术伦理范畴，涉及早期技术创新的社会定位。这在方法上并不新颖，但最终答案需要视实际情况而定。

第三节　预防原理的决策学悖论

以上有关纳米技术的社会伦理问题，部分地涉及与其未来发展相关的可能风险，其在哲学上的关键要求是应用预防原理。在当今时代，预防原理作为一种强势方法，已经渗透于人们的任何审慎行事中。可以说，任何担心和恐惧似乎总能从"预防"一词找到其"庇护所"。但是，预防原理在观念上有着自身的缺点。为此，还是先让我们看看米歇尔·巴尼耶（Michel Barnier）对预防原理概念所做的当代解释。他作为一位环境主义者，在其担任法国环境部部长期间（1993—1995 年），曾经针对自然风险提出一部影响广泛的环境保护法（现在学界称为《法国巴尼耶法》）。这部环保法，对预防原理概念给予如下界定："在当前科技知识状况下，不能以确定性的缺乏为由，推延采取意在以可接受经济代价防止严重而不可逆的环境破坏风险的有效的和适当的预防措施。"这一界定显然处于经济核算的成本逻辑与决策变化的背景意识之间的夹缝中：它一方面坚持有效性、可通约性和成本合理这类熟悉的保障性概念，另一方面又强调科技知识的不确定状态和环境破坏的严重性和不可逆性。显而易见，如果世界处处都充满了不确定性，那就意味着环境破坏是否严重或不可逆也是未知的，所以也就没有人会指明适当的预防措施是什么、预防需要付出多大代价。进一步说，如果这种代价在经济上不可接受，便不能在经济的健康发展与灾难的预防之间作出选择。

预防原理的严重缺陷在于，它并不能准确估量当前面临的不确定性状态。一般来说，这一原理针对"已知风险"和"潜在风险"两种情形。针对已知风险，可采取"避免"（prevention）方法，针对潜在风险则采取"预防"（precaution）措施。一般的风险分析，主要是针对已知风险或已知技术的明显危险（如炸弹爆炸、化学药品泄漏等事故），其特征是估计技术事故的现实可能性（如核事故等）。在这里，风险程度确定基于观察频率或客观的可能性。所以"潜在风险"这一表达并不是待实现风险，而是一种假定风险，接近于某种猜测。目前人们对纳米技术的批评，除纳米微粒的毒性和环境效应外，很大程度上均是参照未实现的可能性。例如，纳米技术设备有可能被用于窃听和隐私权侵犯，纳米机器人取代部队作战，移植纳米设备控制人体，自我复制的纳米系统最终取代人类而不是服务于人类等。所有这些评价，虽然属于严肃的人类生存问题，但至今人们还无从知道这类纳米设备是否具有技术可行性，对这些技术设想实现的未来情形更是无从把握。为此，与其称其为"潜在风险"，不如称它为不确定性。

或者说，与其讨论纳米技术风险问题，不如在治理意义上将其当作不确定性问题加以处理和分析。

其实，自 20 世纪 50 年代以来，围绕不确定性问题，人们通过引入主观可能性概念及其选择哲学，大大发展了相应的决策理论，被称为贝叶斯主义。早在 18 世纪中期，英国数学家贝叶斯（T. R. Bayes）提出著名的贝叶斯公式[①]。通俗地说，就是当你不能确定的知悉一个事物的本质时，你可以依靠与事物特定本质相关的事件出现的多少去判断其本质属性的可能性。也就是说，支持某项属性的事件发生得越多，则该属性成立的可能性就越大。法国数学家拉普拉斯等人随后用贝叶斯公式导出一些结果，之后虽然有一些研究和应用，但由于其理论尚不完整，应用中又出现一些问题，致使贝叶斯公式长期未被普遍接受。直到 20 世纪 50 年代，瓦尔德（Wald）提出统计决策函数论，把贝叶斯解看作一种最优决策函数。贝叶斯公式由此再度受到重视，并为不少学者完善和发展。这种发展的最基本观点是：任何一个未知量都可看作是一个随机变量，由于每个未知量都有不确定性，所以在阐述不确定性程度时，使用概率与概率分布描述未知状况是一种最佳途径。其中，萨瓦奇（L. J. Savage）于 1954 年由直觉的偏好关系推导出概率测度，从而提出一种通过效用和"主观可能性"（主观概率）规范人们行为选择的主观期望效用理论，认为理性人的行为选择应该与其主观期望效用保持一致性[②]。在这里，可能性不再与任何自然出现的客观序列相对应，而是与现有选择的连贯序列相关。在哲学意义上，任何不确定性均是认知的不确

---

① 贝叶斯公式的数学表达为：$P(B_i \mid A) = [P(B_i) P(A \mid B_i)] / [P(B_1) P(A \mid B_1) + P(B_2) P(A \mid B_2) + \cdots + P(B_\infty) P(A \mid B_\infty)]_i = 1, 2, \cdots$。在这里，假定 B_1、B_2 等是某一过程的若干可能性的前提条件，则 $P(B_i)$ 是人们事先对各前提条件出现可能性大小的估计值，称之为先验概率；如果这个过程得到一个结果 A，那么 $P(B_i / A)$ 就是对以 A 为前提下 Bi 的出现概率的重新认识，称之为后验概率。

② L. J. Savage, *The Foundations of Statistics*, New York: Wiley, 1954.

定性，即与人们的知识状况相关的不确定性。引入主观可能性概念，使不确定性与风险、避免与预防之间的区分不再必要。因为如果可能性是未知的，那么一切事件就只是主观指定的可能性分配，而这种可能性分配可按照贝叶斯公式加以计算。与客观可能性相比，主观可能性并不存在差异。这样，就有可能将因缺乏知识而造成的不确定性降低到与因事件的随机特征造成的内在不确定性的同一水平上，从而在一般意义上把预防原理归结为一种成本—收益分析方法。

纳米技术可能产生的新威胁的新颖之处在于，即使不确定性是客观的，我们也很难以随机事件方式加以处理。因为无论是未来的伟大发现还是未来的巨大灾难，都必须要它当作一种"唯一事件"。但是，从经典观点来看，所谓"未来风险"并不是随机事件，而是一种具有确定性的认知意识，因此只是一种"怪物"。这样，针对纳米技术的未来发展，预防原理便不能给出任何特定的处理方法。预防原理从一开始就把预防置于认知不确定性范围，其假设前提是我们知道我们处在不确定情形中。这实际上是一条认知逻辑公理，即：如果我不知道 P，那么我知道我不知道 P。但是，只要离开这一框架，那就意味着我们可能并不知道我们不知道某件事。进一步说，如果不确定性意味着事物自身是不确定的话，那么就不可能知道它是否符合预防原理的应用条件。将预防原理运用于事物本身，它将因自身显示出来的不确定性而变得无效。与此同时，为了克服不确定性，必须要通过科研努力来改变当前已有的科技知识状态。这种努力具有纯粹的偶然性，它为此下的安全赌注是：按照"预防政策"，借助科研努力填补被知与需知之间的知识空白。但是，常识告诉我们，在认知不确定性框架内，就决策者来说，知识进步必然伴随着不确定性的巨大增长。有时，获得更多知识是为了发现事物背后的复杂性，这种复杂性使我们认识到要驾驭或控制现象部分地属于幻想。

从非线性的复杂系统理论看，系统运动轨迹的盈亏平衡点，会触发系统从初始状态突然掉入另一完全不同的状态。这是不确定性之所以不服从概率概念的重要原因之一。只要系统远离灾难极限，系统就可以免受其害。但是，按照经典理论，往往将系统运动轨迹看作可预测的趋势，所以一般并不会出现什么奇迹。对风险进行成本—收益分析也是如此，为了做到可预测性常常忽视背景性因素。正是因为如此，数个世纪以来人性一直不被人们重视，技术对环境的影响方式也是听之任之。但是，随着经济增长和资源消耗的极限日益临近，以往那种成本—收益分析开始变得不再有意义。按照复杂系统理论，如果要可持续发展，那就应该远离不惜代价的线性发展方式。鉴于知识的储备不足和复杂系统的结构性质多样化，仅仅诉诸经济成本核算已经显示出较多不足。在这里，如果考虑到人的因素或社会因素，那么问题就会显得更为复杂。一般来说，任何系统只要有社会的参与，系统的可观察部分（技术领域）与观察者（社会）之间就不可能不发生关系，即：人或社会不仅受到系统影响，而且必须被看作系统构成要素。当代技术社会哲学领域的一个重要研究方向是，推动技术与社会共同进化。按照这一命题，技术发展动力学应被嵌入社会中。同样的，纳米技术发展的各种结果将同时涉及社会和技术本身，两者彼此互相建构。值得注意的是，人们尚不知道纳米技术进步会把社会引向何方，更不知道就其未来状态做出何种确定性预测。

回到主观不确定性概念上来，我们知道，萨瓦奇的主观期望效用理论存在一个饱受争议的"确凿性原则"（The Sure-Thing Principe）。这一原则表明，人的行为选择并不取决于他或她对选择对象的知与不知。但是，埃尔斯伯格（Daniel Ellsberg）在1961年表明，萨维奇的主观期望效用理论并不符合决策实践背景的观察情形，从而构成一种"决策悖论"[①]。埃尔斯伯格做了一个

---

① D. Ellsberg, "Risk, Ambiguity and the Savage Axioms", *Quarterly Journal of Economics*, Vol. 75, No. 4, 1961, pp. 643 – 669.

实验，就是准备两个装有相等数量球的缸，一个缸里装的红球和黑球数量相等，另一个缸装的红球和黑球数目比例未知，然后让人在任何一个缸中随机取一个球（之前猜测球的颜色）。结果他发现，人们更喜欢赌装有相等数目的红球和黑球的缸，而不喜欢赌另一装了未知数目红球和黑球的缸。这里人们的偏好不仅依赖于不确定性程度，而且依赖于不确定性来源。这种现象被称为"来源依赖"（Source Dependence）。这个实验对主观期望效用理论产生了严重冲击，因为埃尔斯伯格进行实验的对象不少是统计学家和经济学家。不仅这些人中的大多数（包括萨维奇本人）都做出了"错误的"选择，而且有不少人在重新思考过后仍然不愿意改变自己的选择。这表明，风险是概率分布已知的情形，不确定性是概率分配不明的情形。人们的偏好关系是更喜欢风险而不喜欢不确定性，当面对不确定性而感觉到信息不对称或无能为力时，就会赌不确定性来源而不是风险。这种情形被称为"对不知的憎恶"（aversion to not knowing），即对认知不确定性的厌恶。这里的"不知"是指不能知，它作为知或确定性的反面与未知或无知不同，因为无知或未知是以能知或可知为前提。所以在埃尔斯伯格看来，"对不知的憎恶"是一种比概率计算倾向更强的力量，它构成了决策者做出理性选择的认知屏障。

鉴于决策中存在的"对不知的憎恶"，如果应用预防原理，仅仅强调科学的不确定性，那就有可能误解人们克服灾难所遇到的认知屏障的性质或范围。这种认知屏障，不仅仅是科学的或其他的不确定性，而且还包括不相信最坏的情况发生的可能性。这种认知的形式逻辑是，人们知道 P 但还是不相信 P。在这种逻辑支配下，人只是知道唯一事件或灾难就隐藏在背后，但由于灾难的存在是合理预测的唯一事实基础，除此之外再别的信息。所以出于"对无知的憎恶"，宁愿不相信灾难会发生。这样，人们并不会推动预防制度化，而只是在采取行动之前等待灾难来临。人们也许会面对灾难来临进行适当调整，但这仅仅意味着认知屏障不是绝对的，而是能够克服的。在这里，可以采取一种"不确定性评价的反转原理"，追求信息的富集或拥有。无论是对不知的憎恶还是不相信的可能性，它们均表明这样一个事实，即：人类行为作为认知的决策过程，急迫地依赖于拥有更多的认知信息，以便克服认知屏障。围绕认知屏障，人们往往采取两种行动：一是在缺乏有关信息情形下，决策者面对灾难或急剧变化，只好避免采取行动；二是如果被迫行动，会尽力收集或获得信息，以采取行动。如果一定要在信息的总体缺乏与知识的少量获得之间作出理性选择，那么就应该围绕未来事件的正价值和负价值，进行一种纯粹的主观可能性论证，以便极大地丰富决策信息。

第四节　纯粹可能性的逻辑分析

无论如何，当代决策理论表明，风险与不确定性有着较大差别。与在风险下决策意味着我们知道可能的结果是什么或结果的可能性是什么不同，在不确定性下进行决策则意味着我们不全知道可能性或无法精确地知道可能性。多数决策理论在处理不确定性问题时，是假定除可能性之外，我们知道或者能够明确界定事件的其他特征。在现实生活中，我们很少遇到"高度不确定性"（great uncertainty）问题，因为这种情形意味着除可能性之外，我们甚至不知道其他特征是什么。所以面对高度不确定情形，我们也许还不知道进行选择或究竟选择什么，包括何为抉择的可能后果和后果的可能性、是否能够依赖别人（如专家）的意见、如何评价不同结果等。尚未实现的新技术及其未来效应，多数属于这种高度不确定性情形。纳米技术也不例外。正如前面已经表明，纳米尺度操作的技术可行性在社会伦理意义上多是不确定的。特别是，未来可能的纳米技术与以往技术的重要区别在于，历史经

验并不能完全为人们对其作出反应提供指导。但是，新技术发展
及其使用，在很大程度上又取决于人们的技术意识、态度和情
绪。因为这种技术态度，通过市场、政治和社会传统，导致技术
行动并发生影响。这种态度，可以简单地分为正价值倡导和负价
值批评。纳米技术的狂热支持者，认为它能解决人类目前多数急
迫的现实问题，包括生产便宜的太阳能以解决能源短缺问题、纳
米设备能进入血流中清除癌细胞或动脉硬块、制造人工器官以取
代病变器官、解决低温储藏活体问题等。这些正价值预测完全属
于不确定性情形，负价值批评正是出于这种不确定性作出各种反
应。当然，正价值的预测者们完全意识到负价值预测的内在不确
定性，并由此来应对纳米技术的反对者。库尔奇维尔、佩特森和
考尔文作为纳米技术的支持者，与温纳作为纳米技术的反对者，
正是通过这种机制提供各自的纳米技术辩词。只是他们自己并没
有意识到各自预测的不确定性特征。鉴于这种情况，英国学者汉
森（Sven Ove Hansson）提出一种不确定性分析方法，试图为纳
米技术未来发展的正价值和负价值提供一种"纯粹可行性论证"
（Mere Possibility Argument）方法[1]（见表5—2）。

表5—2　　　　　　　汉森的纯粹可行性论证方法

论证进路	负价值的纯粹可行性论证	正价值的纯粹可行性论证
基本论证形式	A 能导致 B*， B 不应被实现， 所以，A 不应被实现。	A 能导致 B**， B 应被实现， 所以，A 应被实现。
可选择结果检验	A 能导致 B， B 不应被实现， 所以，A 不应被实现。	A 能导致 B， B 应被实现， 所以，A 应被实现。

① Sven Ove Hansson, "Great Uncertainty about Small Things", *Techné*, Vol. 8, No. 2, 2004, pp. 26 – 35.

续表

论证进路	负价值的纯粹可行性论证	正价值的纯粹可行性论证
	然而， 在 A 的情形中 B′较 B 更为合理***， 实现 B′至少与不实现 B 一样紧迫， 所以，A 应被实现。	然而， 在 A 的情形中 B′较 B 更为合理， 不实现 B′至少与实现 B 一样紧迫， 所以，A 不应被实现。
可选择原因检验	A 能导致 B， B 不应被实现， 所以，A 不应被实现。 然而， 非 A 情形中的 B′较 A 情形中的 B 更为合理， 不实现 B′至少与不实现 B 一样紧迫， 所以，A 应被实现。	A 能导致 B， B 应被实现， 所以，A 应被实现。 然而， 非 A 情形中 B′较 A 情形中的 B 更为合理， 实现 B′至少与实现 B 一样紧迫， 所以，A 不应被实现。

注：＊A 代表纳米技术发展，B 代表新技术控制手段兴起；＊＊A 代表纳米技术发展，B 代表纳米设备制造（它的功能能够有效地去除动脉硬块）；＊＊＊A 代表新的纳米技术发展，B 代表能植入人脑并用以控制人的行为的纳米设备制造，其评价过程需要考虑这种技术的可选择利用，如残疾人利用这种设备可以进行汽车控制或身体传感接触。

在汉森看来，所谓"纯粹可行性论证"就是从纯粹可行性推出结论。这里的纯粹可能性，是指抉择、行为或行动进程导致或伴随某种结果，它的决策意义在于根除模棱两可。就其基本论证形式来说，无论是正价值的纯粹可能性论证还是负价值的纯粹可行性论证，它们均能在相互批评中从对方的论证中获得益处，以作出更好决策。但是，在多数情况下，可以合理地拒斥或否决任何一种纯粹可行性论证。例如，如果有人想阻止能够把药物移至目标器官的纳米设备研究，通常会采取这样一种论证方式：这种设备也许具有严重的毒理效应，只是这种毒理效应在该设备使用多年以后才会被发现。这种论证方式显然缺乏说服力，因为反对这种论证方式的人会考虑这样一种可能性，即：使用这种设备治疗疾病，较目前可用的治疗方法更为有效。由于因果关系非常复杂，所以在进行纯粹可行性论证时，往往会把极端的积极后果或消极后果赋予任何一种行动。在缺乏更为可信的理由的情况下，应该将缺乏针对性的不确定性排除在深思熟虑的决策指导之外。进一步说，进行纯粹可行性论证至少需要避免两种错误：一是决策行为或推理基于以往经验的可能性，而不是纳米技术的特有情形；二是采取带有偏见的选择，仅仅关注那些支持自己的预设观点的可能性，忽视相反见解的可能性。为了合理地使用纯粹可能性论证方式，必须要在基本论证基础上，引入可选择结果和可选择原因两种检验方法，以使纯粹可行性论证达到相应论证的目的。

当一种纯粹可行性论证因反证而遭到失败时，这表明至少有充分的理由考虑与原先推理相反的结果，此即可选择结果检验。例如，如果要开发昆虫大小的飞行机器人并将它们用于军事攻击目的，那么就可以进行反纳米技术论证。对这种反证进行反驳可以按照如下可选择结果进行：假如开发飞行机器人，那么就有可能将其用于人工智能目的，而可靠的人工智能有利于减少战争的风险。按照这种可选择结果检验，发展纳米技术也许能够避免军事冲突。当然，对于最初提出反证的人来说，也可以对自己的纯粹可能性论证方式进行如下修正：国家和恐怖分子均可利用类昆虫机器人进行攻击，使用智能机器人能从根本上降低恐怖组织的隐蔽能力。可以看出，参照飞行机器人的军事利用进行纯粹可行性论证，能否达到可选择结果的检验目的，似乎显得有些模糊。所以这种检验也许并不能彻底解决争论问题，但其重要性在于，它将推进纯粹可行性论证的谨慎分析及其前提预设。

可选择原因检验试图要表明：如果结果不属于假定原因的特

定结果，而这种结果在缺乏假定原因的情况下仍可能会发生，那么就必须要将假定原因排除在考虑范围之外。例如，有人提出一种反证，就是认为纳米技术会引起"纳米鸿沟"（纳米技术拥有者与不拥有者之间的不平等增长）。应该说，这种反证适合于一切能够改善人类生活水平的新技术。全球公共卫生、食品技术、医疗技术、信息和通信技术等的不均衡分配，正是技术鸿沟的普遍表现。既然任何新技术均服从这一论证，"纳米鸿沟"当然也就属于不能通过可选择原因检验的非特定结果。再如，有人提出一种论证，就是认为纳米技术能够提供便宜的海水淡化手段。这种论证的问题在于，我们并不知道究竟何种纳米技术能够实现这一目标，也不知道纳米技术和其他技术（如生物技术）是否能够为此提供解决方案。在这种意义上，寻找便宜的海水淡化手段这一陈述只能用来论证一般的科技进展，不能用来论证纳米技术具体进展。

采取可选择结果检验和可选择原因检验，有利于消除那些说服力较弱的纯粹可行性论证。这无疑使一些有关纳米技术的具体社会伦理问题讨论成为可能，为更为综合的伦理分析奠定了经验基础。在综合性分析意义上，无论纯粹可行性论证在细节上多么复杂或经历多少辩论，其最终导向均是朝向纳米技术的正价值最大化与负价值最小化实现。这两种导向看上去近乎一致，因此在决策上常常以正价值最大化遮蔽负价值最小化问题。但问题在于，就纳米技术的广泛社会意义来说，正价值最大化实现并不意味着负价值最小化实现。也就是说，选择正价值最大化决策，并不能必然导致负价值最小化。关于这一决策困境，我们也许可以从儒家思想中获得某种伦理学启发。在《论语·里仁》有这样的问答："子曰：'参乎！吾道一以贯之。'曾子曰：'唯。'子出，门人问曰：'何谓也？'曾子曰：'夫子之道，忠恕而已矣！'"在这里，孔子作为儒家思想奠基人奉行两条原则：一是忠，指尽心尽意待人，"己欲立而立人，己欲达而达人"；二是恕，指哲学层面的"致广大而尽精微，极高明而道中庸"和伦理层面的"己所不欲，勿施于人"。这两条原则犹如《圣经》的"尽心尽性尽意爱主"和"爱人如己"，但要早于《圣经》得到阐述。进一步分析可以看到，"忠"要求处处和时时做到尽心尽意爱人，有时还会被坏人滥用或伪用。这就是说，在底线上必须要对"忠"与"恕"作出选择。于是，《论语·卫灵公》又出现了如下问答："子贡问曰：'有一言而可以终身行之者乎？'子曰：'其恕乎！己所不欲，勿施于人。'"在这里，孔子最终选择"恕"作为底线原则，因为它作为一个否定判断，只规定了人们不要做什么事情，从而避免了一种"道德暴力"，即强迫他人做自己认为好的但他人却不愿意做的事情。朱熹曾说："尽己之谓忠，推己之谓恕"。一个人如果做不到"尽己"，那么通过"推己"则可以逼近"尽己"。这就是"己所不欲，勿施于人"之所以成为目前全球人类最高伦理规范的理由所在。同样的，当前纳米技术决策与其强调正价值最大化实现，毋宁以负价值最小化承诺涵盖正价值最大化实现。

第五节　负价值最小化的正义主题

强调以负价值最小化承诺涵盖正价值最大化实现的决策要求，实际上已经从逻辑分析再次回到价值判断上来。纯粹可行性论证的逻辑分析，主要是为了丰富决策信息，但当进一步追问论证涉及的社会群体身份（如决策者、专家、企业法人、一般公众等）时，负价值最小化的决策承诺实际上是来自社会的公平、平等和正义问题考虑。这不仅包括纳米技术研究与应用方式涉及的合法性问题，而且还包括如何公正决策和如何公正执行决策等的基本问题。这些问题追问的是决策权力的社会来源和分配正义问题，它使纳米技术的广泛社会意义真正成了政治伦理问题。

也许，首先要考虑纳米技术的正价值和负价值的时空分配问题。可以说，与纳米技术相关的任何技术经济乃至社会收益，均有利于发展中国家的发展。但是，考虑到"纳米鸿沟"问题，人们担心的非正义问题是，发展中国家不但由于无法接近研究设施、资金和人力而不能从纳米技术研发中公正地获得正价值，反而要接受纳米技术的可能的负价值影响。目前农业和食品工业领域，包括种子、植物体、动物和其他农业食品技术等，正在产生不少与纳米技术相关的专利。这些专利主要集中在几个大公司。这预示着发展中国家及其农业的自然产品（包括橡胶、棉花、咖啡和茶叶等）处于劣势，而在纳米产品方面需要强化进口依赖，并要承当或容忍纳米食品带来的诸多不确定性风险或威胁。从社会正义看，必须要从一开始就强化发展中国家的积极参与，由此使纳米技术能够适应其社会、文化和本土制度背景，以发展中国家的竞争利益、价值需要和责任感确立自己的"纳米中心"地位，使纳米技术在消除贫困、支持发展和保护环境等方面发挥有效作用。

纳米技术的分配正义问题，还涉及时间问题。自然资源在现在与未来之间的使用分配，属于代际分配正义范畴。从规范评价看，纳米技术及其相关产品应用涉及的是可持续发展问题：纳米技术的正价值和负效应积累贯穿于其整个发展的生命周期，从原材料来源、运输和加工、消费直到废物处理。当然，纳米技术目前还处于早期发展阶段，因此只能谈及其可持续的潜在力量，还不能确保这种潜在力量成为可持续发展的现实力量。但是，在建设性意义上，这种潜在力量设想毕竟与技术发展相关。所以围绕现在与未来之间的自然资源使用分配问题进行代际正义的伦理反思不能延迟，必须要伴随纳米技术发展及其应用开展。

进入具体决策层面，需要将相关社会伦理问题与经济、政治和国家安全等问题平等地加以看待。考虑到经济、劳动力和生产安全问题，必须要为纳米材料制造及其应用创造安全的工作环境。这就需要把社会协商看作成一个制造商与工人之间互动的平等政治过程。在这里，显然不能将在社会伦理问题界定排除在经济、劳动力和安全问题考虑之外。在考虑技术安全和国家竞争力时，要突出工人的社会权利地位，包括纳米技术信息获得权、平等社会参与权等。

尽管科学共同体常常抱怨自己缺乏社会权利，但他们事实上已经成为最受尊重的社会群体之一。一般来说，科学家和工程师的判断或意见，往往会受到决策者的高度重视。在目前整个社会氛围下，科学共同体的"专家意见"，越来越成为一种有价值的社会资源。一旦出现围绕克隆技术、干细胞、核力量或全球气温变暖等问题的争论或政治冲突，冲突双方总是会以"科学"之名提供辩护。当科学共同体以便利的证据解释说某一特殊技术可能或不可能，从而判断其开展或放弃时，他们常常会声明这是社会赋予自己的权利或义务。但是，这里的问题在于，由于新兴技术毕竟包含各种偶然性或不确定性因素，所以科学共同体自身并不能确保不发生可能或不可能的风险或问题。面对这类非科学问题论证，科学共同体的社会权利事实上变成一种无需协商就采取行动的可行性要求或命令。在这里，似乎技术问题并不属于社会伦理问题，也不能从中看出科学、技术与社会之间的相互依赖。当然，这并不是说科学家拥有不合法或不适当权利，而仅仅是强调社会群体与社会权利关联的重要意义。也就是说，除科学共同体外，其他社会群体，诸如公司、社团组织、劳动者、妇女和老年人等，也应拥有相应的社会权利。所谓政治伦理挑战就在于，为了兑现纳米技术负价值最小化承诺，必须要为不同社会群体处理利益冲突寻找相应途径，以便澄清它们各自的利益诉求和义务，推动它们以负责的方式使用自己的权利，包括承认他人的权利和利益界限等，使它们在纯粹可行性论证中发挥各自的作用。

与上述问题相关，公众意见处理、公共媒体修辞覆盖等问题尤其值得关注。按照平等、公平和正义等原则，需要将这些问题纳入社会伦理范畴。科学共同体的多数成员担心，公共媒体宣传因过于强调纳米技术研发及其应用的不确定性而贬低纳米技术的正价值。他们相信这种过分宣传影响到公众意见，最终在决策及其实施上很难实现其预见的纳米技术前景。在他们看来，有机体的基因改造技术就是因为安全性关注而受到不公平对待。这似乎成为一个权利问题：科学共同体不愿意看到其想象的纳米技术发展受到阻碍，因为他们能够清楚地界定纳米技术的不适当发展方式，其他社会群体无需拥有指导纳米技术发展的社会权利。他们担心，其他社会群体，特别是公共媒体会采取的修辞方式，包括与纳米技术相关的文本或视觉的图像分析方法，以纳米技术的不确定性来误导公众意见。但是，正如知识产权或劳动力工作环境问题一样，纳米科学家和工程师并不试图将修辞问题纳入社会伦理关注范畴，因为它会损害发明家和投资者希望的纳米技术革命形象。在这里，要想使指向正价值的技术推进与强调负价值的技术批判处于平等地位，就不能忽视社会与技术之间的内在相互关系。

毫无疑问，纳米技术的社会伦理问题，应被看作是一个历史和哲学问题。只有通过历史和哲学研究，才能识别其中技术发展涉及的公平、平等和正义主题。在历史和哲学意义上，科学技术发展的复杂性表明，社会、伦理和技术问题相互交织在一起。因为科学技术整体上并不能完全依照其纯粹的内在自主逻辑发展，而是在资金、制度、人力、政治和文化的社会方阵中生存或展开。纳米技术兴起的历史和哲学研究，既能确认以往人们对科学、技术与社会相互作用的理解过程，又能围绕这些相互作用提出新的问题。它将表明，不仅社会对纳米技术起着建构作用，而且社会也会被新的纳米技术塑造。这种研究要求打破科学技术与社会的权力边界，推动社会对纳米世界建构的广泛参与。也就是说，如果不把正价值最大化实现看作一种唯一的声音，那么就应该通过公平、平等和正义原则要求，强调科学技术与社会的共同在场，为纳米技术的价值最小化承诺提供更为广泛的社会协商平台，以避免克服认知屏障的信息不对称。

第六节 纳米技术的建构性治理

无论如何，将纳米技术发展纳入国家或政府治理范围，必然意味着把正价值最大化和负价值最小化统一起来。为进一步讨论这一治理要求，需要引入"利维坦"这一政治哲学隐喻。

"利维坦"（Leviathan），其字意为"裂缝"、"扭曲"或"盘绕"。它在《旧约》中意为"海怪"[1]。这种海怪，形状犹如鲸鱼、海豚或鳄鱼，鳞甲坚硬，牙齿锋利，口鼻喷火，腹有尖刺，令人生畏。在中世纪基督教文化中，利维坦被描述为恐怖的危险力量或恶魔，上帝作为渔夫以十字架上的耶稣作诱饵，诱捕前来吞噬诱饵的利维坦。基督教文化，显然是在否定意义上，将魔鬼比作"利维坦"的话，与此不同，英国哲学家霍布斯（Th. Hobbes）则是在肯定意义上，把国家比作"利维坦"。这种积极隐喻，显然来自这样一种叙事：在非犹太民族文化中，"利维坦"作为蛇或龙被认为是保护神的象征。除中国人的龙外，伦巴族人、汪达尔人和日耳曼民族，把龙或蛇看作军队标识。西方人认为，龙旗源于日耳曼而非中国，它在英格兰自 11 世纪到 15 世纪一直是军队标志。霍布斯在建构其国家学说时，其出发点是令人恐惧的自然状态，目标或终点是安全的文明国家状态。在自然状态中，人人都可以杀掉其他人，即"一切人对一切人的战争"；

---

① 《约伯记》，在"贝希摩斯"（Behemoth）之后接着记载了"利维坦"，将利维坦描述为一条巨鳄。按照《以色列书》，上帝在第六天用黏土创造利维坦和贝希摩斯，当世界末日降临时，利维坦、贝希摩斯和栖枝（Ziz）将一起成为圣洁者的食物。《预言书》说"两个怪物将在那一天被分开，雌的被称为利维坦，它居住在喷泉的深渊之中；雄的被称为贝希摩斯，它占据了整个丹代恩沙漠"。

在文明国家状态中，一切公民处于和平和安全的社会秩序中，即"一切人皆是上帝"。正是在公共安全意义上，霍布斯把国家比作"利维坦"，并赋予其自主技术的机械力量①：

> "大自然"，也就是上帝用以创造和治理世界的艺术，也像在许多其他事物上一样，被人的艺术所模仿，从而能够制造出人造的动物。由于生命只是肢体的一种运动，它的起源在于内部的某些主要部分，那么我们为什么不能说，一切像钟表一样用发条和齿轮运行的"自动机械结构"也具有人造的生命呢？是否可以说它们的"心脏"无非就是"发条"、"神经"只是一些"游丝"，而"关节"不过是一些齿轮，这些零件如创造者所意图的那样，使整体得到活动的呢？艺术则更高明一些：它还要模仿有理性的"大自然"最精美的艺术品——"人"。因为号称"国民的整体"或"国家"（拉丁语为 Civitas）的这个庞然大物"利维坦"是用艺术造就的，它只是一个"人造的人"；虽然它远比自然人身高力大，却是以保护自然人为其目的；在"利维坦"中，"主权"是使整体得到生命和活动的"人造的灵魂"；官员和其他司法、行政人员是人造的"关节"；用以紧密连接最高主权职位并推动每一关节和成员执行其任务的"赏"和"罚"是"神经"，这同自然人身上的情况一样；一切个别成员的"资产"和"财富"是"实力"；人民的安全是它的"事业"；向它提供必要知识的顾问们是它的"记忆"；"公平"和"法律"是人造的"理智"和"意志"；"和睦"是它的"健康"；"动乱"是它的"疾病"，而"内战"是它的"死亡"。最后，用来把这个

---

① Thomas Hobbes, *Leviathan or The Matter, Forme and Power of a Common Wealth Ecclesiasticall and Civil*, London：Andrew Crooke, 1651, p. 7.

政治团体的各部分最初建立、联合和组织起来的"公约"和"盟约"也就是上帝在创世时所宣布的"命令",那命令就是"我们要造人"。

"利维坦"在基督教文化中的魔鬼形象,在霍布斯那里完全被颠倒过来,被赋予了保护神的象征意义。它集上帝、人、动物和机器于一身,既是一个法律意义的社会契约建构,成为一种通过代表产生的主权结构,又是一个带有灵魂的"巨人"或"巨型机器",能够代表其法人行使主权,以其巨大的技术力量确保公共安全秩序的维系。正如德国政治哲学家施密特(Carl Schmitt)认为,霍布斯于 17 世纪创造的"国家"概念与以往一切政治统一体的区别在于,它不过是一种"人工产品",其内在逻辑结果是"它不是人而是机器",这"不仅为后来的技术—工业时代创造了本质上精神史的或者社会学的前提,而且本身就是新的技术时代的典型作品,甚至可以说是模型作品"[①]。

施密特通过霍布斯试图要告诉人们,国家是政治实体的技术建构,显现出国家或政府治理的技术思维方式。当代社会建构论者致力于研究技术和科学作为知识的政治建构,试图表明技术发展的政治和社会秩序。夏平(Steven Shapin)和沙佛(Simon Schaffer)在《利维坦和空气泵:波义尔、霍布斯与实验生活》一书中表明:霍布斯的国家学说作为政治哲学,也是一种自然或自然过程理论;波义尔的实验理念作为自然哲学,也是一种有关知识与主权关系的政治主张。自启蒙运动以来,人们普遍认为,真正的科学知识应该符合观察与实验检验,这种标准是合理的并具有很大的实践效用。那么,什么是理论符合实验与观察标准呢?为了回答这一问题,夏平和沙佛指出:"对知识问题的解决,联系着

---

① [德]施密特:《霍布斯国家学说中的利维坦》,应星、朱雁冰译,华东师范大学出版社 2008 年版,第 71 页。

社会秩序问题的解决。"① 按照这一陈述，与把实验看作一种认识论标准不同，近代科学从一开始就是一个组织严密、高度封闭的社会团体。它不仅对自身的特权有着高度的敏感性，而且对缺乏资格的门外汉有着敌意的警惕性。在组织意义上，自我任命的科学贵族与当时西方社会的政治精英联系在一起，特别是他们所持的科学方法与观点反映着当时的政治需要。反过来说，科学的权威、地位与其认识论的方法垄断，是由它服务的国家权力与社会组织来保证的。在夏平和沙佛看来，霍布斯坚持的是由欧氏几何保证的确定性知识，波义尔的科学方法则是一种以实验为基础的事实归纳法。在当时王朝复辟时代，这种方法论差异显示出他们相互对立的政治基础。1660 年，英国查理一世与议会的内战以及共和政体的经验表明：知识争论会导致市民争斗与社会混乱。霍布斯与皇家学会会员们都坚信，社会秩序问题也是一个知识问题，任何保证社会和睦的手段，包括自然哲学，都能被应用到政治情形中，以便产生出和谐的社会秩序。霍布斯作为查理一世的保皇党人，正是以其几何推理的精确知识模式，确保社会秩序的稳定和连续：利维坦，作为市民社会的至高无上的君主，可以通过英属殖民地的理性认识强化，保证社会秩序整体上的可靠与和睦；仲裁者或法官以理性知识（类似于几何公理）裁决，裁决权威来自自由行使意志并有利害关系的组织任命；一切公民面对法官的理性裁决，都能进行相同推理，都能同意完全支持利维坦，使社会处于稳定状态。在这种意义上，霍布斯从自然哲学方法到政治哲学方法，最终都要服从绝对权威，从而走向专制政治。与霍布斯不同，波义尔认为借助理性引导，无论在知识上还是在行动上，都不可能确保公众意见统一，因为法官或仲裁者的理性无常、多变且容易使人滥用。就社会秩序问题解决来说，波义尔将

---

① Steven Shapin & Simon Schafer, *Leviathan and the Air-Pump: Hobbes, Boyle, and the Experimental Life*, Princeton: Princeton University Press, 1985, p. 336.

科学实验看作一种新的生活形式，认为这种新的生活形式意在推动一种以事实说话的社会秩序：人们围绕客观知识不存在偏见，它反映的是事实，面对事实无需服从权威就能按自己的意愿达到一致，从而维持社会稳定。在这里，如果说波义尔的"空气泵"象征一种民主立场，在满足英国王朝复辟政治要求方面取得了成功的话，那么霍布斯的"利维坦"则仿佛象征着一种过时的政治观点而不甚合时宜。

但是，无论是波义尔的"空气泵"还是霍布斯的"利维坦"，两者的一致之处在于它们都是人工产品或人工行为。正如夏平和沙佛指出："当我们越来越认识到我们的知识形式具有约定性和人为性的地位时，我们就逐步把自己放在这样一种立场上，这种立场承认要对我们的认识内容负责的是我们自己，而不是客观实在。知识与国家一样，是人类行动的产物。"① 按照这种理路，如果考虑到波义尔的"空气泵"实验，并不单纯限于认识论范畴而是在实践上有着某种"普遍化要求"，那么它同样也会走向霍布斯的知识独裁状态。事实上，当各种空气泵模型在整个欧洲传播或复制开来时，实验室设备标准化和物理学规律的普遍工业应用，正表现出真空生产普遍服从机械原则的绝对权威状态。在这种意义上，波义尔的"空气泵"原理恰恰是霍布斯的"利维坦"需要具备的技术力量。因此，从伦理学上看，一个国家或政府在不断赋予自身以这种技术力量或不断建构自身的技术社会时，它面对的不再是自然恐惧状态，而是技术风险或不确定性的人工恐惧状态。这时，"利维坦"的动物形象，便从其积极意义返回到否定意义上来，从国家隐喻转移到技术隐喻上来。按照"自底向上"方法的最终目标，纳米技术的未来承诺在于：它要撇开原来国家的"利维坦"的上帝和公民主权，完全进入机器领域，在以

---

① Steven Shapin & Simon Schafer, *Leviathan and the Air-Pump*: *Hobbes*, *Boyle*, *and the Experimental Life*, Princeton: Princeton University Press, 1985, p. 344.

往一切技术基础上，将人推到了至高无上的地位，从而造就一种无所不能的"纳米利维坦"。它把大自然想象为巨大的"人工制品样式宝库"，然后仿照自然的不同样式，在纳米尺度上制造出各种各样的现实的人工产品。"纳米利维坦"承当着普遍化的技术功能，既是人又是机器。它作为"人"取代了上帝扮演的造物主角色，作为"机器"能够在纳米尺度上人工地制造出万事万物。在这里，纳米技术的整个人工逻辑是，人制造机器、机器制造人和人制造人。霍布斯的"利维坦"形象，为上帝、非人的自然和公民的主权保留了相应空间，但这一空间在"纳米利维坦"那里完全被人工化占据了。这种占据使人处于"知识就是制造"的技术状态中，但人对这种技术状态的实用目的及其功能之外的作用和影响却茫然无知。所以"纳米利维坦"的可能风险，不仅是自然的魅力和上帝的神性完全被消解，而且还会造成人工自然反弹（如人工纳米微粒毒性发作等）或人对抗人（如纳米机器人杀死自然人等）的反文明状态。

面对有关纳米技术的各种争论压力，如果国家或政府仍然保留确保公共安全的政治职能，那么整个问题就在于：国家或政府能否在"纳米利维坦"治理中扮演相应的角色？施密特曾指出："霍布斯所展现的利维坦，也即上帝、人、动物和机器的统一体，当然可以说是人类所能够理解的所有总体性中最为总体的。然而，这个取自旧约圣经的、已经变得无害的动物形象完全不适合作为由机器和技术造就之总体性的明白象征。利维坦对一种总体技术的思想方式施加不了任何可怕的影响。"[①] 按照这种观点，国家作为"利维坦"因技术而强大，并推动了技术长足进步，但现在的问题是技术作为总体的力量已经强大到使原来的利维坦不能与之匹敌，从而使利维坦的国家象征意义黯然失色。这种隐喻失

---

① ［德］施密特：《霍布斯国家学说中的利维坦》，应星、朱雁冰译，华东师范大学出版社 2008 年版，第 121 页。

败的原因在于，人们已经将技术合理化当作一种无所不在的控制人的普遍状态，不仅科学和技术已经脱离地方特征，而且社会组织和各种法律，在经过合理化之后也摆脱了地方特许。于是，拉图尔试图重新塑造"利维坦"形象，把它看作是一种"网络之束"（Skein of Networks）[1]。在这种网络之束中，既存在着本土化的民族、人民、思想和情境，又存在着全球化的组织、法律和规则约束，两者各有差异但又相互联系。也就是说，面对"纳米利维坦"的潜在巨大力量，国家或政府仍然可以基于人们对其一系列负价值的担心或恐惧，从"网络之束"的差异和联系的夹缝或介质中寻找到纳米技术的治理途径。

在政治哲学历史上，穆勒（J. S. Mill）曾在《论自由》中论及政府及社会对个人正当行使其权利的性质和限度。为此，他提出了极为简单的"伤害原则"（Harm Principle）："对于文明社会中的任一成员，在违反其意志，而又不失正当地使用权利的唯一目的，是防止他对他人的伤害。若说这样做是为了他的好——无论物质上或道德上——理由都不充分。"[2] 这一原则尽管是针对公权过分控制私权领域的，但它同样适合于国家或政府的"纳米利维坦"治理，即：保证纳米技术的负价值不伤害公民。人们当然并不希望纳米技术研发的最后结果是使整个地球变成"灰色黏稠物"，更不希望有朝一日会产生出在纳米尺度上安全地克隆人的"美好技术"。在这种情况下，国家治理角色就是要使纳米技术发展符合常规伦理要求，禁止不道德或反社会的纳米技术实验。国家还应在纳米技术标准制定上发挥积极作用，以保护消费者不受不安全纳米材料及其相关产品的危害。当然正如前面已经一再表明，现在人类面对的巨大伦理挑战在于：纳米技术究竟在多大程度上会威胁到人类健康和生态环境？这一问题意味着"纳米利维坦"的巨大力量影响，但到

---

① Bruno Latour, *We Have Never Been Modern*, translated by a Catherine Porter, Cambridge, Mass: Harvard University Press, 1993, p. 120.

② J. S. Mill, *On Liberty*, New York: Macmillan, 1956, p. 13.

目前为止，我们甚至不知道它在什么地方或从何处着手对人类造成伤害。"纳米利维坦"毕竟具有自己的特性或合法性利益，它在不久的将来也许就会无处不在。那时，我们也许会与它共进晚餐，也许与它一起工作和生活，也许它就附在我们的体表或体内。面对它的各种威胁，面对识别这些威胁的认知困境，我们既不能基于可能的风险猜度，限制纳米技术的社会收益获取，又不能局限于其社会收益无视可能的风险发生。国家或政府的纳米利维坦风险治理，只能采取试错方法，即：把握纳米技术发展的可能方向，在纳米产品进入市场之前，对其进行弹性的规制。

第一，运用现有环境保护法规进行规制。现在越来越多的纳米技术实验室和企业从事纳米材料研制，越来越多的工人和消费者使用包含纳米材料的产品进行生产和消费。如果不对其造成的环境、健康和安全效应进行治理，就会对人类产生潜在的和不必要的伤害或威胁。目前即使在发达国家尚未有直接针对纳米技术制定的法律和法规，近期内还不可能推出与人类健康和环境保护相关的新纳米技术法律。所以，要通过立法机构对有关健康、卫生、生产安全等方面的法规进行完善，内容主要涉及识别具有潜在危险的纳米材料及其使用程序、使用过程的效应检测等，以便为若干年后制定新的法规奠定基础。在纳米材料毒性数据不足的情况下，可以利用有关毒性物质控制的既有各种法规对纳米材料应用进行规制，即对现有规定进行评价并加以完善。

除法规专业问题外，还涉及大量具体问题：纳米材料在规制的目的上是否不同于传统材料？对纳米技术的合理规制系统应是什么？在现有规制结构下，是否能取得相应规制效果？是否应就纳米技术的有效规制采用新的政策、指南和治理工具等？是否有必要建立新的管理机构？为了实施纳米技术治理措施，环保部门宜将其有限资源投向何处？与产业相关的环保法规，在何种程度上限制着纳米技术治理？是否能从国外生物技术治理中获得某种启示？等等。针对这些问题，需要对有关环境、卫生和安全的现有法规的适用性给予评价并加以完善。

（1）在毒性物质控制法规方面，改进新化合物的确定方法以适合于纳米材料鉴别，不断完善现有的纳米材料指南使纳米材料新颖性鉴别更加带有预见性和透明性，适当修改有关研发、低批量制造、低环境释放量、人体低接触量和有限市场检测等条款以使其更加适合纳米材料（因为单位重量的纳米材料可能会产生较之传统材料更高的危险）。更为重要的是，为了获得纳米材料制造或处理的有关信息，必须要研究确定纳米材料的"实际风险"的基本因素和方法。

（2）在资源保护法规方面，要赋予其足够弹性，将与纳米垃圾相关的风险治理纳入规制范围，修改垃圾鉴别规则以适合纳米垃圾的流通及其风险性质，不断鉴别出构成"危险物质"的纳米材料类别，确定纳米尺度的危险物质的清晰标准。

（3）在空气、水质量环境保护法规方面，要经过适当修改，更为有效地适用于纳米材料管理，特别是要使现有检测技术方法更加适合于纳米微粒尺度和性质，必要时需要开发新的检测技术方法。当然，针对纳米技术规制，还要考虑毒性物质控制法规与空气、水、资源等保护法规的对接关系。

第二，选择传统方法进行非规范规制。对纳米技术的有效规制，依赖于必要的纳米材料毒性数据积累。只有足够的纳米材料毒性数据，才能进行风险管理，从而逐步形成相应的治理结构。但是，限于目前纳米毒理学数据有限和传统规制方法滞后于纳米技术迅速发展的步伐，应将临时治理方法作为长期治理结构的补充，确保目前纳米材料及其相关产品的制造、使用和销毁，对人类健康和生态环境不造成伤害。诸如自愿性项目等的非规范机制，作为快速反应的临时治理方法，可能会成为纳米技术的环境、卫生和安全治理结构的重要组成部分。它能够填补目前纳米技术规制的一些空白，在纳米技术发展早期阶段以最低成本提出一些规制措施，或消除产业与政府之间的信息不对称现象。这种

方法包括两个方面:

(1)在政府非规范方法和信息基础工具方面,政府通过经济激励、保险、侵权责任、防止污染和自愿数据收集项目和揭发等途径,推动纳米技术实验室和纳米材料制造企业,撰写纳米技术产业报告和收集或积累与环境、卫生风险相关的纳米技术数据。

(2)在产业自愿标准方面,鼓励国内科研机构、企业和大学,参与国际标准组织,发展纳米技术标准,同时探索将自愿标准用于纳米技术治理的实践途径。

第三,发挥各级政府规制作用。在纳米技术发展及其应用的复杂性和不确定性情况下,需要综合各种规制方法进行治理以取得最佳效果,包括现有法规、法人管理、赔偿责任、国家和地方立法、技术标准、信息公开和责任保险等。这种综合性治理有赖于政府协调,包括中央政府、地方政府、机构内部、机构之间和国际合作等各个层面。我国以及一些地方政府已经在纳米技术研究、设备建设和商业孵化等方面给予投资,但在纳米技术规制方面并未出台相应管理法规。必须要认识到纳米技术是目前最为活跃的技术领域之一,要通过完善知识产权相关法规,激励纳米技术专利申请数量不断增长,以增强国家实力和发展后劲。但是,也必须要看到目前我国对纳米技术的公共资助主要集中于技术研发及其应用和市场化,而相对忽视相关的社会伦理问题研究。人类基因组研究计划以3%—5%的资金预算用于伦理、立法和社会意义研究,从而激活了生物技术伦理学共同体的成长。在我国纳米技术领域中,也有科学家和伦理学家建议,国家以4%的资金预算用于纳米技术伦理研究①。如果这种建议能够制度化,那么

---

① 2009年11月29—30日,在大连理工大学召开了以"纳米科技与伦理——科学与哲学的对话"为主题的全国性研讨会。参加会议成员,既有纳米技术和纳米毒理学领域的科学家权威(有些是院士),也有知名的伦理学家和科技哲学家。在这次研讨会上,有些伦理学家提出应将纳米技术研发经费的4%用于纳米技术伦理研究,而科学家权威也认为这种投入应该能够激励我国纳米技术伦理研究与纳米技术研究保持同步。

我国纳米技术伦理研究将会广泛地开展起来，并发挥相应的伦理治理作用。在地方政府层面（包括一些经济开发区管委会），可以依据国家或地方有关环境保护法，制定纳米产品使用毒性研究项目和设备管理项目等，逐步探索这方面的规制经验，确保中央政府与地方政府之间的管理对话。考虑到纳米技术规制属于跨部门问题，可以将包括农业、国土、职业卫生和安全、食品药品管理、消费品安全等方面的国家有关部门或机构作为纳米技术应用规制的组织基础，共同就纳米技术的环境、卫生和安全问题，在司法上探索相应的解决方案。必要时也可以成立纳米科技委员会与这些机构配合，形成纳米技术规制合力。围绕纳米技术的环境、卫生和安全风险问题，也可以参与国际合作，尽快克服与治理相关的"纳米鸿沟"。

第 六 章

追求新技术共和理想

对纳米技术的未来，科学家们说了第一句话，非科学家们要说的是最后一句话。

——克里斯·托美：《从两种文化到新文化》，2009

第一节　技术共和理想的再塑造

既然纳米技术发展不能脱离国家治理视野，那就有必要将纳米技术治理看作标准政治理论的一个主题。科学共同体和决策者们，已经围绕纳米技术声称"小世界能够产生大结果"。但是，这种逻辑毕竟非常复杂且存在诸多不确定性，因此所谓纳米技术治理，还需要围绕"小世界能够产生大结果"吸引更多人表达不同看法。与其他任何新兴技术一样，这里涉及的问题仍然是：怎样和为了什么目的进行技术创造？如何使新的技术服务于人类自身？人们期望从新技术那里获得什么？怎样对新技术发展进行治理？又由谁来治理？长期以来，人们一直在追问这些问题，并由此所得甚丰，但在每次技术转折时期总会面临新的考验。面对纳米技术的社会伦理问题，前面立足当前情形，从规制角度进行了讨论。但是，这种规制正如纳米技术一样属于人的组织或创造范畴，因此，它实际上是一种人对人的治理或管理。进一步说，纳米技术治理乃是一个政治问题，需要从政治学或政治哲学角度加以考察。

一般来说，"治理"（governance）是指为确保可持续经济社会发展，由国家采取的有效政治规制措施和对政治权力的负责任运用，包括决策过程和决策执行等。人们最初使用"治理"概念，主要是用于城市管理和地方问题解决，然后才推广到中央政府和国家（国家治理或政府治理）乃至国家之间（全球治理）。毫无疑问，国家治理最初主要关注其公民共同体的健康或安全生活。为了安全和健康，需要设计出以合法的规则为组织特征的政治制度。这种政治制度，包含社会的组织和裁决方式以及源于税收的公共职能资助方式。前者为必要条件，后者为充分条件。社会组织和裁决的早期法典，诸如汉谟拉比法典、阿育王柱、罗马十二铜板法、索伦法、圣经十诫等，并没有公开提出税收问题。这些法典首先关注的是社会相对和平秩序的维持，即人际关系治理。至于以政体之名征税，以支持社会和谐治理，那已经是接近现代的事情了。英国约翰国王于 1215 年在贵族压力下签署的英国大宪章，针对的是国家治理阶层而非公共产品；美国独立宣言包含的"没有税收，就没有代表"思想，首次将政体治理与公共财政置于同一平台；拿破仑法典也许受到美国独立宣言影响，将诸如道路、港口等国家基础设施建设，列入政府财政开支范围。基础设施建设意味着经济增长激励，从而产生更多税收和国家未来储备。

为了确保人类的生存和生活，一个政体内部治理系统组织的首要动机源自对抗自然和对抗外敌侵略。从人类早期治理模式看，多元主义与威权主义属于两种相反的治理理念。如果通过治理结果或效果产生社会威权，那么国家或其代理就会主导公民思想和行动。在威权政体中，自我任命的少数人成为公共产品监护人，其余多数人除服从之外没有任何选择权利。但是，威权政体并不意味着多元主义的完全丧失，事实上其亚共同体的居民或公民往往采取一种多元治理方法，寻求各种生存或生活手段。其中，技术最初作为私权领域，不过是部分能人为便捷和有效地完成任务而发展的劳动方法和手段，其基本倾向是以机械操作取代人力（肌肉力量）。例如，耕犁发明后，人力便为马力、牛力所取代，以后又被蒸汽或内燃动力取代。就土地拥有者来说，机械取代人力大大降低了农耕成本。与此同时，农耕技术也带来了大土地拥有者与小土地拥有者的新型社会分层。机械耕作适合于大片土地耕种，从而为大土地所有者带来巨量财富。为了平衡这种收入不公，不同政体为了社会所有成员的收益，在不同时间推动了"国家农场"的制度化，从而使私人生产方式转变为公共手段。现在有些国家直接控制粮食生产，并通过社会分层治理，直接对人口进行政治控制。在这种治理背景下，社会资源便从私权领域转移到公权领域。其结果是，自工业革命以来，整个技术治理历史情形是：伴随着政府官僚体制越来越通过提供公共资助实施研发计划，个人不再成为新技术的创造主体，技术治理日益表现出威权治理倾向。在这种威权社会中，技术生产也被置于国家控制范围（专利法实施是这种控制的明显结果），"枪支—面包"的生产比例完全取决于中央权威政体的官僚体制目标。当然，这种治理体系也允许多元的个体特征存在，其决策并不剥夺致力于创新技术开发的人群的专业权利。具有创造力的社会群体，尽管与国家直接权力不同，但他们通过商业垄断取得相应结果，其涉及的问题和方法与威权治理结构完全相同。

威权治理表现为不同风格，其组织可以来自一切信仰系统（如犹太教、佛教、基督教、伊斯兰教、儒学思想等），可以来自任何一种社会秩序（如共产主义、社会主义、自由主义、重商主义等），也可以来自任何一个军团或党派，还可以来自任何一种哲学传统（如乌托邦主义、禁欲主义、权力政制、机会主义等），更可以来自一种商业利益（如重商主义、资本主义、混合经济等）。一个威权社会的统治阶层属于少数群体，一般会排斥被控制群体的权利参与。在这种条件下，多元利益诉求往往很难取得广泛的实践效果。为了实现多元利益诉求，不同国家或政府也致力于民主治理方式，试图平衡或调停不同利益要求，通过提供解决问题的弹性方法，吸引来自不同专业领域的意见领袖进入治理过程。这种民主治理方式的问题是决策代价较高，最终的结果也很难令各方满意。但是，它毕竟能够起到威权治理无法起到的作用。这就是使决策不是仅仅单边倒向某一利益集团，而是考虑各方利益平衡。就技术发展来说，威权治理采取的方法针对的是已知的技术及其社会影响（至少对科学家、工程师和决策者来说是如此），其整个路线不过是通过相应政策，将科学家发现的自然规律应用于工业问题解决，从而推动技术产生和应用过程制度化，包括专利申请、科技奖励、技术标准制定等。但其治理悖论在于：一方面国家或政府对自然规律发现和利用自然规律设计解决工业问题的有效手段给予公共资助，以便实现这种发现和设计本身所附着的政治需要的结果、目标和功能，而另一方面又在很大程度上，对技术应用产生的最终的社会、人文和环境效应熟视无睹。这一悖论造成了技术人员与人文学者乃至一般公众之间的互不理解的政治尴尬，也凸显出民主治理的政治意义。在这方面，美国学者帕克索伊（H. B. Paksoy）通过反思治理阶层通过技术手段限制个人权利时指出①：

　　　　经过思考，人们其实不难看到，技术专家参照的是一定政体下的人的日常生活方式以及技术对个人活动的影响。但人文学者，主要是历史学家，其细微的思考更为宽广。在他们看来，一个威权政府能够轻而易举地控制一切有效技术，技术反过来也能对公民的权利和行动起到约束作用……这里

---

　　① Hasan Bulent Paksoy, "Leviathan: Identity Interaction between Society and Technology", *Entelequia: Revista Interdisciplinar*, No. 2, 2006, p. 161.

重要的问题是人类自我治理方式。如果治理系统没有体现多数人原则，那么所有技术均会变得对共同体有害——而不是带来好处。

现代国家兴起及其治理无疑得益于科学与技术的理性知识运用，"每种政治类型，至少是为被人接受而提供的政治形式，逐步被赋予一种科学色彩"[①]。可以说，一切合法的政体、国体以及国家治理形式，正是在政治标准之外借鉴了科学共同体的"自我治理"以及合理性科学知识的专家权威，才从"统治"（government）转向"治理"，最终促进了满足公众期待且引导公众参与的有效公共政策制定，显现出国家治理的社会正义价值方向。但是，以此来观照纳米技术时，情况却要复杂得多。

如果限于纳米技术的正价值最大化实现，就必然会导向威权治理。但是，如果要将其负价值包容到纳米技术治理中，那么仅有威权治理便远远不够了。前面章节已讨论的法律修正和政府管理等的威权治理，只是在"自上而下"的治理上，部分的体现出社会正义价值。在意识形态意义上，无论是重商主义或资本主义，还是民主主义或社会主义，任何国家或政府均会将纳米技术作为确保自身领导地位的支撑力量。但是，纳米技术与社会之间的潜在关系并不限于威权治理性质，还会涉及与多元利益相关的政治冲突。纳米技术制造有利于提高产量，这必然会变革传统生产方法，从而给非纳米技术创造造成经济困境。当纳米技术企业获得高回报时，纳米产品对人类健康和安全造成何种效应？这种效应是否会影响到消费者购买纳米产品？纳米技术企业能够通过坚持纳米材料没有危险而克服消费者的商业对抗吗？所有这些问题的解决，也许均要通过立法（如修订法律、制定标准等）这类

---

① Karl Mannheim, *Ideology and Utopia*: *An Introduction to the Sociology of Knowledge*, San Diego, New York, and London: Harcourt Brace & Company, 1985（1936）, p. 37.

威权治理方式加以解决，但问题在于，在缺乏治理知识和一致法律情况下，纳米产品（材料）已经对社会产生着潜移默化的深刻影响。当纳米技术企业开发出特定材料，大多数消费者（个人和法人）均会从中获得相应收益。同时，当纳米材料产品开始参与自然循环时，受纳米材料影响的社会群体必须要事先知道其影响结果。在这种情况下，威权治理必须要辅之以民主治理。民主治理的基础，就在于个人具有无需诉诸冲突就能作出选择的政治权利或能力，同时又不干涉或损害政体内部其他成员的权利和收益。如果相互之间存在着权力干涉或损害，那么就会围绕纳米技术发展形成新的社会冲突或矛盾。一种政体即使存在威权倾向，其治理系统也会保护任何公民的选择权利。当然，这种权利并非在任何时候都能得到保护，所以即使是民主政体，也存在威权治理倾向。当一个国家或政府试图以纳米技术解决人类面临的问题时，要通过新的治理手段应对其社会负价值。这一问题的合理性，不仅适合于传统威权国家而且适合于现代民主国家。一个实验室或企业追求纳米技术的发展权利，并不意味着限制或消除整个社会的选择权力。回到纳米技术争论上来，追求纳米技术进步并不代表人性的全部内容，人性的本质要求必须通过在共和政体中展开广泛对话获得表达。

在政治哲学中，共和主义（republicanism）最为接近于民主治理，它体现出一种允许公民不受惩罚地提出自己看法的理想状态。"republic"（共和）一词，源自拉丁语"res publica"，意指"公共事务"。它的现代含义是指这样一种政体、国家或政府类型，即其公民有权选择国家领袖并影响政府决策。在古希腊，柏拉图以"politeia"（政制）之名阐述其"理想国"的政治思想。亚里士多德在其政治学中致力于讨论各种政府类型，其中将"politeia"看作一种理想的混合政府形式。西塞罗将"politeia"这一古希腊词语翻译为"res publica"，文艺复兴时期人们又将"res publica"翻译为"republic"。这样，在英语中，"politeia"经常被译作"republic"。其实,这种翻译并不准确。为了将两者区别开来,现在一般将"politeia"翻译为政府类型或政制形式。在文艺复兴时期,意大利的马基雅维利将政府分为两种类型:一是元首统治的君主国,一是人民统治的共和国两种类型。其中,共和国主要是用来描述中世纪后期意大利北部非君主统治的城邦国家,包括贵族政体和民主政体。在英国摄政时期或克伦威尔时期,英语"commonwealth"(共和国、联邦或国民政体)一词直接来自拉丁语"res publica"。尽管该词作为当时常用术语是指新的非君主统治国家,但"republic"作为"res publica"的常用译法一直沿用至今。

共和主义思想在被赋予现代含义后,直到18世纪和19世纪成为一种意识形态。这种意识形态主要试图平衡权力、自由和美德之关系,以使它们保持最佳状态。权力无论由行政权威执行还是由公民行使,它本质上均会威胁个体的自由和权利。为确保权力与自由之边界,需要为政府建立相应原则、保护措施和政制架构。在18世纪人们的普遍思维中,共和主义代表一种以"公共美德"为特征的政治理想。按照这一理想,权力、自由和美德的整体平衡依赖于政府内部和公民内部严格的公正、诚实和清廉要求。正如之前的清教主义一样,共和主义注重于强调社会服务、勤勉、节俭和节制等,反对与"公共善"格格不入的自私、懒惰、奢华和纵欲等恶习。如果放纵这些恶习,就会导致无序、腐化乃至暴政。所以共和主义的公正基础源于和谐公民社会的建立,在和谐社会中每个人都以社会责任感约束自己。

20世纪60年代初,波兰尼(Michael Polanyi)接受共和主义思想,提出"科学共和"(Republic of Science)理想概念[①]。实际上,这一概念主要还是对科学共同体自身的一种政治描述。它虽然反映出科学自身象征、支持和推动诸如信息公开、怀疑主义和

---

① Macheal Polanyi, "The Republic of Science", *Minerva*, No. 1, 1962, pp. 54 – 73.

公共问题等的民主价值方向，但仍然局限于科学共同体自 17 世纪开始与经济社会政治文化之间达成的以"自我治理"为特征的"社会契约"，即：接受政府乃至各种社会组织的资金赞助，以军事、医药和消费品等技术作为交易而不受政治控制。进入到科学应用视野，布热斯津（Daniel J. Boorstin）超越科学共同体范围，将技术看作一种"公共事务"，提出了"技术共和"（Republic of Technology）概念①。这种技术共和不为政治家集体所创造，没有宪章，不受任何理事会制约，但它能够延伸到一切公民生活领域，为公民提供未来生活期待，是公民共享知识和经验的共同体。技术共和的整个背景源于 18 世纪工业革命，但它目前至少包含两个新的特征：一是技术共和作为一个推陈出新极其迅猛的公民世界，仅仅以技术进步快慢程度来表征国家或民族差异，以传统技术淘汰速度区分"发达"、"发展中"和"欠发达"；二是技术共和的最高律令在于汇聚或融合，它不再以文明与非文明的二元论区分各个国家或民族，而是将人类一切经验汇聚到诸如生产总值、人均收入和增长率等共同标准上来，通过提高这些标准使每个公民享受技术成就。可以看出，布热斯津虽然将公民纳入技术收益共享范畴，但与波兰尼的科学共和理想一样，同样具有知识独占主义、精英主义和技术精英统治等的政治倾向。在布热斯津看来，技术共和的发展动力来自技术共同体自身：一是按照需求进行技术发明或设计，提供一切问题的解决方案；二是自我激励，形成技术创造动力，使技术产生不可逆转的发展趋势；三是坚持平等主义，以技术同化一切国家、民族和地方差异。因此与波兰尼一样，布热斯津的技术共和理想并未朝向民主治理方向，在关注技术带来个人自由发展、幸福生活获得、财富积累和国家安全时，完全无视人类生命伤害、生态危机、道德沦丧等的

---

① Daniel J. Boorstin, "Tomorrow: The Republic of Technology", *Time*, Monday, Jan. 17, 1977.

技术负价值问题的产生。

英国学者富勒（Steve Fuller）在论及波兰尼的"科学共和"理想时指出，必须要"具体说明实现这一理想所需要的有关背景和条件"①。当今天我们要重申"技术共和"理想时，同样需要将它置于特定的社会与物质条件下加以考察。近代历史表明，在中华帝国衰退时，中国发生的两次政治革命均以"共和"面目出现：第一次政治革命，是以辛亥革命建立了中华民国；第二次政治革命，是以新民主主义革命确立了中华人民共和国。马克思和恩格斯作为经典马克思主义作家，虽然没有就中国未来的社会主义给予论述，但他们于19世纪50年初，在谈到当时中国问题时，把欧洲社会主义理论和实践与中国太平天国革命联系在一起。但是，当时中国太平天国革命毕竟不同于欧洲社会主义革命，更非以后的中国社会主义革命。他们赋予英国资本主义影响下的太平天国革命以"Republique chinoise——Liberte，Egalite，Fraternite"（中华共和国——自由，平等，博爱）含义，也不过是预告了以后的"中华民国"（其法语翻译正好就是"Republique chinoise"）诞生。这一预告与其说是马克思和恩格斯"只看到了中国的资本主义前景"②，毋宁说是预测到中国社会主义必经的共和之路。鉴于国家独立和国家工业化之间的复杂关系，中国人一直将技术看作民主、文明和富强的核心要素。在这里，技术共和价值历史经历了如下变迁：一是在民国时期，中国人以"科学救国"、"技术立国"等术语，相信发展制造技术有利于将中国从半封建半殖民地的状态中解放出来；二是在新中国成立之后，中国人又以"自力更生"、"自主创新"等术语，坚持技术发展有利于中国摆脱对外国智力依赖的政治逻辑。但是，在后一技术政治逻辑发展中，

① ［英］史蒂夫·富勒：《科学的统治——开放社会的意识形态与未来》，刘钝译，上海科技教育出版社2004年版，第16页。

② 徐长福：《马克思与康有为对中国社会进程的预见——为改革开放三十年而作》，《河北学刊》2008年第6期，第148页。

中国围绕技术目标与自由探索之间的关系问题，毕竟又先后经历过共产主义、自由主义的意识形态倾向。改革开放前，以共产主义之名强调集体认同的极端计划经济，对自由探索构成了巨大威胁；改革开放后，自由主义思想开始流行起来，市场价值逐步渗透到自由探索领域，以致只要经费允许就什么都可以研究，从某种意义上讲，这实际上是以手段伤害目的或意义。前一种倾向已经成为历史，但后一种倾向仍然在发挥着巨大作用。极端的自由主义制度假定，物质操作干预的绝对缺场就会构成自由。但是，共和主义并不承诺这种假定，而是认为公民需要在一个良好环境中活动。因此如果把自由探索看作一种技术冒险，那么在治理意义上就必须要诉诸公民利益关注这种技术冒险的广泛意义，而这正是当前共和主义的技术价值选择（见表6—1）。当然，在自由主义与共产主义两个极端之间，还存在着诸多中间意识形态。前面谈到的功利主义、契约主义和社群主义，均属于这类中间意识形态范畴。这些中间意识形态或者属于自由主义改良，或者接近于共产主义特征，其意识形态特征非常模糊。这样，就需要以共和主义清晰的技术政治登场，统摄这些中间意识形态。事实上，中国近十多年来的主流意识形态变化，特别是"和谐社会"和"科学发展"理念的普遍流行，实际上正在强化着一种新的技术共和价值。在这里，如果说"和谐社会"概念允许公民利益诉求表达的话，那么"科学发展"概念则使任何公民以"公共利益"之名，在其涉及的新型工业化道路、环境保护、安全生产、科技伦理等问题上，就技术决策发表不同看法。

表6—1　　　　　　　　　　技术政治生活的二维矩阵

	不具有公民理想 不关注公共利益	具有公民理想 关注公共利益
不鼓励技术冒险	技术无政府主义	技术共产主义
鼓励技术冒险	技术自由主义	技术共和主义

现在结合纳米技术，按照技术政治生活的二维矩阵，试对新的技术共和理想的实质或特征给予以下三方面描述。

第一，它是开放的，即把技术开放给公众，进行全面思考。纳米技术的跨学科性，不但体现为自然科学和工程技术的内在复杂结构，而且也体现在它与社会科学和人文学科的多重交叉。新技术共和理想的基本要求在于，纳米技术决策意见既来自科学共同体或技术共同体，也来自社会学、伦理学、政治学等领域，从而将一切公民纳入纳米技术治理范畴。

第二，它是公共的，即人们可以诉诸公民理想或公共利益，进行超越特定个人和群体利益的审慎思考。纳米技术是一项人工事业，其着眼点应该是使技术系统和社会系统共同处于最佳状态。新技术共和理想强调对纳米技术可能带来的文化和社会伦理问题进行深度思考，注重在技术意义与技术手段统一中实现公共利益。它既不像极端的技术无政府主义那样主张完全不使用技术，也不像极端自由主义那样无视技术负价值而放纵其无限蔓延。

第三，它是民主的，即倾听反面意见，以使技术决策变得更好。新技术共和理想在涉及纳米技术决策时，致力于保证所有公民具有安全性，即确保公民在获取纳米技术发展收益时，甚至不因获得收益本身而受到伤害。这既与自由主义单纯承诺纳米技术的美好前景不同，又与共产主义以目标为由消解自由探索不同。新技术共和理想要求倾听各方面意见，包括反面意见，以保证纳米技术负价值最小化。在这种决策政治环境中，非科学家公民在表达意见时，无需担心自身的物质福利受到影响或思想表达受到约束。

第二节　纳米技术的政治学解释

以上新技术共和理想构造表明，纳米技术治理应体现出相应的民主品格。在政治学意义上，纳米技术治理必然是一种从技术设计到技术使用的强背景操作。在这里，纳米技术治理的政治实践，不仅涉及政府机构、决策会议和各种论坛，而且也包括实验室、技术实验或测试、工艺示范、市场或商业化操作和制造厂家、家庭乃至实际使用等各种背景。这些不同环境或背景及其特征隐含的政治问题是：如何建构纳米技术创新的民主品格？为回答这一问题，以下将从五个理论视角加以考察：

第一，意向性视角。尽管人们已经意识到，人类生活或生存不断地受到技术变革的深刻影响，但如果不是在技术价值无知或中立意义上看待技术创新的社会后果，那么技术操作者实际上就是在有意地引导技术影响的社会后果。进一步说，技术设计结果和创新过程反映一定的政治意向，或者说技术开发者将一定的政治意向物化为技术制品。芒福德（Lewis Mumford）曾结合其对城市、建筑和工艺学历史研究，指出两种技术政治意向："从近东新石器晚期直到我们当今时代，一直交相存在两种技术：一是威权的，另一是民主的；前者以系统为中心，力量强大无比，但其内部并不稳定；后者以人为中心，相对弱势，但丰富多彩而耐久。"[1]

所谓威权的技术政治意向呈现为一种有意或无意的去背景或弱背景化的地点/空间构筑，具有地点占据、殖民化、控制、监督和规训以及征服自然等特征。整个现代技术的效率原则无疑渗透着资本的价值增殖理念，与资本主义兴起的权力空间扩张也不谋而合。与这一原则相一致的时间压缩、速度和加速度等概念，经过 17 世纪哥白尼、伽利略和牛顿等人的科学理论化之后，逐步变成了达·芬奇、培根和笛卡尔等人的抽象的原点

---

[1]　Lewis Mumford, "Auhoritarian and Democratic Technics", *Technology and Culture*, Vol. 5, No. 1, Winter 1964, p. 1.

与三维空间控制①。在人工制品意义上，这种空间控制的历史进程大致如下：从古典式的地点权力象征到殖民主义的空间征服方式，再到从属于对地点的监督和规训方式。古代世界的军用和民用工程反映了古人的聪明才智，其地点权力象征意义也明显可见：中国万里长城作为一项巨大的国防工程直接用于防御外敌，罗马圆形大剧场、阿皮亚大道②和高架渠等则是罗马帝国统治的集权象征，至于埃及、玛雅、印加和阿芝特克的金字塔则代表着王权不朽。如果说这里的权力象征意味着威权之于技术展开的政治命令，那么包括希腊在内的一切古代城邦和神庙建设同样也支持技术制品的权力意向论证。这种政治意向在现代时期仍然保留下来：路易·拿破仑指导设计的巴黎大道，不过是用来避免 1848 年革命期间那种街头对抗的政治事件再次发生。与这种近距离控制不同，现代早期开始的殖民主义借助航海和交通技术，实现对远距离的空间控制。19 世纪以后，铁路（加速度的文明标志）、电报通信（消除距离的文明开端）等工程，则直接表现为同步化、标准化以及效率和预期的空间压缩或地点消失，从某种意义上讲正是空间征服或控制的价值表现。这种空间控制不仅表现为对地点的外部空间控制，而且也表现为对地点的内部空间控制。恩格斯曾经指出："如果说人靠科学和创造天才征服了自然力，那么自然力也对人进行报复，按他利用自然力的程度使他服从一种真正的专制，而不管社会

---

① 哥白尼、伽利略和牛顿依靠抽象方法引发的科学革命，表明一种"空间同构型"的世界观；达·芬奇较早地把具有同构特征的数学化方法，带进诸多艺术（如雕塑、绘画）和工程设计（绘图、航行、机械设计等）领域；培根认为创造新世界的科学方法源于数学－逻辑－科学的无限时空格原则，声称现代工艺只有以此为基础才能夺取具体地点包括的机会和物质资源；笛卡尔则主张应诉诸以抽象、肢解、改造和控制为特征的普遍程序方法，在三维空间中把问题分为建模、模拟、原型确立、试验、调试、制造等子任务，进行各种现代工程解题操作。

② "Via Appia"是罗马一条古道，可以通向四面八方，代表着罗马帝国的集权统治。所谓"Via Appia Antica"（"条条大路通罗马"），正是这一意思。

组织如何。"① 进入纺纱厂这一具体地点，棉纱生产过程存在的各种在空间上加以分割的操作岗位，其苛刻的时空规训表现为缺乏"个人自治"而服从"蒸汽权威决定"。因此"大工厂的自动机器，比任何雇佣工人的小资本家要专制得多"②。沿着恩格斯这一论述，美国技术史家诺伯尔（David F. Noble），对技术在法人资本主义兴起过程中所起的作用进行分析，认为在 20 世纪法人资本主义兴起过程中，引入机器和其他技术系统不过是实业家们用于与工会斗争的政治工具③。同样的，当代政治哲学家福柯以边沁设计的"圆形监狱"为模型，发展了一种"全景敞视主义"（panopticism）理论。按照这一理论，诸如工厂、监狱、学校、医院、收容所、军营、城市街道和广场、居住区、实验室、开发区等，乃至铁路系统、高速公路、航空系统、互联网络系统等，均可被看作一种知识/权力监督或规训④。

所谓民主的技术政治意向，主要表现为融入相应背景或与背景合一的地点/空间构筑，具有安全、民主、公正和环境友好价值等特征。从古希腊直到中世纪，一直存在着以柏拉图为代表的空间中心观和以亚里士多德为代表的地点中心观之争：柏拉图认为，空间先于特定的"topoi"（地点）而存在，是形式和理念作为实体所处的预设容器；与柏拉图不同，亚里士多德则把这种秩序颠倒过来，强调地点在日常生活中的重要地位，认为具体事物构成就是作为"topos"的特定地点，存在即是在地点中。尽管柏拉图和亚里士多德各有侧重，但他们针对具体事件，均展示出空间与地点之间的辩证整体关系，或者说都强调技艺与空间的整体

---

① 恩格斯：《论权威》（1872 年），《马克思恩格斯选集》（第二卷），人民出版社 1972 年版，第 553 页。

② 同上。

③ David F. Noble, *America by Design*：*Science*，*Technology*，*and the Rise of Corporate Capitalism*，New York：Oxford University Press，1979.

④ 参见李三虎《技术、空间与权力：福柯的技术政治哲学》，《公共管理学报》2006 年第 3 期，第 34—44 页。

和谐。这与古代多数工程技术强调的直观空间和谐相一致。诸如罗马排水管系统、中国都江堰工程等，就代表了人工制品（排水管、水坝等）同社会背景（生产生活条件）或生态环境（水流等）的综合协调。那时，人们对待空间的直觉方式，表现为技能、技艺、启发、试错、科学和数学知识间接运用、建筑和规划经验直观等。在经历了理性知识把握后，技术行动必然越来越深刻地意识到人工制品作为地点/空间构筑，对自然和社会的深刻影响，从而逐步清醒地将"知道怎样做"和"知道做什么"融入"知道为什么做"的"实践智慧"中：通过理性行为获得知识结论，借助实践行动达到真善美的公正价值目标。其实，无论是海德格尔的"天地神人聚集"概念，还是鲍格曼的"焦点物与焦点实践"概念，均表明人工制品能够成为公共善的环境友好型的地点/空间构筑，关键是地点与空间的一致或和谐。在这里，一个明显例证是20世纪70年代以来不断推广的"无污染的"风力发电技术。它从欧洲到美洲，再到亚洲（包括中国），一直推广而来。不同地点分布的成片白色风轮构成道道风景线，不仅推动了工业与农业社区合作，而且也成为国家电力系统的重要组成部分。风力发电网络系统代表着社区互动和共同决策，大大强化了公共善，同时被置于物理空间中得到严格的工程概念规划和设计，使地点和空间处于和谐中。在这种意义上，古典建筑、桥梁、园林和公园建设，太阳能、甲烷或丙烷燃烧动力汽车设计，乃至汽车快速启刹、随身听、手机、IPOD、互联网、太阳能发电等，同样也能表明人工制品的自然环境和谐和公民社会民主意向。

如果不能断言人工制品作为"物自身"必能犯错的话，那么就只能说其政治意向是技术选择的必然结果。上述两种技术政治意向，看起来好像属于"非此即彼"的"二元论"范畴。但是，在现实层面上，对两者的解释并非没有弹性，甚至存在某种模糊性。温纳曾接受现象学"回到物自身"的哲学命令，对纽约从曼哈顿到长岛的公园大道上的 200 多座天桥做过如下政治学解释①：
不足 12 英尺高的天桥，是著名建筑师摩西以其阶级偏见和种族
歧视带入其设计的有意设计结果，其社会效果是使拥有小车的上
层白人和中产阶级畅行无阻，使乘坐 12 英尺高的公共汽车的穷
人和黑人被挡在公园大道外，以抵制弱势种族和低收入群体进入
摩西设计的琼斯海滩公园。摩西曾对长岛铁路扩建到琼斯海滩公
园提案提出否决意见，这反过来证明其工程设计的阶级偏见和种
族歧视意向。进一步说，摩西的工程设计只是一种优势选择，与
此相对的选择除了铁路扩建之外，还可以在不改变低矮的天桥这
一现实基础上选择交通系统的其他要素改变：设计低于天桥的公
共汽车，使低收入群体方便地进入长岛琼斯海滩公园。沿着这一
线索可以看到：如果说 20 世纪中期以来，围绕核技术存在着各
种用于战争（原子弹制造）还是和平利用（核能发电）② 的复杂
政治争论的话，那么近十多年来，则对互联网使用进行各种复杂
的模糊解释：有人认为它能提升公民参与政治的民主能力，也有
人认为它实际上构成了一种"全景监视社会"。即使明显解释为
权力控制的人工制品，也能经过相关解释及其物化使其转换出新
的民主意向。

　　从纳米技术目前设想看，NBIC 汇聚技术的纳米技术还原
论，德莱克斯勒的"自底向上"操作的纳米机械论，均倾向于
某种威权的技术政治意向。在这里，我们关注的问题是：纳米
技术决策，在多大程度上能够成为民主秩序下的社会安排？回
答这一问题显然包含两方面要求：一是纳米技术共同体脱离社
会威权或分层关系，采取一种非集权的平等政治立场，重塑技
术设计活动和技术标准，确保纳米产品设计不至于进入对人类
的微观世界控制"座驾"（如把纳米技术当作核心技术、纳米

---

① L. Winner, "Do artifacts have politics", *Daedalus*, No. 9, 1980, pp. 121 - 136.
② 即使是针对核电和平利用的工程设施，环保主义者们也仍然认为它会引导社
会走向威权主义，因为核电安全只有在中央集权控制下才能得到保证。

机器控制等）；二是即使不能避免纳米技术对人的必要威权控制，也要在决策过程中就其广泛的社会伦理意义强化公众参与，获得公众的广泛认同。关于后一要求，显然需要诉诸程序性视角加以说明。

第二，程序性视角。技术意向性分析，是假定可以按照预设的目的进行有意识的技术设计。但是，纳米技术的内在特征包含了诸多不确定性，这种不确定性限制了设计标准的民主意向的真正实现。只有将对纳米技术的价值判断，建立在诸如自然和谐、风险克服、适宜技术、分散、安全等共同价值基础上，才能实现民主意向的多元利益诉求。也就是说，追求纳米技术的民主意向实现作为一种共同事业，必须要从设计标准转向利益相关群体参与的民主程序上来。

社会建构论表明，技术发展是一个复杂的社会互动过程，涉及一系列异质的社会行动。与此同时，政治学表明，民主政治意味着参与、深思熟虑和共识形成。荷兰社会学家比克（W. E. Bijker）将两者结合起来，认为从技术社会建构到技术政治建构只是"一步之遥"①。技术政治建构作为技术社会建构的一个方面，不过是要突出技术发展中的各种权力关系，在程序上推动各种社会利益的政治实现。人工制品的解释弹性在于，不同社会群体可以将不同意义赋予待开发的人工制品。至于何种意义占据主导地位，或者最终结果如何，则取决于异质行动及合作的微观政治协商过程。当然，如果参与协商的行动者之间不具有平等权利，那么这种技术政治建构并不具有民主化特征。比克认为，专家与外行并不存在"先验的区别"（priori disctinction），因为每个人在这方面是专家但在别的方面却是外行，所谓"专长"只是一种"协

---

① W. E. Bijker, "Towards Politicization of Technological Culture: Constructivist STS Studies and Democracy", In H. Ansal and D. Çalisir（eds.）, *Science, Technology and Society: International Symposium*, Istanbul: Istanbul Technical University, 1999, pp. 37－47.

商的归因"（*negotiated attribution*）①。因此当诸如公民、组织、科学家和工程师等相关社会群体参与有关技术的决策、审议、咨询和投票等活动时，必须要强调自身的平等地位，同时对最后的结果也需要大家来共同承当责任。在平等参与纳米技术争论的前提下，还有必要为带有不同甚至相反意见或偏见的个人最终达到总体的、合理的、通用的、一致的价值判断制定出相应规程或标准，以便清晰地展示其民主过程。在这种意义上，民主应该是一种强参与的慎重协商实践：通过分享参与者的个人偏见和利益、相互倾听并提出各自解决方案，不同的个体价值或利益就会汇入大家能够接受的共识方案中。其结果是，参与者作为个人的思想、先入之见和偏好，均会在互相协商中改变或修正，而不是以各种交易形式或追求优势策略使某一单向度的不变目标进入最终决策。

从程序性视角看待纳米技术的政治建构，也可以采取一种建构性的技术评估方法。这种方法，试图将纳米技术发展的推广与控制或规制活动结合起来，针对纳米技术潜在的正价值和负价值采取相应管理策略。在这里，并不单纯以其结果来想象纳米技术的社会影响，而是从一开始就将技术本身与其社会影响结合起来，推动纳米技术研究人员把握这种结合机制并改善创新过程。建构性技术评估方法，虽然并不是一种新的治理原则，但其制度化应用需要得到民主化方法的配合。纳米技术的社会问题，必须要通过民主化途径提出并进入技术方案中。

按照社会建构论观点，如果纳米技术设计者和工程师，通过其技术活动伤害了某些社会价值，那么人们首先批判的不是纳米技术本身，而是促使他们从事这项技术活动的条件和背景。从程序性视角来看，必须要对纳米技术发展的政策背景作出程序标准

---

① W. E. Bijker, "Démocratisation de la Culture Technologique", *La Revue Nouvelle*, CVI, No. 9, 1997, pp. 37 – 47.

评价。这种标准来自民主理念，包括多重利益群体参与、平等权利分配、相对于既得利益者和强势精英集团的弱势群体授权等。不过，直接民主有时会疏远一般公民权利。像纳米技术这类复杂领域，毕竟还停留在某种专业化水平。纳米技术也许更适合于专家代表公民参与决策审议，公民参与决策只是作为旁听并发出自己的声音或意见。在这种意义上，就纳米技术的相关利益群体而言，鉴于责任或义务关系，可以诉诸公众代表、资源接近便利、专家影响力等，尽可能地体现纳米技术决策的民主原则。

第三，网络性视角。无论是意向性视角还是程序性视角，它们主要关注纳米技术政治建构的规范原则，即技术结果和过程参与。鉴于它们还缺乏批判性评估的外部规范原则，因此行动者网络理论建议，应通过扩大或弱化行动者网络来引导技术创新的政治建构过程。这虽然与道德规范无涉，但却是一种合理的外部规范原则。法国社会学家拉图尔认为，本土化和全球化之间存在着一种"渐进性区别"（gradual distinction）①。在本土化水平上，一项技术决策（如设计规格的国家或地方标准）只有在考虑与其他行动者关系、可获得资源、工程师技能和当地条件时，才是一种合理的技术政治意向；在全球化水平上，任何技术系统和结构，均要通过本土技术决策的不断积累，最终取得其去背景化的普遍化特征。所谓行动者网络兴起，必定是各种选择、决策和行动不断积累的社会或政治结果。技术全球化由本土化决策创造的行动者网络构成，其宏观结构为微观决策所建构。在这种意义上，诸如电网、通信系统、互联网络系统、排污系统、民主制度等全球结构，实际上是都是按其复杂性和地理空间延伸但又保留本土结点的行动者网络。一种技术行动者网络成功与否，取决于围绕同一行动纲领形成的支持同盟力量的大小。它的构成机制是：技术

---

① B. Latour, "Technology is Society Made Durable", In J. Law (ed.), *A Sociology of Monsters*: *Essays on Power*, *Technology and Domination*, London: Routledge, 1991.

行动者将其利益、目的、问题界定等转译为其他行动者的利益、目的和问题界定，然后将其他行动者"注册"到网络中，并代表它们"说话"。这种技术创新政治学观点，显然是一种马基雅维利主义。按照这种观点，技术创新者大凡要取得成功，必定要按照马基雅维利分析的权力成功之路，采取相应的威权战略、战术以及设定技术边界或条件。这些战略或战术目标就是推动其他行动者加入，以便对他们的社会行动进行控制。在这里，支配、控制、治理或统治实际上就成为扩大和统一行动者网络的重要动力因素，其重要手段之一就是将网络构造任务委托给技术人工制品，即：技术人工制品取代不可靠的人力行为，它作为耐用替代品正如电影剧本一样，确定由行动者及其被应允占据相应空间构成的行动框架，既促使行动者进入网络，又对行动者行为进行控制。行动者网络理论，借助由人与非人行动者构成的网络或系统概念，对事实与价值、技术与政治之间的区别和关系进行重塑。它隐含的规范意义在于，技术、网络和政制以及它们的合法化，不过是各种力量斗争的政治结果。

行动者网络理论的技术创新政治学分析，虽然并不诉诸某种普遍主义叙事，但它似乎表明人工制品总是适合于一种威权治理。如果这样的话，那么行动者网络视角是否与民主治理思想毫无关联呢？行动者网络理论的政治关联，与其说是对决策过程的评估，毋宁说是一种可选择的政治本体论。它关注的不是技术政治学或技术活动评估，而是强调技术政制本身，致力于探索超越技术与政治之间的传统区分的新型权力分工。行动者网络理论，虽然不对技术的社会影响或结果做出评估，或者对技术价值采取一种不可知论的哲学态度，但就纳米技术创新而言，这种不可知论态度无疑有利于人们对不带先入之见的可替代政治选择做出评价。纳米技术发展必然会产生新的权力分工，其中涉及政治家、科学家和工程师、工人、农民乃至消费者的不同责任角色。按照行动者网络理论，这种新型权力分工需要对他们的代表性和义务性重新加以界定。其政治意义至少包含如下三个方面内容：一是纳米技术发展，其最终结果是指向威权还是民主意向，表现在本土技术决策积累过程；二是在本土纳米技术决策积累过程中，为了防止威权或控制格局生成，需要诉诸必要的政治途径，围绕纳米技术平衡各种利益力量；三是纳米技术创新必然是在行动与对抗中展开，设计者和反对者的价值理念可以通过人工制品物化得到平等表现。也就是说，行动者网络理论如果不完全进入马基雅维利主义，那么它就能为纳米技术创新政治学提供一种颇富活力的民主建构视角。

第四，解释性视角。意向性视角和行动者网络视角，着重于人工制品的政治代理特征，而程序性视角则强调人工制品的解释弹性。如果将这两个方面结合在一起，那么人工制品的政治意向解释实际上有着相当的模糊性。正如文学或艺术文本一样，人工制品的稳定性和社会结果，源于解读者阅读文本和文本造就解读者的相互交替过程。特定技术的社会建构与话语动员、道德秩序创造密切相关，因为后者预示着作为文本的技术想象，规定着技术的适当使用、准确解释及合理判断方式。在这里，解释性视角的解释弹性作为一种指导原则，不仅适合于技术概念化，而且也可以应用于人工制品的推测性象征要素说明。前面章节把纳米技术看作一种现象学—解释学活动，意在表明围绕纳米技术会形成各种话语，如还原论话语、机械论话语、经济主义话语、环保主义话语、美学话语等。尽管这些话语只是纳米制品的最终政治效应实现的条件或预设，或只是各种力量相互竞争所依赖的辩词或修辞，但它们均服从于纳米技术的未来重组力量。正如帕芬伯格（Pfaffenberger）指出，在反对者的压力之下，技术创新者"致力于神话、背景或人工制品战略，以便表明对系统的适应（技术调整），或者有意识地改变策略（技术重构）"[①]。在这种意义上，

---

① B. Pfaffenberger, "Technological Dramas", *Science*, *Technology & Human Values*, Vol. 17, No. 3, 1992, p. 282.

纳米技术创新代表着新技术变革、调整和重构，它要求凡是受到
或将要受到这种变革影响或冲击的人们，参与到一种神话修正、
背景改变或人工制品变更的解释活动中来。

应该说，解释性视角的分析对象，是那些占据支配地位的意
识形态的共同建构。因为构成一种政制的不同理念，必定经过技
术发展的严格历练。但是，这种技术政制是否能在反思意义上构
成政治游戏规则呢？为了回答这一问题，需要诉诸民主政治的解
释弹性：如果把民主看作一种文本，它的意义又依赖于文本预设
的推测性背景，那么所谓民主概念便接近于这样一种民主社会状
态，即：它的基本特征是不确定性。也就是说，民主实际上是指
这样一种社会方式，它在反思意义上承认其政治制度的脆弱性，
并寻找各种途径应对民主合法性的不定性、模糊性和敌对性，激
发人们对民主的实践和原则进行不断思考和制度化重组。在这种
政治过程中，民主概念化应被看作是其合法化斗争的组成部分。
与此同时，纳米技术创新政治学分析必然包含民主合法化建构的
经验考察，它的解释性要求是：清楚地阐释作为创新的政治过程
或作为政治的创新过程成为民主过程并产生特定结果的各种条件
和背景。与行动者网络视角类似，解释性视角坚持认为，纳米技
术争论必然要经历各种技术因素之间的复杂竞争过程。按照行动
者网络理论，相互矛盾的纳米技术行动纲领之争就是未来的不同
纳米世界之争。这种争论既是社会之争，又是物质之争。解释性
视角对该社会和物质之争给予一种推论性补充解释，强调预设话
语的重要意义，认为纳米技术作为文本源自其意义设定。这种话
语隐含或建构着纳米技术设计意欲达到的政治目标，同时对这种
政治目标进行神话性渲染。在这里，每种意义设定均会激起某种
相反的意义设定。这种不同意义设定之争，造就着纳米技术的政
治建构过程。因此解释性视角对纳米技术创新的最重要意义在
于，它要求对纳米技术决策、研发和应用进行反思。由于对各种
纳米技术设想的批判性分析，有利于表征纳米技术的各种话语构

造，所以分析者自身必定会成为纳米技术建构的主体角色。目前伦理学家、社会学家乃至政治学家，参与纳米技术的政治建构，恰恰就扮演着这种角色。

第五，行动性视角。解释性视角意味着纳米技术创新的民主理念，但它并不规定其民主形式。民主政治存在多种可能环境，而任何政治环境的合法化均要经过协商。在民主环境合法化过程中，不同纳米技术话语扮演着主体性角色。但是，不同政治环境对民主合法化的特定话语也起着重要作用。列维多（L. Levidow）曾经注意到，为了推动生物技术民主化，欧洲人设计了农业生物技术规制，但它的民主理念反过来也带有了"生物技术化"的明显烙印。其突出表现是，公众参与、安全规制和科学教育程序设定均是为了专家规制："在所有这些方面，欧洲民主均被生物技术化了。参与性操作有助于新自由主义框架的合法化，它的风险—收益分析方法为我们购买安全的基因修复，提供了一种自由的消费选择。如果希望推动技术民主化，那么就必须要挑战技术与民主的日常形式。"[1] 从行动性视角看，任何活动环境和概念构造都不是被动的，它们都在以特定方式组织的政治过程中，培育自身的参与能力，从而直接指向实践或有所行动。在这里，政治环境民主参与的信息和规则，由此引导技术与民主的意义建构。这时不再追问"谁参与"的问题，而是提出如下行动问题：参与者何以按照其行为方式行动？参与者如何获得争辩、推理、研讨和选择能力？在这里，行动性视角把偏见作为关键概念，强调政治就是要使不同偏见显现出来。所以权力操作不仅表现为决策过程参与，而且也体现为早期阶段的议程控制。所谓政治偏见是指一系列卓越的价值、信仰和制度程序，它们通过限制政治争执，使某些行动者受益而其他行动者受损。目前围绕纳米技术发展，的

---

[1] L. Levidow, "Democratizing Technology or Technologizing Democracy? Regulating Agricultural Biotechnology in Europe", *Technology in Society*, Vol. 20, No. 2, 1998, p. 223.

确存在者以"参与什么"掩盖"谁参与"问题的权力操作倾向：在任何一个纳米技术实验室内部，一旦以"参与什么"遮蔽"谁参与"的问题，那么接下来就是，按照实验室环境的偏见或条件，建构纳米技术的实验目标和内容。这里的问题并不在于这种实验室环境是否纯洁或中立，而在于它有可能激发环境学家、生态学家、伦理学家和社会家等提供更多行为变量或选择。进入科学实验中，人们也许并不需要诉诸外部标准来评价实验室偏见的正价值，积极地启用这种正价值标准，仅仅是为了取得新颖的实验结果。但是，围绕这一视野毕竟存在着是否为"良好实验"的政治伦理困扰。在政治学中，所谓"实验品质"的行动修辞，意味着要承认实验室偏见预设了技术的可行性问题、受众和行动者的参与意义。这种预设推动着实验室环境的偏见性发展，使参与者改变实验进程、揭示某些新的科学或技术问题。在这种意义上，实验偏见激励、环境变量渗透和技术问题替代，实际上是一种民主政治过程。所以行动性分析并不把纳米实验室环境看作技术建构的被动定位，而是强调这种环境的积极作用，因为技术本土环境偏见毕竟决定着它的未来全球化的主要条件。按照这种视角，纳米技术创新的民主品格并不参照独立于实践的现有模型，而是参照实践本身演绎其民主标准，即以创造性纳米实验的政治形式引导沉默者发出建设性的声音。

凯尔蒂（Ch. Kelty）最近考察了美国赖斯大学生物与环境纳米技术中心（CBEN），表明该中心的纳米科学家和工程师，在建构人类健康与环境安全主题方面存在的实验偏见及其困境[①]。纳米技术创新，无疑只是服务于持续的新颖技术追求，也即是为了满足某种经济需要：以科技突破带动经济增长、生产力提高、国家或区域发展以及国际地位提升。纳米科学家和工程师，在研究

---

① Christopher Kelty, "Allotropes of Fieldwork in Nanotechnology", in F. Jotterand (ed.), *Emerging Conceptual, Ethical and Policy Issues in Bionanotechnology* (Philosophy & Medicine Book Series), Dordrecht: Springer, 2008, pp. 157 – 180.

工作中似乎并不关心服从何种价值，只是按照金融市场和商品市场要求的生产力和增长标准，开展实验和研发工作。CBEN 也许只是为了急迫地占领某些前景看好的新技术领域，追求一种在不同路径中胜出的有效组织方式。凯尔蒂认为，即使是这样一种环境偏见，CBEN 及其参与合作研究的科学家们，也不得不面临与人类学家一样的文化威权困惑：它的科学研究既是对现有技术、材料和化合物的技术筹划，又是围绕人类健康和环境安全问题对目前技术实践价值的反思或批判。CBEN 就是以这种双重追求，取得了临时性的合法地位。与一般科学家比，CBEN 的科学家们具有更为广泛的文化威权地位。他们的技术冒险行为是：纳米技术与其安全性研究的共同选择，其根本要求是纳米材料创造必须具有安全性。也就是说，CBEN 不仅致力于研究纳米技术的潜在风险，而且也参与着纳米技术的新颖性探索。在这里，认识、发明和使用新的纳米材料是赋予纳米技术职业的重要使命，至于要求纳米科学家和工程师同时拥有研究风险或不确定性的威权地位，则是为了推动他们对确定、争辩和讨论附着在新发现、新应用和新材料中的实践价值作出更多贡献。显然，CBEN 的研究工作是否成功，主要取决于实验室之外围绕环境和人类安全问题所做的价值判断或决策。该机构的水过滤技术研究和燃料电池开发等工作，不过是一种直接或间接地引导这种判断的技术可行性演示。在实验室环境中，燃料电池不仅可以表现出清洁能源的生产形式，而且其副产品形式的纯净水生产，可能会延伸出人类饮用水的安全品质。在这里，科学共同体是否可以独占文化威权地位，便成为一个有趣主题。凯尔蒂为此认为，人类学家通过如下问题扮演相关的文化角色：诸如染料电池、纯净水的技术发明和发现究竟对谁有意义？对它们的推动是针对谁和为了何种目的？是科学家还是决策者或规划者期待着理解这类实验工作的潜在意义？又会期望从中获得什么反应？CBEN 的科学家和其他人已经敏锐地意识到这样一个事实：仅仅表明人类安全或能源效益的可

突，这种冲突有时要诉诸外部的法律或社会协调来解决；二是鉴于纳米技术的高度不确定性，纳米技术共同体需要通过"纯粹可行性论证"不断明确自身的伦理责任。无论如何，当进入到特定研究空间时，还需要将这些基本伦理责任转换为具体的伦理责任。

第一，微观层面：纳米技术实验室及其内部相关操作的安全问题。实验室安全问题，是指实验室人员是否受到伤害，或相关设备是否会被损坏以及因此产生的风险或威胁。纳米技术研究人员，有责任不做任何自己知道或应该知道的有害于实验室安全的事情，包括与纳米材料和实验室程序相关的一切技术操作行为以及与实验室安全存在间接关系的一切行为。就纳米材料使用来说，纳米技术研究人员必须要认识到这样一个事实：已知一种化学元素在宏观和微观尺度上安全，并不能保证它在纳米尺度上也安全。由于相对集中于纳米微粒表面的原子存在着"量子效应"，所以这种化学元素在纳米尺度上的性质完全不同于其宏观尺度性质。如果不采取相应措施，纳米尺度的某些新奇特性可能会存在实验或制造安全隐患。纳米技术研究人员在使用这种化学元素进行纳米尺度操作时，必须采取适当防护措施。类似的，纳米产品设计者也有责任确保纳米材料（单个纳米材料或混合纳米材料）使用的安全性。

为了节约时间或资金、提高效益或达到竞争目标，纳米技术研究人员也许会走捷径，冒险违背已有实验室程序。不管这种违规的动机如何，纳米技术研究人员都有责任避免这种情况的发生。因为违背经过检验的实验室程序会造成严重的安全风险，包括人员伤害、设备受损乃至实验室声誉、资金和官方许可均会受到影响。纳米技术研究人员，如果知道同事正在违背实验室程序走捷径，那就有责任制止或劝告其同事停止这种行为，或向管理者汇报有关情况。就实验室设备管理来说，如果非强制性的制止行动不能奏效，那么向实验室管理者汇报有关情况便成为研究人员的伦理责任。禁止违背实验室程序走捷径，提出一个重要主题：纳米技术实验室的文化建构。实验室文化建构包括两个方向：安全文化与自由放任文化之关系的权衡与处理。在这里，关键是研究人员应采取负责任的技术行动：实验室高级管理人员有责任积极推动安全文化建构，一线研究人员则有责任培养和鼓励新手迅速进入安全文化秩序中并挑战其同事的自由放任行为。在纳米技术实验室里，除安全问题外还存在其他伦理问题。其中，在知识产权方面，围绕谁有资格享有产权、创新信誉、数据是否可靠等问题存在各种争议，必须要在伦理意义上作出公正评价。

第二，中观层面：实验室研究人员与公共资金赞助或公共媒体宣传之间的相互关系问题。就争取公共资金赞助来说，实验室研究人员有责任避免渲染特定研究项目的社会变革意义（如"下一轮工业革命"、"改变人类整个生活方式"等的非科学修辞）。尽管过于渲染其研究项目的可行性、可能结果，对研究人员争取项目资助非常重要，但这在伦理上是不负责任的，因为该研究一旦不能兑现其对纳税人的技术承诺，就会损害持续赞助科学研究的公共意愿。就公共媒体的科学宣传来说，实验室研究人员有责任纠正公共媒体有意或无意的"扭曲"——在成本、收益、风险、问题和进展等方面的"夸大"或"贬低"。为了在市场上抢头条新闻，公共媒体在报道新技术时往往采取一种"大惊小怪"的修辞方式，有意地强调其虚构的效应和令人激动的技术预测，因为小心的、平衡的或复杂的观点并不能吸引人们的眼球。在这种情况下，实验室研究人员有责任提供更多信息，甚至可以通过对话方式进行交流，以消除不必要的科学扭曲现象。

第三，宏观层面：更多的社会责任感。按照科学共同体的主流观点——技术价值中立观点，研究人员的主要伦理责任范围仅仅限于实验室安全、数据真实、版权所有和其他微观和中观伦理问题。至于科研成果的社会后果，则应由其使用者或更大范围的社会主体负责。由于社会在推动科学研究和技术进步方面起着重要的作用，所以这种传统观点也承认研究人员有责任尽力生产出可靠的新知识、材料、设备和系统。但是，研究人员的个体责任与来自个人技术贡献的社会进步之间毕竟只是一种间接关系，因此关注实验室之外的安全问题也许只是研究人员工作中一种最不重要的社会责任。也就是说，对科技应用后果负有更多实际责任的应该是企业法人和公共决策者。不过，这并不意味着当今纳米技术和其他领域的研究人员，总是能以对自己最先向社会提供的技术动力带来风险的"无知"为自己开拓责任。实验室研究人员应该认识到这样一种现实的社会政治情形：为社会提供技术动力支撑是科学共同体的职责所在，但技术支撑的社会发展却来自带有既得利益的主流社会群体（包括企业法人、公共决策者等）引导，所以实际上是主流社会群体推动技术创造在现有社会格局中的扩散和发展。尽管我们并不能预见到特定的研究成果应用是否会带来风险，但当其以可预见的伦理效应为代价获得实际的明显军事或经济优势时，糟糕的情况确实会发生。因此如果纳米技术研究人员有理由相信其研究成果的社会应用会产生对人类的伤害，那就有责任向相应当事人或权威部门提示这种潜在危险。

第四节　公共利益与纳米公民

纳米技术共同体的外部正义要求内部化策略，试图将多重价值纳入技术发展范围，从而广泛地涉及与公民的利益关系。但是，这并不意味着纳米技术共同体能够着眼于公众利益，自动地采取社会正义导向的技术发展方式。或者说，纳米技术共同体并不能以其职业伦理责任，涵盖与纳米技术有关的一切公民利益诉求。纳米技术共同体的外部正义要求内部化策略实施，至少要满足如下两个要求：一是纳米科学家、工程师和实验室研究人员本身，必须以公民身份出现，在其纳米产品设计过程中负有"对话责任"和"公共责任";二是与纳米技术相关的公民利益诉求,必须能对纳米技术创新的民主品格建构起到相应作用并获得平等对待。这两个要求满足既取决于广泛的纳米公民形象塑造,又与公众参与纳米技术决策相关。关于公众参与纳米技术决策问题留待后面讨论,以下从三个方面就纳米公民形象塑造做些讨论。

第一,公民利益相关问题。在新技术共和框架中,公民利益相关性存在不仅是因为纳米技术潜在的负价值与其正价值一同进入社会生活领域,而且也因为纳米技术研究开发所需经费很大程度上来自由公民纳税构成的国家或政府预算。这表明公民有权了解如下问题:利用公共资源进行的纳米技术研发能够给自己带来什么?为什么要资助这种纳米技术研发?获得公共资助的研发进度如何?它是否会带来某些不良社会后果?等等。如果说纳米技术提供的是公共产品,且该公共产品在社会生活领域中产生深刻影响的话,那么公民的利益在场,便成为纳米技术创新民主品格建构的"金本位标准"。

第二,公民角色差异问题。按照新技术共和理想,国家或政府始终是纳米技术治理的在场者。在民主政治秩序下,国家或政府是公民—国家或公民—政府,即国家或政府治理反映公民意志。也就是说,纳米技术治理应是一种公民治理。但是,这种纳米技术治理毕竟存在着治理角色差异,其公民形象塑造表现为纳米技术决策与执行的权力关系建构。在这里,民族—国家和政府政制,通过立法、财政和公共治理对纳米技术存在两方面权力参与:一是对纳米技术的激励性或奖励性权力参与,如为激励人们进行纳米技术发明对与其相关的知识产权给予法律保护,为满足国家主权巩固和公民生活需要对纳米技术项目给予财政支持和政策鼓励等;二是对纳米技术应用的惩戒性或强制性权力参与,如为了公共安全将纳米技术标准通过立法作为规制等。这两种权力参与显然属于威权治理范畴,能明显转变为对纳米技术的控制价值。国家或政府毕竟只是权力参与的部分主体,其他权力参与主体围绕纳米技术发展正在或将要形成一种异质社会结构：纳米科学家、工程师和研究人员的职业角色主要将各种知识创造性地应用于技术设计中，工人、消费者等一切相关利益者主要表现为技术用户角色，法人（资本拥有者和使用者）则利用资本负责将知识和市场结合起来。如果从威权治理转向民主治理角度，那么纳米技术的公民角色可以分为三种权力参与：一是合法性权力参与，就是纳米科学家或工程师、工人或消费者、法人按照公认的威权（如立法、企业组织规定、消费者权益保护、技术标准等）赋予的行为标准或规范行事；二是参照性权力参与，就是纳米科学家或工程师、工人或消费者、法人按其成就和道德威望形成的行为规范或标准（如管理文化等）行事；三是专业性权力参与，就是纳米科学家或工程师、工人或消费者、法人按其教育和经验赋予的特定角色行事。合法性权力类似于强制性或惩戒性权力参与，参照性权力实际上属于自我鼓励或奖励，专业性权力是以其技术卓越或成功、权益保护代理等获得鼓励或奖励。尽管这些权力关系配置在抽象意义上属于任何公民性角色，但在纳米技术决策及其执行中纳米科学家或工程师更多地拥有专业性权力，工人或消费者更多的是要服从合法性权力，法人则在财富方面更多地享有参照性权力。

第三，公民平等权利问题。在纳米技术治理中，尽管公民角色差异表现为各自利益差异，但一切公民追求公民理想或关注公共利益方面具有平等权利。一般来说，政府的决策者会把纳米技术看作国家和地方经济发展的强大动力，这符合纳米科学家和工程师的研究项目推动利益要求。当然，政府决策者毕竟要考虑纳米技术研究的社会伦理问题，并诉诸环保、工会等机构，就具体纳米产品围绕特定生产和使用地点对其环境效应开展评估工作，这与一般公民利益相一致。但是，由于纳米技术治理的公民角色差异，所以在纳米技术决策和执行过程中往往存在着不对称权力关系配置，其明显表现是纳米技术共同体会以对纳米技术的"不知"为由将一般公民排斥在纳米技术决策之外。正如干细胞等生物技术研究一样，纳米技术使科学、技术、政治和社会之间的界限越来越模糊。与此同时，一般公民对纳米技术并不熟悉甚至一无所知。历史经验告诉我们，这并不奇怪，因为技术决策充满了诸多信息不对称。但是，就纳米技术这类新技术的决策来说，公民意识缺乏乃是问题的根本所在。国家或政府斥巨资发展纳米技术而无视其可能的人类卫生和环境安全效应，这一结果必然是来自一般公民缺席的公共决策。解决这一问题，必须强调普遍的公民性。也就是说，无论是科学家或工程师还是企业法人或政府决策者，必须认识到追求纳米技术冒险的自由程度，取决于公民的认同程度。只有在这种认识基础上，才能进入公众参与纳米技术决策的政治议程。

第五节　纳米技术决策的公众参与

从新技术共和理想看，公众参与之所以可能源于公民自治的民主秩序。当代科学技术共同体是一种特殊的公民群体，其内部正义价值要求本身隐含着某种民主秩序，即：公有主义意味着科技知识向公共领域的开放，无私利性并不排斥公众的利益诉求，有条理的怀疑精神则表明可以接受来自社会对科技知识的广泛评价。在关注公共利益和追求公民理想意义上，这样一种民主秩序与整个社会共同体的公民自治是一种同质结构。因此新技术共和制度假设，公众参与决策有利于新技术的负价值最小化实现。

当然，公众参与是政治学的一个重要论题。围绕这一论题，大量的政治学讨论主要集中在公众参与的政治实现途径上。但是，围绕科学和技术，人们讨论公众参与却存在着两种理论情结：一是创新经济学理论往往以技术正价值（创新价值核心不受怀疑）为前提，关注市场导向的创新经济绩效，强调公众参与技术治理主要是公众理解或认同技术正价值；二是风险社会理论认为技术和工业同时负荷正价值和负价值，着眼于技术负价值强调应提高公众应通过社会科学对技术和生态的风险意识。这两种理论似乎处于完全不同甚至相互对立，但它们的共同倾向是把"公众"看作"无知公民"，把"参与"看作一种"自上而下"方法。这就是目前人们倡导的"公众理解科学（技术）"（即自然科学普及）和"公众理解社会科学"（即社会科学普及），之所以流行的理论根据。这种公众参与实际上是一种威权治理方式，应该说消除技术决策的信息不对称具有一定意义。但是，如果立足治理主体及其关系看待公众参与技术决策，那么其广泛的内涵在于处理好科技与社会之间的意义建构关系。在这种意义建构过程中，技术治理系统不再是自治技术组织的隔离模式，而成为一种增强型技术治理模式：超越狭窄的技术目的或功能，进入广泛的社会与境，建立起与一般公众的密切联系。按照这种模型，技术治理实践必然从创新主体下游转移到创新主体上游，即在技术价值链的高端位置上进行。这样公众参与必然是一种"自下而上"的强社会与境方法，强调创新过程的社会目的优先性，使其基本经济价值与其社会后果在创新过程中获得平等体现，从创新开端贯彻社会正义要求。

所谓强社会与境的公众参与技术治理方法，包括两个前提：一是相关的具体技术领域，必须是或将要强烈地影响到参与技术治理的各方（如科学家、决策者和相关利益群体）利益，从而也强烈地影响到公众参与的最终决策意义；二是参与技术治理的各方所处社会与境明显不同，他们各自的技术—政治文化差异（科学家偏重于特定专业，决策者关注政治问题，公众侧重于自身生活影响），决定了各自参与技术治理的不同利益和反思视角，从而激励不同的创新设计方案，其通过协商最终获得的共识又必然是利益均衡的决策结果。在当代民主秩序下，为了克服一般公众在科技信息或知识乃至相关参与途径方面的社会分配上的不对称性和不平等性，公众参与技术治理必然会促进新的专家（不仅是科学家和工程师，而且还包括社会家和伦理学家）队伍成长。但是，这并不意味着要按照"公众意见"，把技术创新还原为"单一的现实"或纯粹的社会建构，只是把技术创新看作"真理的多样化"表征的选择过程或"诸物安排和聚集"的"不同选择"①。强社会与境的公众参与技术治理方法，只是依赖于相应方法设计和执行专家（政治代理或代表）及其认知背景，呈现技术治理过程的民主化程序和公众利益诉求的平等权利表达或保障，并借助其他社会制度和规制约束，确保公众意见在创新过程中获得物质体现。

回到公众参与纳米技术决策上来，它的强社会与境意义，包含在如下三种情形中：一是不同公众群体的信念和利益与支持纳米技术使用和经费投入之间存在负相关关系，但公共媒体利用与支持纳米技术使用和经费投入之间存在正相关关系；二是公众知识水平与支持纳米技术相关研究经费投入之间存在正相关关系，但拥有科学知识与支持纳米技术投入之间的具体联系则因公众信念和利益差异而不同；三是高水平的收益认知与支持纳米技术使用和经费投入之间存在正相关关系，但纳米技术收益认知与支持纳米技术使用之间的具体联系则因公众信念和利益差异而不同。当纳米技术使用收益认知低于风险认知时，这类公众就可能会倾向于反对纳米技术使用和经费投入。在这种意义上，高水平的风险认知与支持纳米技术使用和经费投入之间存在负相关关系。据美国内华达大学普列斯特教授（Susanna Priest）和南卡罗里纳大学克拉玛教授调查表明，尽管纳米技术专家、一般公众和大学本科生，对纳米技术收益具有较高期望，但大学本科生和一般公众对纳米技术风险和纳米技术治理的重视程度明显高于纳米技术专

---

① John Law, *After Method*: *Mess in Social Science Research*, Oxfordshiren and New York: Routledge, 2004, p. 66, 143.

家（见表6—2）[1]。由于纳米技术的特殊性质和纳米产品正在引入市场，以及纳米材料的环境、卫生和安全效应存在诸多不确定性因素，所以一般公众尽管对纳米技术并未有多少了解，但他们对与自身生活和利益直接相关的纳米技术研发及其应用仍然会表示高度关注。可以说，缺乏应有的纳米技术治理也许会使其潜在的环境、卫生和安全问题恶化，综合的纳米技术治理就是以负责任的纳米技术发展满足公众期望。也就是说，纳米技术决策的公众在场，必然要求把公共利益包含在纳米技术的可选择性政策建构中。

关于公共参与纳米技术决策，不管是否召集独立的公共对话，也不管利益相关群体是否直接参加公共决策，都要确保纳米技术决策拥有广泛的公共利益支持。在这种治理框架下，政府既要考虑小企业和初创企业的利益诉求，又有责任为公众参与纳米技术决策提供机会。集体参与决策有多种机制，传统方法有公民投票、发布咨询文件、召开咨询会议、公众论坛、与利益相关群体对话等，当代新型方法有公民陪审、共识会议等。在这里，必须要区分两种公众参与方法：一是"下游参与"，即在新技术适应和传播期间的公众教育、参与和协商；二是"上游参与"，即在创新循环早期的公众参与决策和协商。后一方法实际上是将专家引导方法进行平面展开，推动公众参与围绕未来技术遴选和路径选择进行的争论和对话，从而使技术预测和前景规划具有更加广泛的视角和内涵。所谓公众参与纳米技术决策，就是指"上游参与"方法。由于纳米技术问题的高度专业化特征，所以公众参与纳米技术决策非常困难。为此，政府必须要就纳米技术提出的社会伦理问题，利用尽可能通俗的信息和资料，与公众或其政治代理进行严肃而有力的公共对话。政府有关部门必须要与企业和

---

① Susanna Priest and Victoria L. Kramer, "Making Sense of Emerging Nanotechnologies: How Ordinary People Form Impressions of New Technology", Paper at the Annual Meeting of the Association for Education in Journalism and Mass Communication, Marriott Downtown, Chicago, IL, Aug 06, 2008 (http://www.allacademic.com/meta/p272138_index.html).

非营利组织合作，推动公众理解纳米技术的健康和环境效应，清除公众参与纳米技术决策的制度障碍。

表6—1　　　　　　　　　　纳米技术的公众意见调查

纳米技术专家		一般公众	大学本科生
纳米技术受益领域：			
医疗/卫生	4.32	4.49	4.30
农业/食品	3.40	3.49	3.73
新材料	4.40	4.31	4.24
电子/计算	4.32	4.38	4.18
环境保护	3.43	3.69	3.76
资源保护	3.04	3.42	3.36
能源生产	3.63	4.00	3.73
经济增长	N/A	3.74	N/A
纳米技术潜在风险领域：			
人类卫生	3.26	3.12	3.85
动物卫生	2.98	3.07	3.61
环境安全	3.00	2.76	3.55
代价增长	2.51	2.97	3.42
贫富差距	2.92	3.05	3.03
隐私权侵犯	2.76	3.13	3.00
分配不公	2.58	2.97	2.91
经济不安全	N/A	2.65	N/A
纳米技术治理意义：			
人类卫生	3.85	4.39	4.70
动物卫生	3.52	4.09	4.15
环境安全	3.72	4.34	4.12
代价增长	2.91	3.76	4.00
隐私权保护	3.05	4.11	3.82
收益分配	2.66	3.71	3.48

注：表格中所有分值为平均值，最小值1为"不重要"，最大值5为"非常重要"，N/A表示全部没有回答。

　　鉴于公众意见和利益相关群体参与在纳米技术伦理治理中具有重要意义，应该及早鉴别出与纳米技术的环境、卫生和安全问题相关的利益群体，如纳米技术实验室、纳米技术初创企业、纳米材料制造商、纳米材料消费群体等。只有这样，才能尽力在广泛范围内进行科学普及、答疑解惑和鼓励参与决策，针对特殊利益相关群体（如纳米材料制造工人、消费者和纳米垃圾清理者等）发放纳米材料使用手册、研究报告和知识介绍等。与此同时，政府有关部门有责任告知公众与纳米技术相关的收益与风险情形，就纳米技术及其环境、卫生和安全意义为公众提供相应指南，同时积极开展共识治理、多重利益相关群体对话等，以便围绕纳米技术，探索各种纳米技术伦理治理途径。在这里，可以考虑如下开放的制度实践：一是鼓励社会科学家和哲学家们提交相应研究成果，通过"讨论会"这一平台与来自商业、实验室、环境组织、宗教界的人士和其它社会群体共同协商，那种认为只有少数指定的利益相关者有资格去评估和处理风险并引导技术向有益方向发展是相当危险的；二是就纳米技术的军事应用道路是否安全和纳米技术是创造就业机会还是消除就业机会等问题，通过公民座谈小组推动公众在早期参与纳米技术计划和项目审议。这些建议可以说是一种广泛的政治伦理意向建构，其出发点是使纳米技术的负价值最小化实现。

后　记

　　本书是应中国社会科学出版社赵剑英总编辑和中国青年政治学院肖峰教授邀请写作的，并被列入"新哲学丛书"出版计划。他们对新哲学的敏锐或深刻意识成就了本书，在此深表感谢。在此还要感谢中国社会科学院哲学所朱葆伟研究员，他就拙作《纳米现象学：微细空间建构的图像解释与意向伦理》在《哲学研究》发表时提出的修改意见，引导我在本书中对纳米技术的现象学与伦理学关联做更深入思考。感谢大连理工大学人文学院欧盟中心王国豫教授，她邀请我参加"纳米科技与伦理——科学与哲学的对话"研讨会。这一邀请促使我尽快完成了"纳米现象学：微细空间建构的图像解释与意向伦理"一文，并以此文参加了该次研讨会。在这次研讨会上，我听取了纳米科学家和纳米毒理学家以及伦理学者的精彩学术报告，由此大体了解了我国纳米技术研究以及相关伦理问题研究的大致情况，特别是其中有些对话使我在写作本书中受益匪浅。感谢大连理工大学人文学院王前教授，他邀请我为其主编的《技术伦理教程》撰写"纳米技术伦理"一章内容。这一工作的通俗性要求当然也是"新哲学丛书"要求，它使我能够将这种通俗性要求尽量贯彻本书写作过程。还要感谢中国社会科学杂志社黄艳红编辑，他邀请我为《中国社会科学报》撰写了《"小世界"与"大结果"：可选择的纳米技术建构》一文（《中国社会科学报》2010 年 4 月 8 日）。这次约稿恰值本书写作接近尾声时，该文的标题成了本书的正标题。在非常短的时间内完成本书的写作任务，还得益于我的妻子李秀风女士。她的各方面支持，成为我写作本书的持续源泉。

无论付出多少辛劳，本书都是一种初步尝试，难免会有各种问题甚至错误。希望关心纳米技术发展的有关读者提出批评和意见。当然，我更相信本书只是一个开端，它对纳米世界生存主题的持续的思想探讨会起到应有作用。

李三虎

2010 年 4 月 15 日第一稿

2010 年 7 月 15 日第二稿